计算机网络实践教程

吴黎兵　杜瑞颖　李俊娥　张壮壮 / 编著

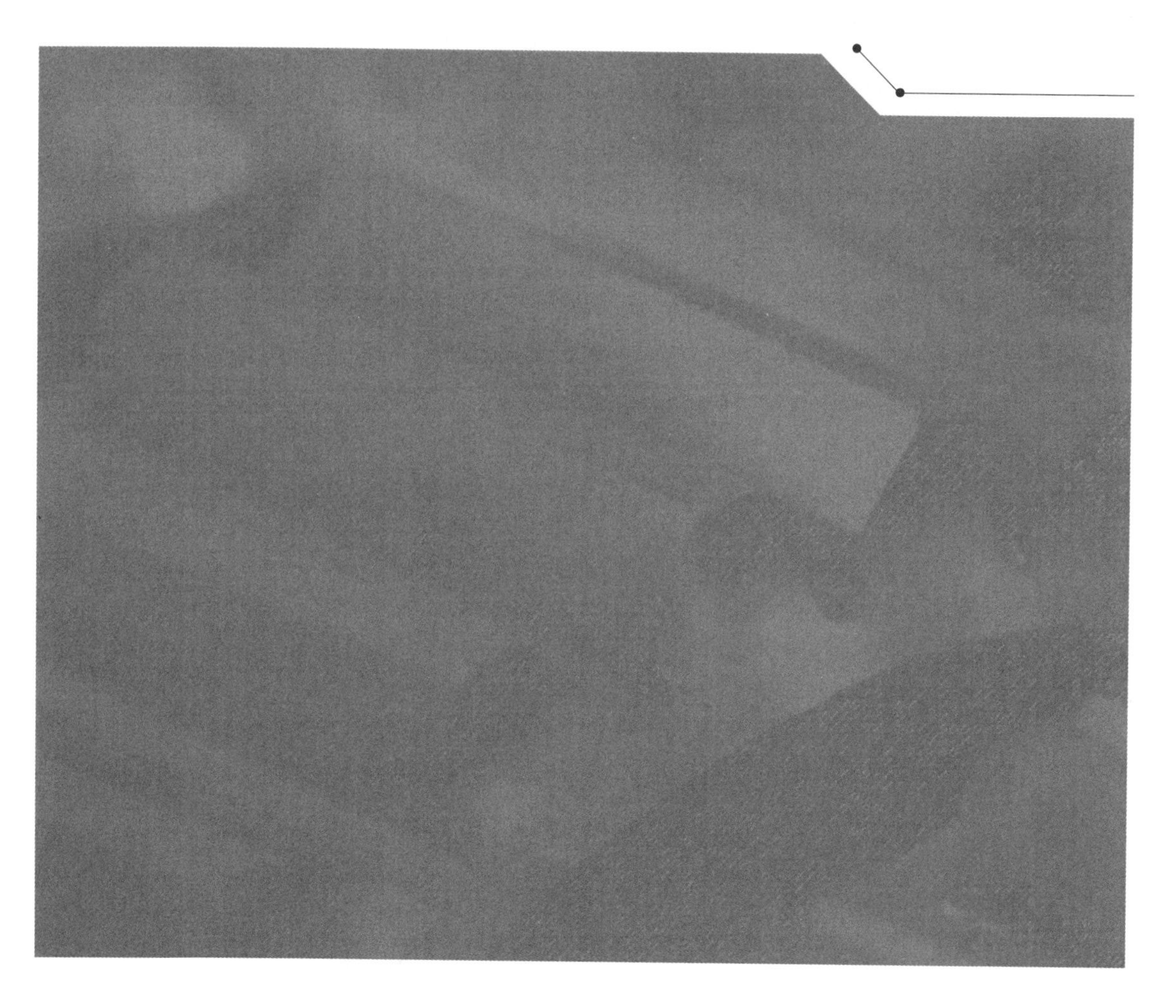

清華大學出版社
北京

内 容 简 介

本书的实验，一方面注重应用能力和实际操作能力的培养；另一方面注重规划设计和分析判断能力的培养。通过一些综合实验，将“自主式学习”和“以学生为中心”的思想贯彻其中。通过本书的学习和实践，读者可以更好、更快地掌握数据包的捕获与分析、网线制作、中小型局域网的组建、路由器与交换机的配置、虚拟局域网配置、VLAN 间路由、RSTP 及 MSTP、VRRP 及路由重发布、NAT 及 ACL、构建无线局域网、IPv6 配置、搭建邮件服务器、DHCP 服务的安装与配置以及 Socket 网络编程等知识。另外，本书在每个实验后都配有对应的实验思考题，可以进一步巩固和加深对所学知识的理解和体会。

本书通过简洁易懂的描述和生动直观的实例对网络知识进行阐述，实用性强，案例丰富，适合作为高等学校“计算机网络”、“网络工程”和“网络实用技术”等课程的实验指导教材，也可作为网络工程师和计算机网络爱好者的参考书。

图书在版编目(CIP)数据

计算机网络实践教程/吴黎兵等编著. -- 北京：
清华大学出版社，2024. 6. -- ISBN 978-7-302-66492-5
Ⅰ. TP393
中国国家版本馆 CIP 数据核字第 2024JW2126 号

责任编辑：张瑞庆
封面设计：刘　乾
责任校对：王勤勤
责任印制：刘　菲

出版发行：清华大学出版社
网　　址：https://www.tup.com.cn，https://www.wqxuetang.com
地　　址：北京清华大学学研大厦 A 座　　**邮　　编**：100084
社 总 机：010-83470000　　**邮　　购**：010-62786544
投稿与读者服务：010-62776969，c-service@tup.tsinghua.edu.cn
质量反馈：010-62772015，zhiliang@tup.tsinghua.edu.cn
课件下载：https://www.tup.com.cn，010-83470236
印 装 者：三河市铭诚印务有限公司
经　　销：全国新华书店
开　　本：185mm×260mm　　**印　　张**：13　　**字　　数**：316 千字
版　　次：2024 年 7 月第 1 版　　**印　　次**：2024 年 7 月第 1 次印刷
定　　价：39.90 元

产品编号：100504-01

前　言

随着光通信、移动互联网、物联网、确定性网络和算力网络技术的快速发展及其应用领域的不断拓展，社会对网络人才的需求量越来越大。计算机网络已经成为国内外高等学校计算机科学与技术、网络空间安全、软件工程、人工智能、通信工程、信息管理、电气工程等相关专业本科生的重要课程。

本书作者在总结多年计算机网络实验课程教学经验的基础上，精心设计了20个实验，内容包括：数据包的捕获与分析，双绞线制作，小型局域网组建，路由器的基本配置及静态路由，路由信息协议RIP的配置，OSPF单区域和多区域的配置，交换机的基本配置，虚拟局域网的配置，VLAN间路由，端口聚合和生成树协议，VRRP及路由重发布，网络地址转换NAT，端口安全及访问控制列表，无线局域网组建，IPv6配置与测试，Web、FTP、Email、DHCP等各种网络服务器的安装与配置，以及网络通信编程实验。

本书所选实验内容具有较强的可操作性和实用性，所要求的实验环境和设备比较简单，绝大部分学校网络工程实验室都能开设所有实验。书中所列出的一些实验既可以在实际网络设备上进行操作，也可借助网络模拟器（如华为的eNSP或思科的Packet Tracer）进行实验。此外，本书还介绍了如何利用网络协议分析软件Wireshark对捕获的数据包进行分析，通过对真实网络分组进行捕获、解封、分析，帮助读者更深入地理解网络协议及网络工作原理。

本书由吴黎兵、杜瑞颖、李俊娥、张壮壮拟订大纲和主编，并负责全书的统稿。担任实验课程教辅工作的研究生张子尧、杨潇、欧阳俊飞、丁福东、毛智超、马传国等参与了本书的撰写工作，在此表示感谢。本书的出版得到了各级领导和清华大学出版社的大力支持，在此表示衷心的感谢。书中部分综合实验拓扑图及实验报告模板可从清华大学出版社网站（http://www.tup.tsinghua.edu.cn/）下载，以方便实验教学使用。

本书内容翔实、结构清晰、语言简练，既可作为高等学校网络实验的教材，也可作为网络工程师的参考书。

限于时间和水平，书中难免存在错误及不足之处，恳请广大读者提出宝贵意见。

作　者

2024年5月于武汉大学珞珈山

目　录

实验1　实验环境介绍及数据包的捕获与分析

1.1　实验目的和内容

1. 实验目的

（1）了解锐捷网络实验平台与 Packet Tracer。

（2）了解数据包捕获的方法、原理。

（3）学习数据包捕获软件（Wireshark）的安装、配置方法。

（4）学习数据包捕获软件（Wireshark）的使用。

2. 实验内容

（1）了解数据包分析软件 Wireshark 的基本情况。

（2）安装数据包分析软件 Wireshark。

（3）配置数据包分析软件 Wireshark。

（4）在锐捷网络实验平台上捕获数据包。

（5）分析各种数据包。

1.2　实验原理

Wireshark 是一个开源的网络分析系统，也是目前最优秀的开源网络协议分析器，可在 Linux 和 Windows 平台上运行。最初由 Gerald Combs 开发，后来由 Wireshark 团队进行维护和开发。自 1998 年发布最早的 0.2 版本以来，许多志愿者为 Wireshark 添加了新的协议解析器，目前支持 500 多种协议解析。添加新的协议解析器非常简单，即使是对系统结构不了解的新手，也可以根据提供的接口进行自己的协议开发。由于网络上存在各种协议的多样性和不断涌现的新协议，一个好的协议分析器必须具备良好的可扩展性和结构，以适应网络发展的需要，并不断添加新的协议解析器。

1. Wireshark 的抓包平台

当我们要对通过网络的数据包进行分析时，往往需要一组能够捕获（Capture）数据包的功能或函数构成的库，并从中选取特定函数来完成操作。这些函数工作在网络分析程序的下层，并与硬件进行交互，即从网卡中提取相应的数据包，如果有设置过滤规则，则还要根据规则对数据包进行过滤，将最终得到的数据包逐层上传。从协议角度来看，这套函数库从链路层获取到数据包，至少需要将其还原到传输层或更上层，才可供给上层进一步分析。

针对 Linux 系统，主要使用的是 libpcap 库。它是由 tcpdump 的开发者（LBNL 实验室）开发的，是一种基于 BPF（BSD Packet Filter）的开源包捕获库。目前，大多数 Linux 上的包捕获工具都是基于它或在它基础上进行了针对性的改进。

针对 Windows 系统，并不能直接使用专为类 UNIX 系统设计的 libpcap 库，所以 WinPcap 应运而生，成为当时主流的 Windows 平台包捕获库。但其自 2013 年开始就不再维护了，取而代之的是 Npcap。Npcap 基于 WinPcap,但是在 WinPcap 的基础上增加了一些专门针对 Windows 系统的改进,其实现更加先进、功能更加丰富。

Wireshark 分析系统同样需要一个底层抓包库,在 Linux 中采用 libpcap 函数库进行抓包,在 Windows 系统中采用 WinPcap 或 Npcap 进行抓包。

2. 分层的数据包协议分析方法

获得捕获函数捕获的数据包后,需要进行协议的分析和还原工作。在 OSI 七层协议模型中,要传输的数据从顶层开始,经过层层封装到达底层,最终发送到网络中去。因此,如果要进行数据的分析,就需要从底层开始,层层去封装并向上交付,才能在顶层还原出原本的数据内容。因为捕获包是从网络层开始的,故首先需要识别网络层采用的协议,并根据协议还原数据包,然后剥离网络层协议头部。将其中的数据递交给传输层进一步分析,然后依次上传,直到应用层。

网络协议种类繁多,对 Wireshark 所能够识别的 500 多种协议来说,为了明确协议之间的层次关系,以便逐层处理数据流中的各个层次协议,Wireshark 分析系统采用了协议树的方式来处理。

3. 基于插件技术的协议分析器

由于当前网络协议种类繁多,所以系统中可能会经常添加新的协议分析器。为了能够实时响应这种变化,一般的协议分析器都采用插件技术,即当需要对一个新的协议进行分析时,只需针对性地开发和编写该协议的分析器,并将此分析器在系统中注册后即可使用。通过增加插件,使程序具有很强的可扩展性。

1.3 实验环境与设备

1.3.1 锐捷网络实验平台

CII 云教学领航中心,包含云教学领航中心平台软件和硬件服务器,通过技术优化,使平台更好地调用硬件资源为用户提供服务。CII 云教学领航中心平台作为私有云资源统一调度中心,进行用户管理、实验设备管理(默认管理最大 100 台实验设备)等,可与 CII 公有云连接获取资源更新、资源授权、平台升级等。

1.3.2 Packet Tracer 简介

Packet Tracer 是由思科(Cisco)公司发布的一种跨平台可视化网络模拟工具,它允许用户创建网络拓扑,并对计算机网络进行仿真。它为学习计算机网络的初学者设计、配置、排除网络故障提供了网络模拟环境。用户可以在软件的交互界面上直接进行单击、拖曳来建立网络拓扑,同时使用图形化界面或模拟命令行的形式来设置网络,并且提供数据包在网络中传输的详细过程,可以实时观察网络运行情况。通过 Packet Tracer,可以学习网络的配置、锻炼网络查错能力。

1.4 实验步骤

1.4.1 Wireshark 的安装

Wireshark 的安装方法非常简单，其安装过程如下：

(1) 执行 Wireshark-win64-x.y.z.exe(x.y.z.表示版本号)出现如图 1-1 所示的欢迎进入 Wireshark 安装的页面，单击 Next 按钮继续安装，单击 Cancel 按钮退出安装。

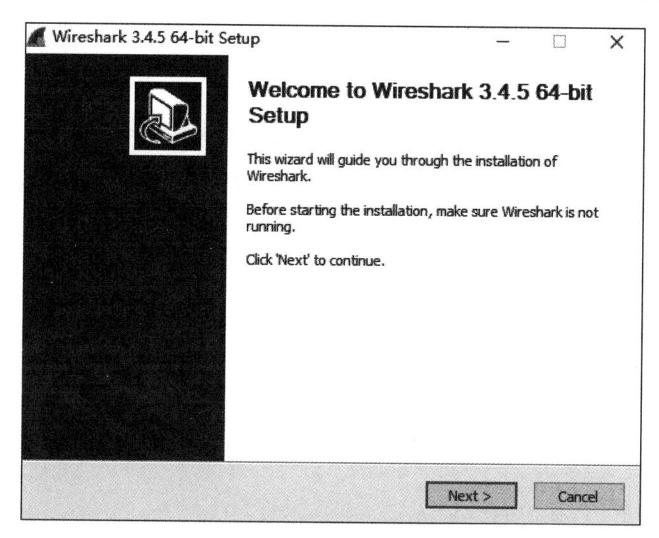

图 1-1 欢迎进入 Wireshark 安装

(2) 确定是否同意许可(证)协议，许可(证)协议内容如图 1-2 所示。

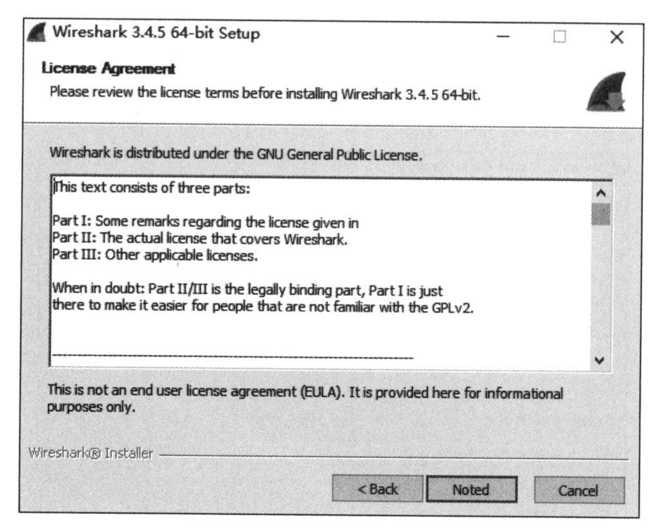

图 1-2 许可(证)协议内容

(3) 选择安装的内容，一般用默认选择即可，如图 1-3 所示。

(4) 选择 Wireshark 的启动方法如图 1-4 所示。

(5) 选择安装 Wireshark 的目录位置，如图 1-5 所示。

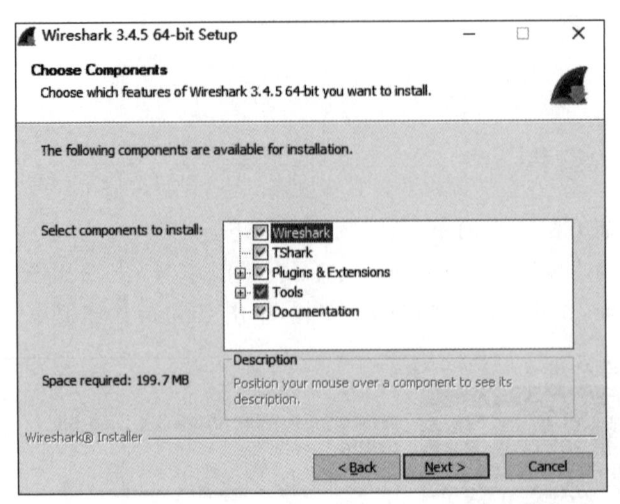

图 1-3　选择安装内容

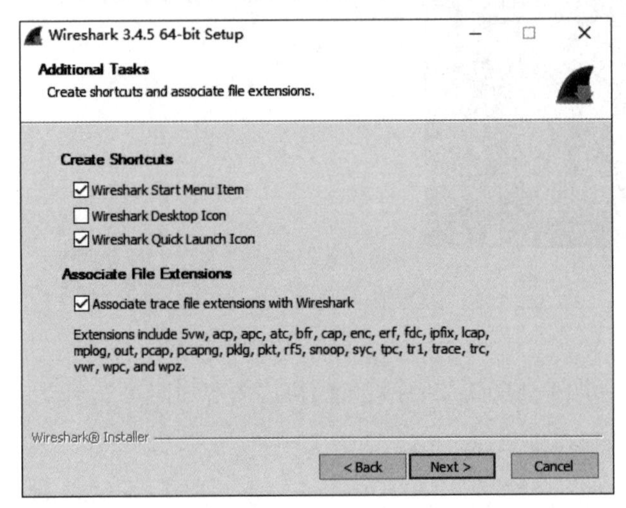

图 1-4　Wireshark 的启动方法

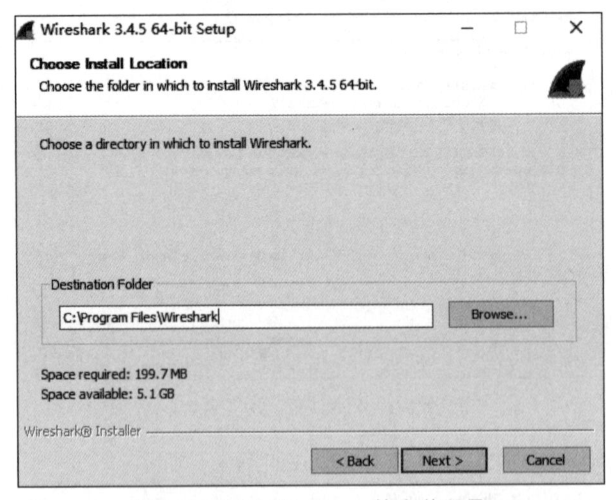

图 1-5　选择 Wireshark 的安装目录

(6) 选择安装 Npcap,如图 1-6 所示。

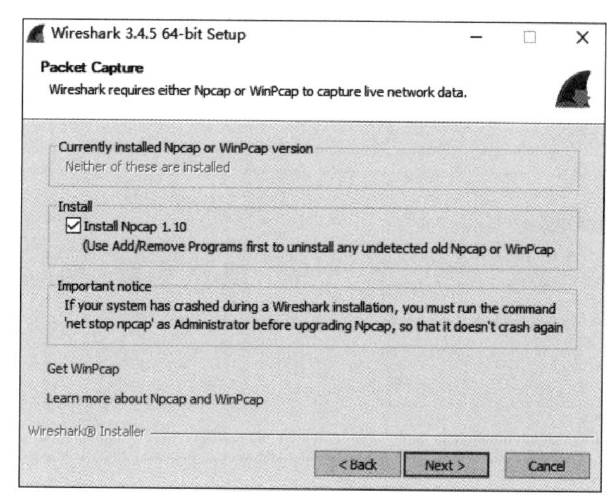

图 1-6 选择安装 Npcap

(7) 根据需求选择是否安装 USBPcap,在本次实验中选择不安装 USBPcap,如图 1-7 所示。

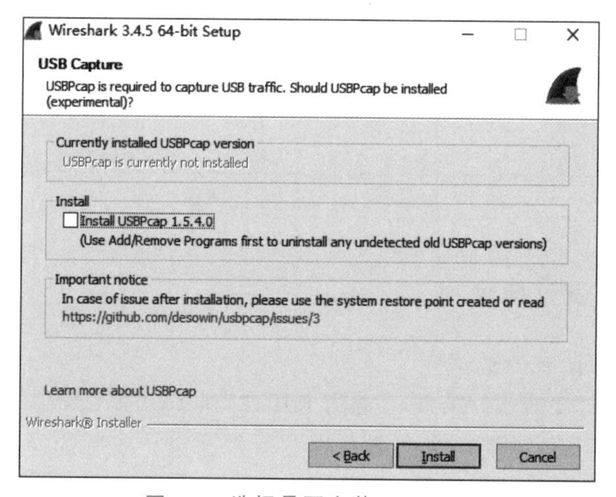

图 1-7 选择是否安装 USBPcap

(8) 安装 Wireshark 的过程如图 1-8 所示。

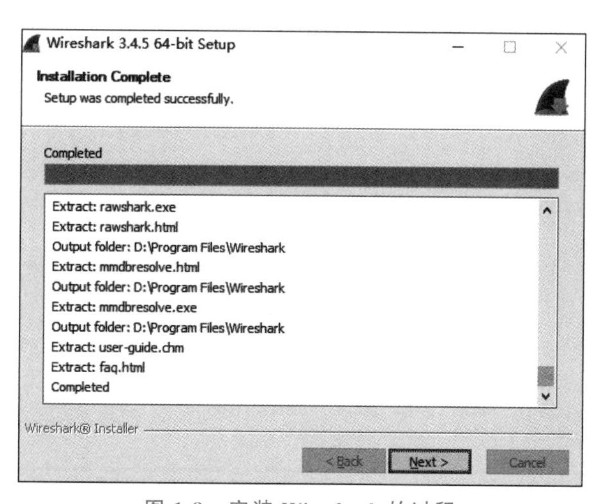

图 1-8 安装 Wireshark 的过程

(9) 安装完 Wireshark 后,启动 Wireshark 的界面如图 1-9 所示。

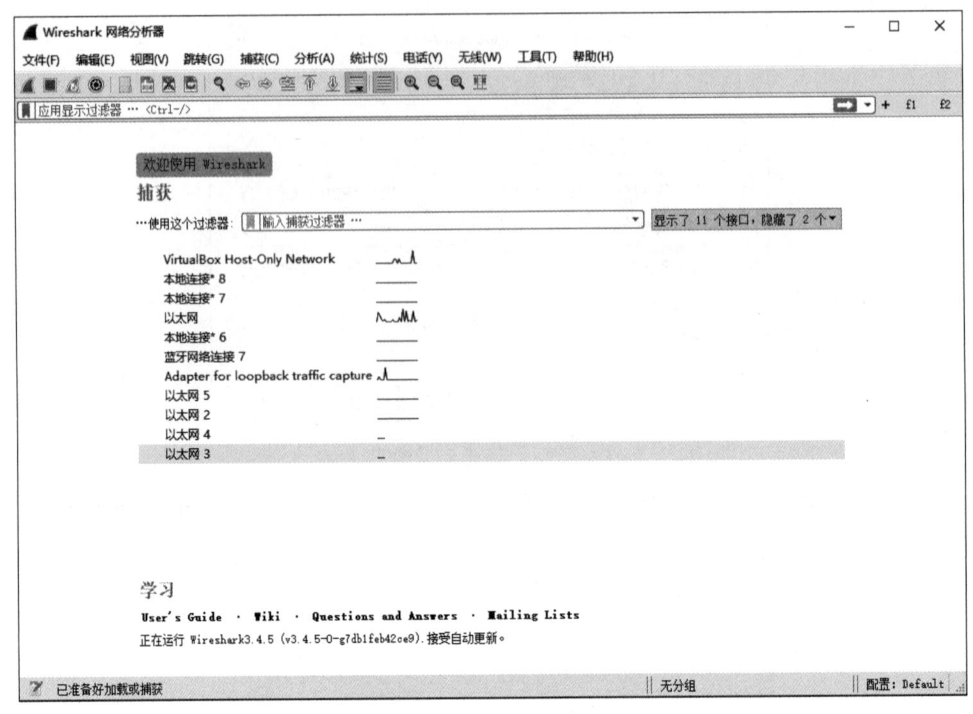

图 1-9 Wireshark 的界面

1.4.2 Wireshark 的设置与使用

1. 不限制条件抓取所有的数据包

(1) 启动 Wireshark 以后,只需要指定网卡接口(Network Interface Card),如图 1-10 所示,接着双击该网卡选项,即可捕获该网卡上收发的数据包。或者选择菜单"捕获→开始",如图 1-11 所示,此时就开始抓包了。

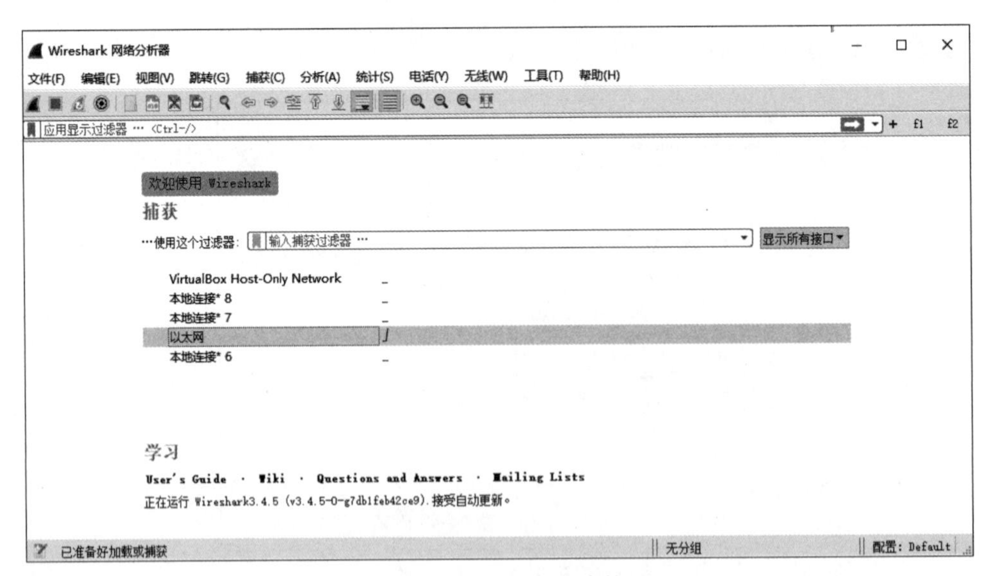

图 1-10 选择抓包的网卡接口

（2）当要停止抓包时，选择菜单“捕获→停止”，如图 1-12 所示，或者单击导航栏中的停止图标。

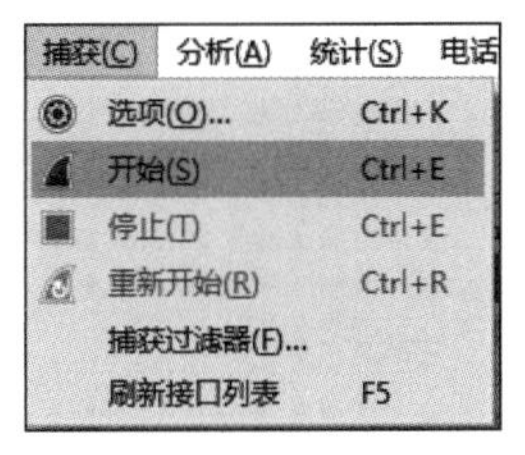

图 1-11　从菜单启动抓包

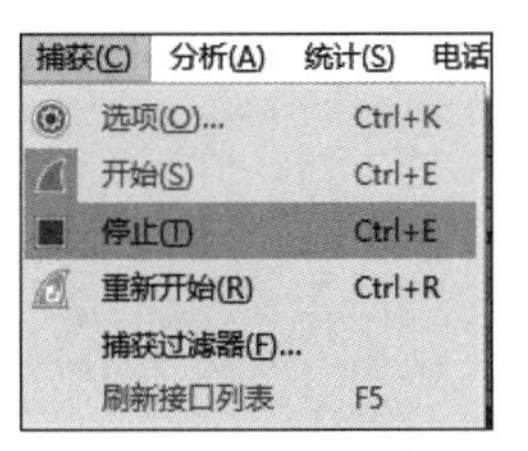

图 1-12　停止抓包

（3）捕获的数据包就会显示在面板中，如图 1-13 所示，并且数据包已经完成了分析。

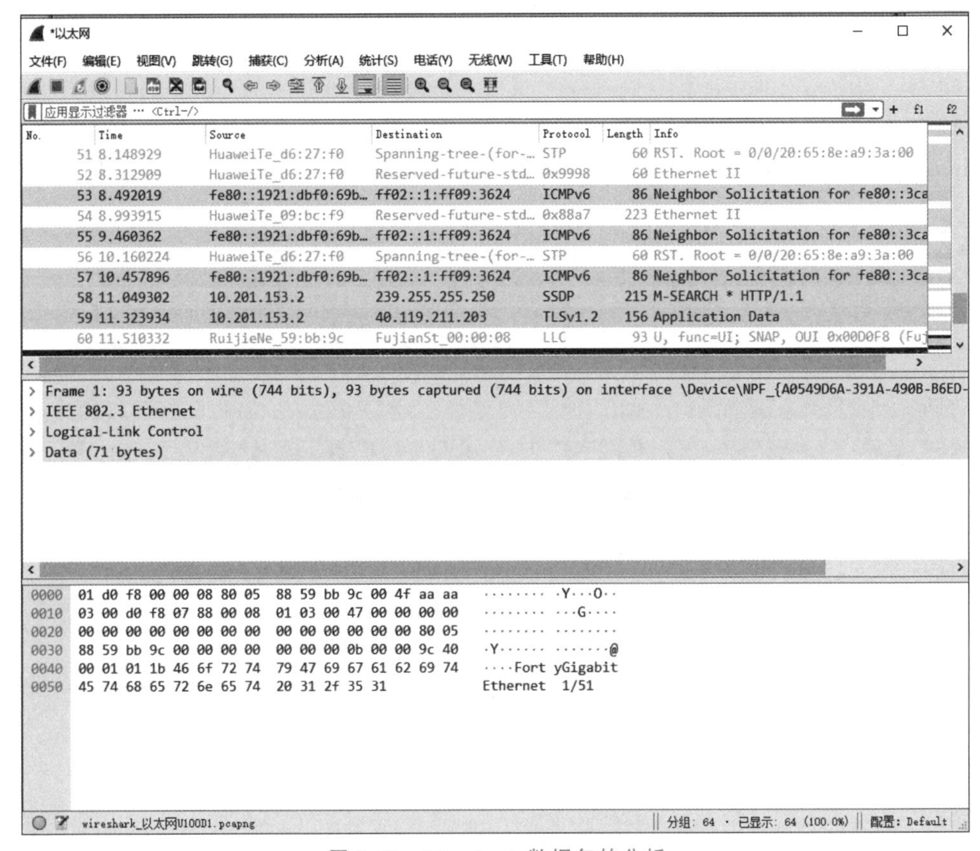

图 1-13　Wireshark 数据包的分析

（4）在如图 1-13 所示的 Wireshark 的包列表部分，第一列的编号表示收到包的次序，第二列显示的是时间，第三列显示的是源地址，第四列显示的是目标地址，第五列显示的则是协议的名称，后面显示的是数据包长度以及关于此数据包的摘要信息。

2. 显示过滤器的使用方法

在抓包完成后，用显示过滤器可以在设定的条件下（协议名称、是否存在某个域、域值等）来查找要找的数据包。

（1）如果只想查看 ARP 协议的数据包，在 Wireshark 窗口的左下角的 Filter 中输入 arp，然后按回车键，Wireshark 就会只显示 ARP 协议的包，如图 1-14 所示。

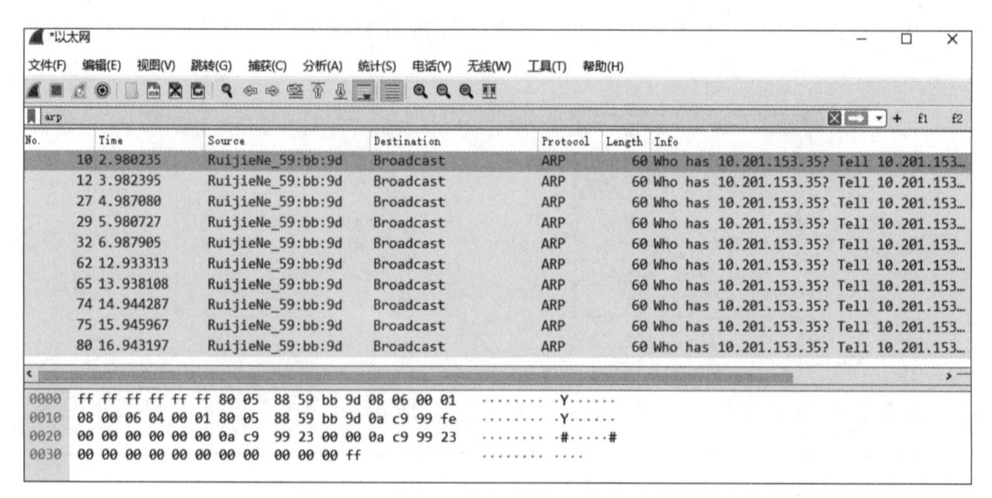

图 1-14　设定过滤条件后 ARP 协议的包

（2）如果想捕获主机 IP 地址为 10.201.153.2 所接收或发送的所有的数据包。在 Filter 中输入 ip.addr==10.201.153.2，过滤器会筛选到该主机接收或发送的数据包，如图 1-15 所示。

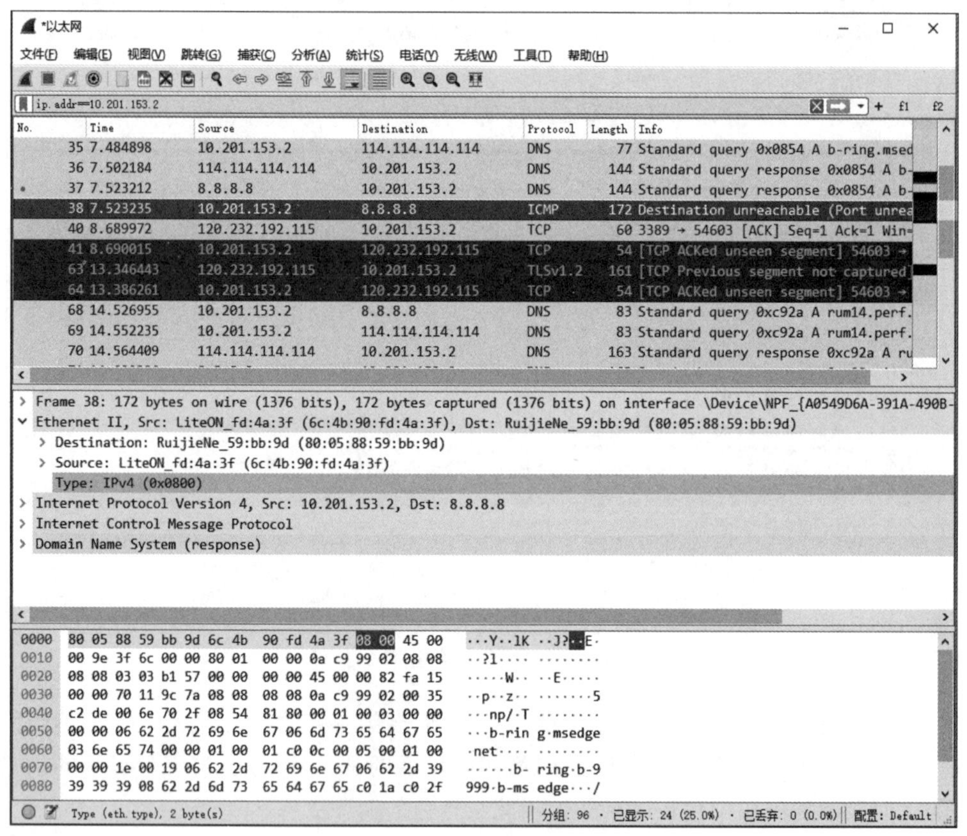

图 1-15　设定过滤 IP 地址后的数据包

（3）当 Filter 查询栏输入要过滤数据包条件时，如果查询栏背景是绿色时，说明设定的 Filter 是符合语法规则的。但当 Filter 查询栏输入要过滤数据包条件时，如果查询栏背景是红色时，说明过滤条件设置有错误或 Filter 不能识别规则，如图 1-16 所示。

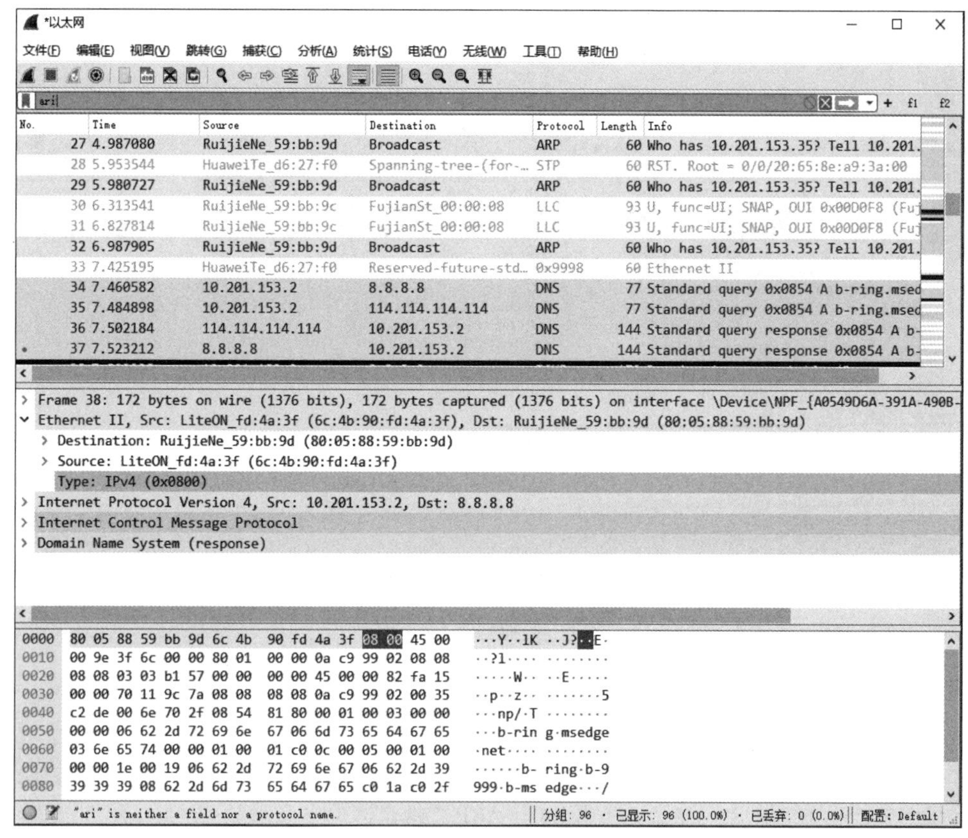

图 1-16 不能识别的过滤条件

3. 保存捕获的数据包

将捕获到的数据包保存起来，可以执行菜单“文件→保存”或“另存为”，如图 1-17 所示，对捕获到的数据包进行保存，保存的数据包信息可以用 Wireshark 来打开。

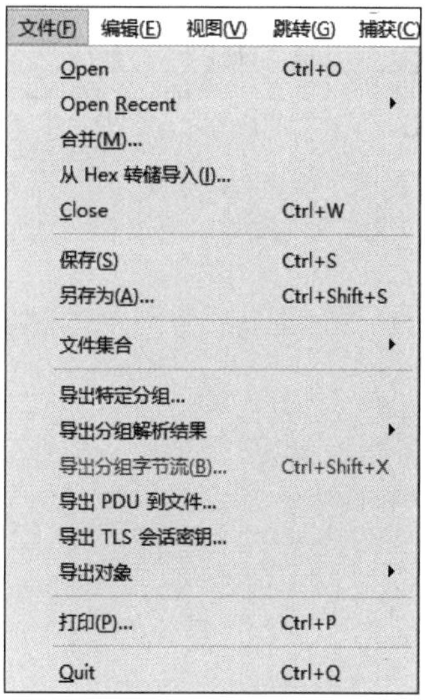

文件(F) 编辑(E) 视图(V) 跳转(G) 捕获(C)
Open Ctrl+O
Open Recent
合并(M)...
从 Hex 转储导入(I)...
Close Ctrl+W
保存(S) Ctrl+S
另存为(A)... Ctrl+Shift+S
文件集合
导出特定分组...
导出分组解析结果
导出分组字节流(B)... Ctrl+Shift+X
导出 PDU 到文件...
导出 TLS 会话密钥...
导出对象
打印(P)... Ctrl+P
Quit Ctrl+Q

图 1-17 保存数据包

1.4.3 Wireshark 对捕获数据包的分析

用本机 ping 其他 IP 地址(同网段、不同网段的 IP 地址)，例如，使用 ping (IP 地址)-t 的命令来 ping 其他主机。在 ping 该机器之前，先启动 Wireshark，开始抓包。下面来分析抓取的数据包。

从 Wireshark 的第一栏中可以看到这是一个 ARP 广播包，如图 1-18 所示。

由于这个版本的 Wireshark 使用的是 Ethernet II 来解码的，所以先来看 Ethernet II 的封包格式，如图 1-19 所示。

注意这个和 802.3 是有区别的，802.3 的封包格式，如图 1-20 所示。

尽管 Ethernet II 和 802.3 的封包格式不同，但 Wireshark 在解码时，都是从“类型”字段来判断一个 IP 数据包是 ARP 请求/应答还是 RARP 请求/应答。

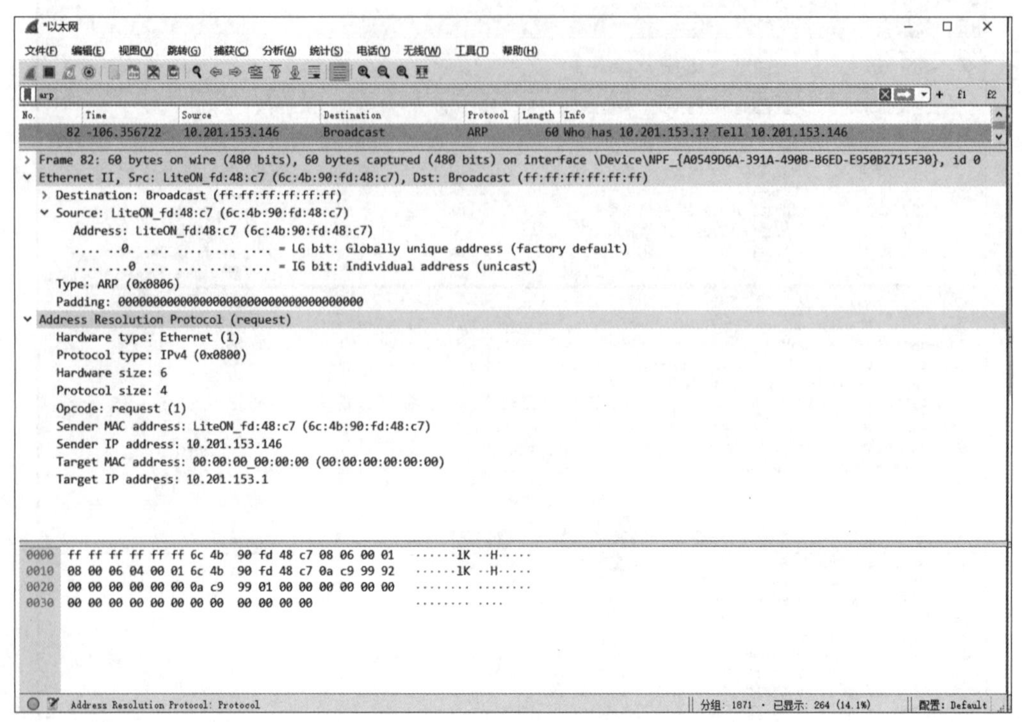

图 1-18 ARP 广播包

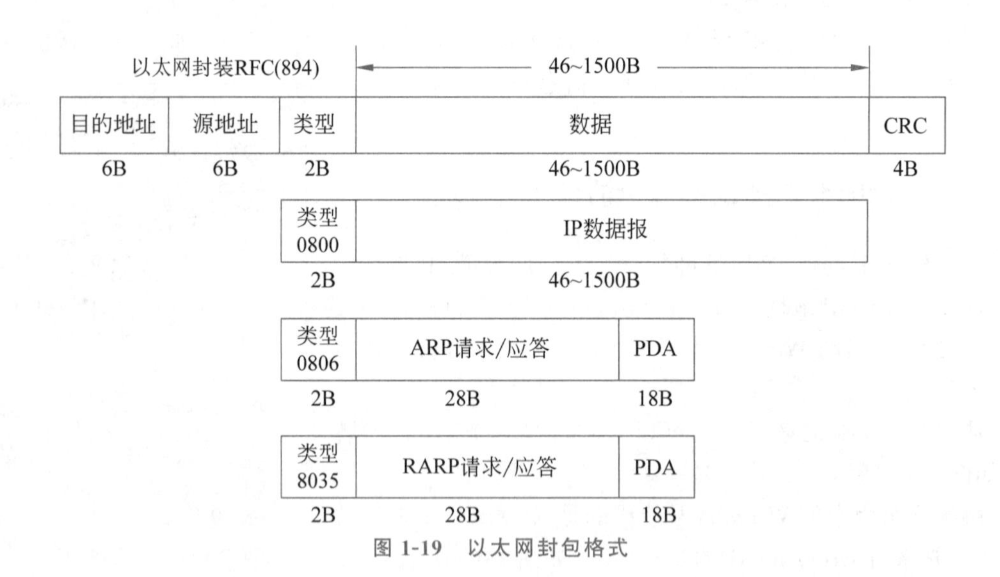

图 1-19 以太网封包格式

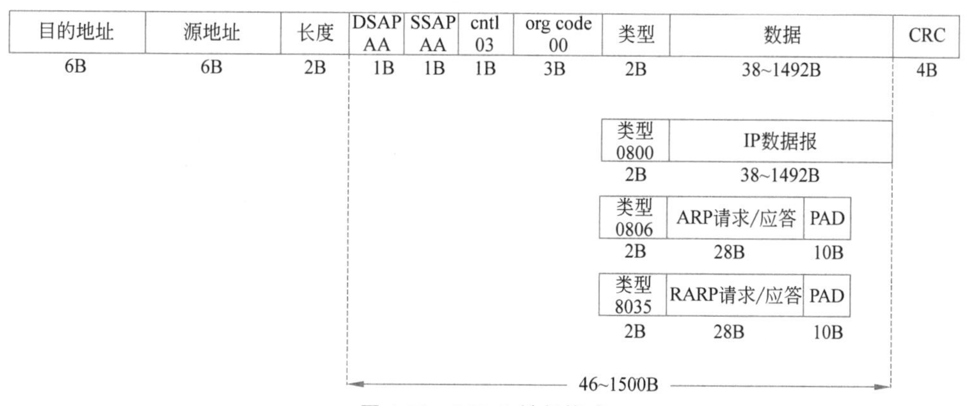

图 1-20 802.3 封包格式

从 Ethernet II 解析为 ARP 报文以后,下面再来看看 Wireshark 如何判断数据包是 ARP 请求报文还是应答报文。

首先看以太网的 ARP 请求和应答的分组格式,如图 1-21 所示。

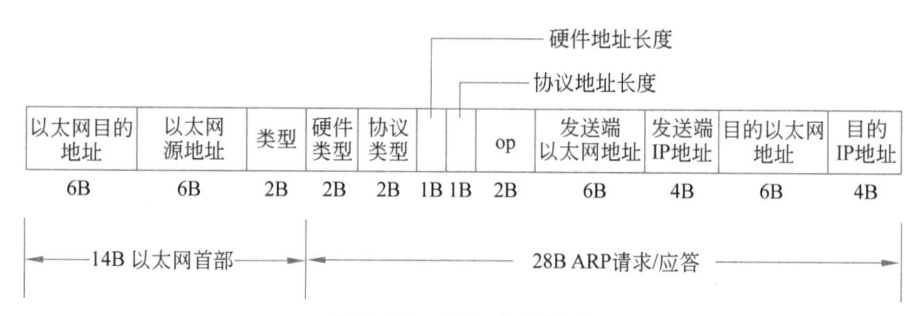

图 1-21 ARP 分组格式

在图 1-21 中"op"字段表示 ARP 报文的类型,当其值为 0x0001 时,表示请求报文;当其值为 0x0002 时,表示应答报文。ARP 请求和 ARP 应答分别如图 1-22 和图 1-23 所示。

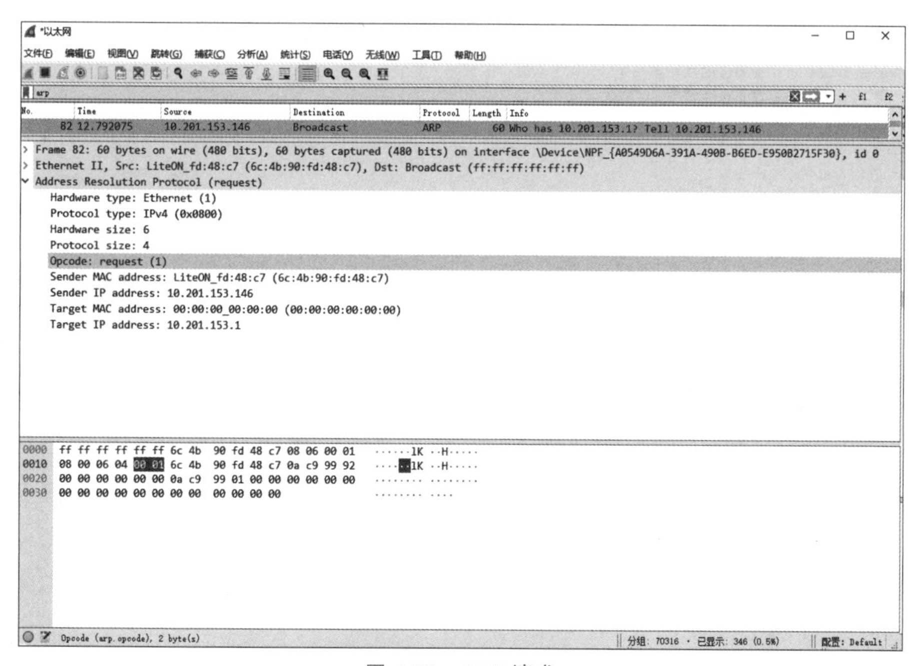

图 1-22 ARP 请求

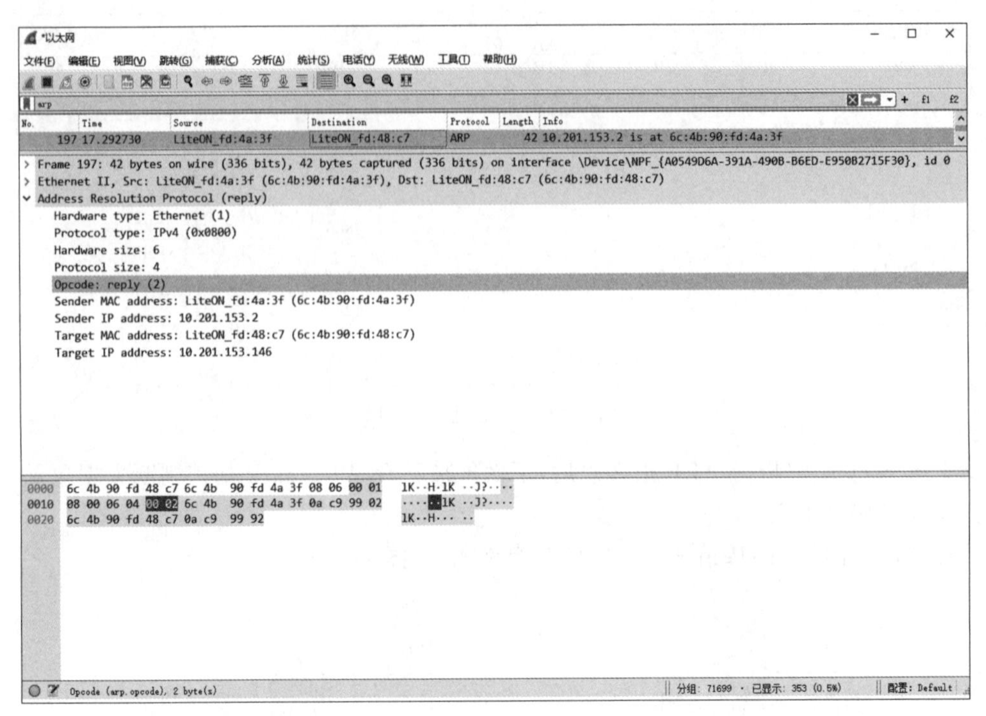

图 1-23　ARP 应答

下面来看下一个帧的内容。下一个帧的“类型”显示是 ICMP 数据包，如图 1-24 所示。

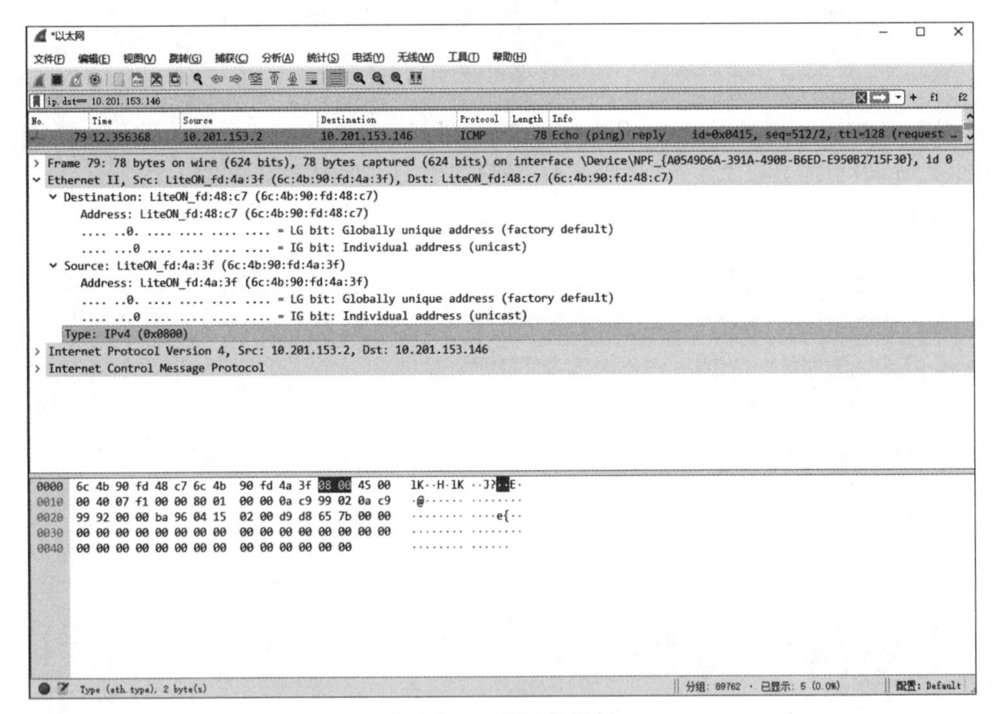

图 1-24　ICMP 数据包

我们主要看 TTL，从图 1-25 可以看出，主机的 TTL 是 128。不同操作系统的 TTL 是不同的，Windows 10 操作系统的 TTL 为 128。

ICMP 报文的封包格式如图 1-26 所示。

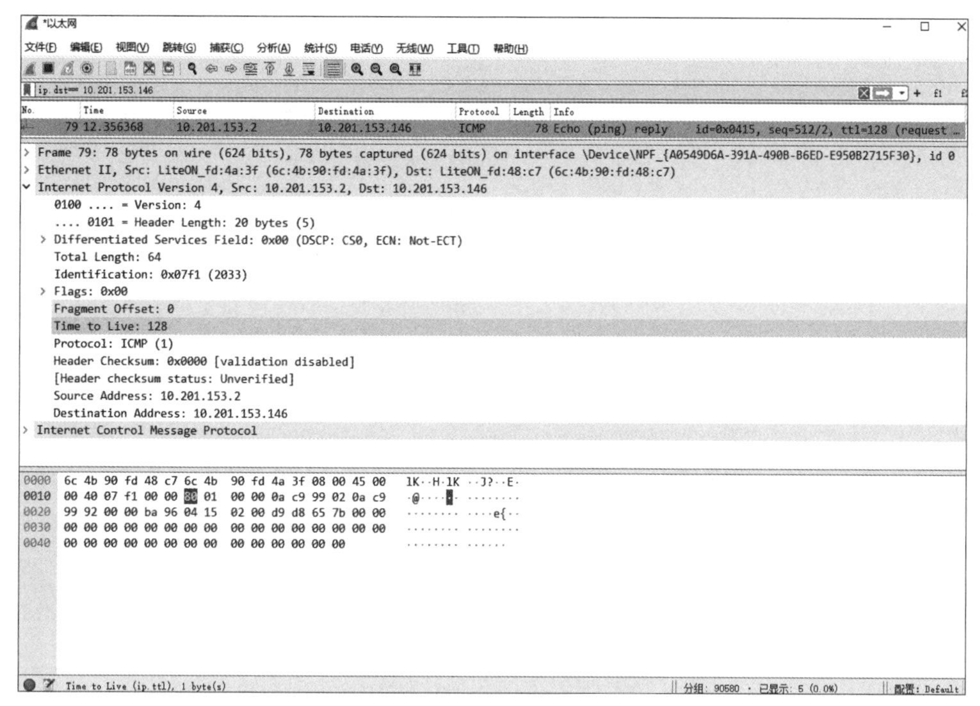

图 1-25 Windows 主机的 TTL

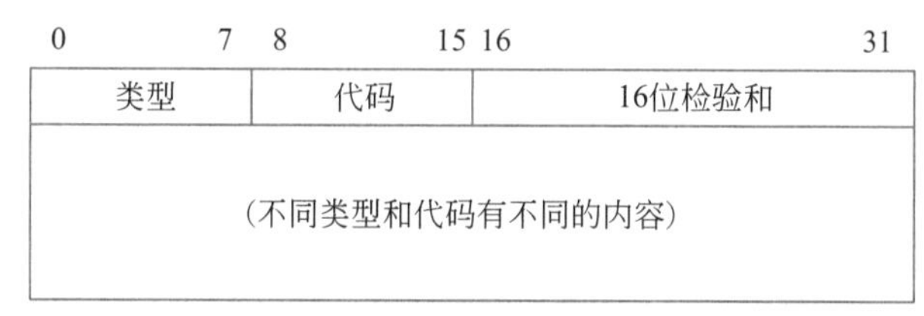

图 1-26 ICMP 报文的封包格式

ICMP 的“类型”和“代码”字段的说明，如表 1-1 所示。

表 1-1 ICMP 报文类型和代码说明

类型	代　码	描　　述
0	0	回显应答(ping 应答)
3		目的不可达
	0	网络不可达
	1	主机不可达
	2	协议不可达
	3	端口不可达
	4	需要进行分片但设置了不分片比特
	5	源站选路失败
	6	目的网络不认识
	7	目的主机不认识

续表

类型	代　码	描　　述
3	8	源主机被隔离(作废不用)
	9	目的网络被强制禁止
	10	目的主机被强禁止
	11	由于服务类型 TOS,网络不可达
	12	由于服务类型 TOS,主机不可达
	13	由于过滤,通信被强制禁止
	14	主机越权
	15	优先权中止生效
4	0	远端被关闭(基本流控制)
5		重定向
	0	对网络重定向
	1	对主机重定向
	2	对服务类型和网络重定向
	3	对服务类型和主机重定向
8	0	请求回显(ping 请求)
9	0	路由器通过
10	0	路由器请求
11		超时
	0	传输期间生存时间为 0 (Traceroute)
	1	在数据报组装期间生存时间为 0
12		参数问题
	0	坏的 IP 首部(包括各种差错)
	1	缺少必要的选择
13	0	时间戳请求
14	0	时间戳应答
15	0	信息请求(作废不用)
16	0	信息应答(作废不用)
17	0	地址掩码请求
18	0	地址掩码应答

1.5 实验思考题

1. 用 Wireshark 如何识别最新的协议?
2. 在 Wireshark 中,WinPcap 的作用是什么?
3. 在 Wireshark 中,用什么方法能找到所需要的数据包?

实验2　双绞线制作

2.1　实验目的和内容

1. 实验目的

（1）了解制作双绞线的过程。

（2）了解不同类别双绞线的区别。

2. 实验内容

（1）掌握如何制作直通线。

（2）掌握如何制作交叉线。

（3）掌握如何制作反转线。

2.2　实验原理

网络的整体性能受到双绞线接线质量的影响。在连接各种设备时，需要按照规范进行接线。双绞线通常用于星状网络的布线，通过安装在两端的RJ-45连接器将网络设备连接起来。双绞线的接线方法是经过精心设计的，旨在保持线缆接头布局的对称性，以抵消内部线缆之间的干扰。

超五类线是最常用的网络布线线缆，分为屏蔽线和非屏蔽线两种类型。在室外使用时，使用屏蔽线较好；而在室内，一般使用非屏蔽五类线就足够了。非屏蔽五类线没有屏蔽层，线缆相对柔软，和屏蔽线的连接方法是相同的。一般的超五类线包含4对绞合的细线，并使用不同的颜色进行标识，如图2-1所示。

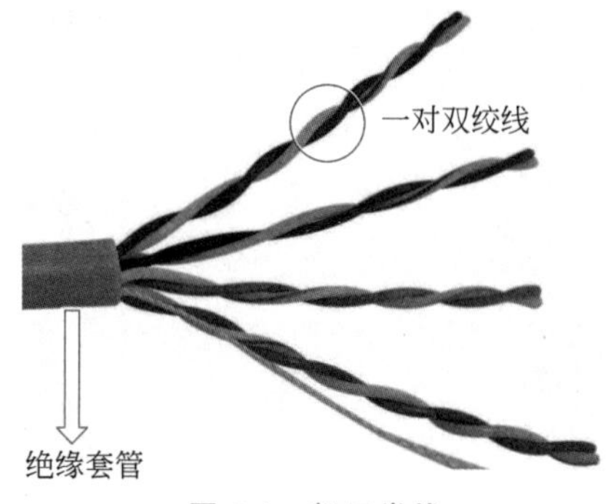

图2-1　超五类线

双绞线有两种标准线序：EIA/TIA 568A（简称T568A）标准和EIA/TIA 568B（简称T568B）标准线序。

EIA/TIA 568A线序如下：

1	2	3	4	5	6	7	8
绿白	绿	橙白	蓝	蓝白	橙	棕白	棕

EIA/TIA 568B线序如下：

1	2	3	4	5	6	7	8
橙白	橙	绿白	蓝	蓝白	绿	棕白	棕

两种标准接线直观地对比如图 2-2 所示。

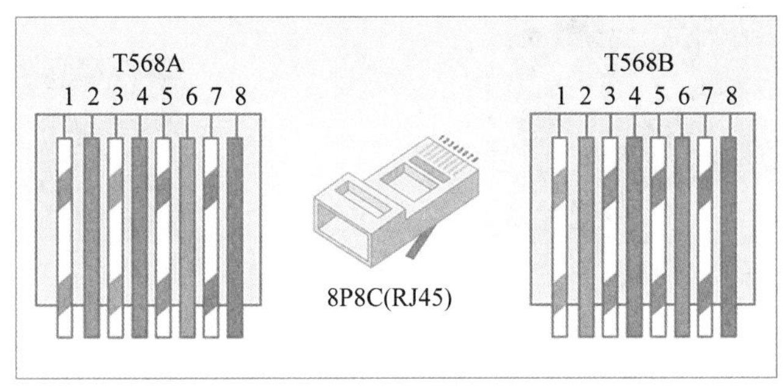

图 2-2 两种标准接线对比图

直通线通常用于连接两个不同性质的接口。例如,PC 与交换机/集线器之间的连接,路由器与交换机/集线器之间的连接。直通线的方法是使两端的线序相同,可以选择两端都采用 T568A 标准或者两端都采用 T568B 标准。

交叉线通常用于连接两个性质相同的端口。例如,交换机与交换机之间的连接,交换机与集线器之间的连接,集线器与集线器之间的连接,主机与主机之间的连接,主机与路由器之间的连接。其中,一端采用 T568A 标准,另一端采用 T568B 标准。

反转线不用于以太网的连接,主要用于主机的串口与路由器(或交换机)的控制台口之间的连接。反转线的方法是一端顺序排列,另一端逆序排列。

2.3 实验环境与设备

实验设备及材料包括超五类线、RJ-45 水晶头、压线钳、剥线夹。

2.4 实验步骤

1. 网线材料准备工作

在制作网线之前,首先要准备好压线钳和双绞线剥线器。剪取双绞线时,通常比实际需要的长度多留一些,以确保网线长度充分并要避免浪费,原因在于存在网线制作不成功的可能性,如果制作失败,可以剪掉水晶头之后用剩下的双绞线重新制作,并且还需要考虑网线布线等因素。使用斜口钳剪下所需双绞线长度,通常至少为 0.6m,最多不超过 100m。

然后进行剥线,利用双绞线剥线器将双绞线的外皮除去 2～3cm。对于带有柔软尼龙绳的电缆,可以紧握尼龙线将双绞线外皮向下剥开,以获得较长的裸露线,如图 2-3 所示。

2. 排列线序

将导线按照 EIA/TIA 568B 标准排列,顺序为橙白、橙、绿白、蓝、蓝白、绿、棕白、棕,如图 2-4 所示。具体的,由于每对线(单色线与对应的双色线)都相互缠绕在一起,所以在制作网线时,必须将 4 对线中 8 条细导线分离、理顺、捋直,确保按照规定的线序排列整齐,注意避免线序错乱,特别需要注意的是蓝色与绿色线的顺序。所有的线都不能将铜芯暴露在外,否则可能导致导线短路。

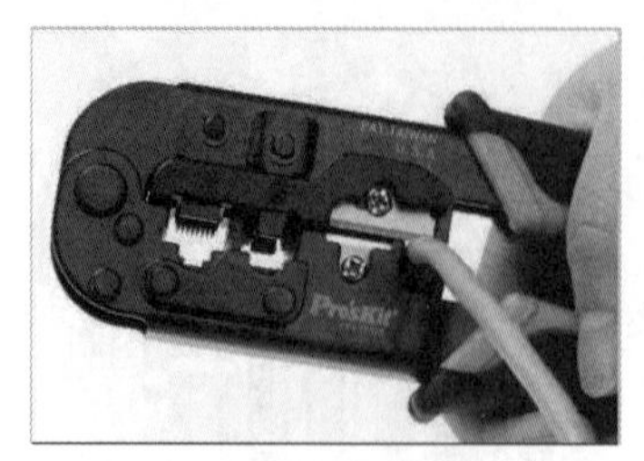

图 2-3　剥线

图 2-4　按 EIA/TIA 568B 标准排列线序

3. 剪齐导线

水晶头摆放方式为：上下方向上有塑料弹簧片的一面向下，有针脚的一方向上；前后方向上有针脚的一端指向远离自己的方向，有方型孔的一端对着自己。按照这样的摆放方式摆放之后，水晶头的插针从左至右分别为第 1 引脚至第 8 引脚。

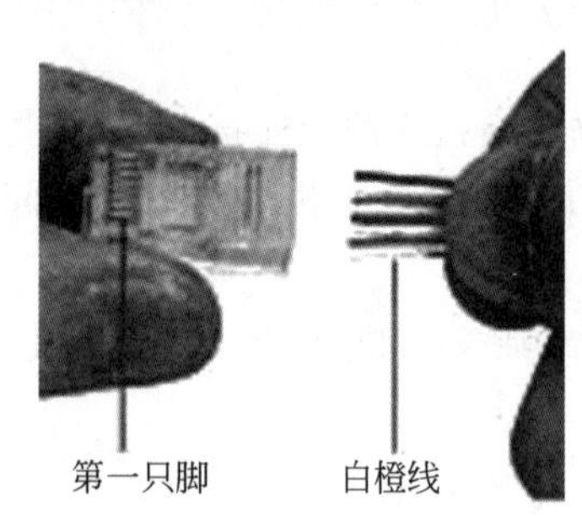

图 2-5　将双绞线按线序插入水晶头内

然后将线尽量拉直、压平、挤紧理顺、朝一个方向靠紧，不应出现缠绕、重叠的情况，以确保在双绞线插入水晶头后，每条线都能完全接触到水晶头中的插针，避免接触不良。如果之前剥皮的长度过长，可以将过长的线剪短，通常保留 14mm 左右的裸露线，这个长度符合 EIA/TIA 标准，确保各细导线能顺利插入线槽中。

4. 连接水晶头

将双绞线的每一根线依序放入 RJ-45 接头的引脚内，按照双绞线的排线顺序与水晶头插针的顺序对应放置，如图 2-5 所示；然后使用压线钳将 RJ-45 插头压接，确保每根导线与插针良好接触，用力压实水晶头，如图 2-6 和图 2-7 所示。这一步骤完成后，插头的 8 个针脚接触点就会穿过导线的绝缘外层，分别和 8 根导线紧紧地压接在一起。

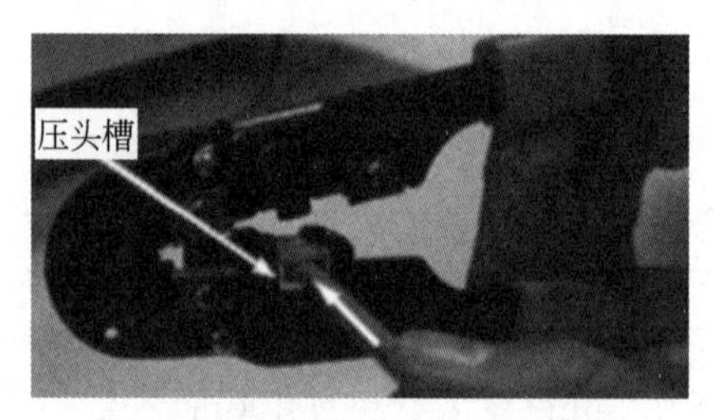

图 2-6　将水晶头放入压头槽内

图 2-7　压实水晶头

5. 制作另一端接头

三种类型的线：直通线、交叉线、反转线的一端的制作均如上面的步骤所述，而另一端接头有所不同，下面介绍三种类型的线另一端的线序。

1）直通线

直通线两端采用相同的线序，一端采用前面所述的 EIA/TIA 568B 标准线序，所以另一端同样是 EIA/TIA 568B 标准线序。

2）交叉线

交叉线即两端采用不同标准的线序，一端采用前面所述的 EIA/TIA 568B 标准线序，所以另一端应该采用 EIA/TIA 568A 标准线序。

两端颜色顺序的比对如下：

一端(EIA/TIA 568B标准)　白橙｜橙｜白绿｜蓝｜白蓝｜绿｜白棕｜棕。

另一端(EIA/TIA 568A标准)　白绿｜绿｜白橙｜蓝｜白蓝｜橙｜白棕｜棕。

顺序排对之后，将另一个水晶头压实即可。

3) 反转线

反转线即两端采用互逆的线序，一端采用前面所述的EIA/TIA 568B标准线序，所以另一端应该逆序。

两端颜色顺序的比对如下：

一端(EIA/TIA 568B标准)　白橙｜橙｜白绿｜蓝｜白蓝｜绿｜白棕｜棕。

另一端(逆序)　棕｜白棕｜绿｜白蓝｜蓝｜白绿｜橙｜白橙。

另一端按照上面描述的线序排列后，同样使用上面介绍的方法剪线、压实水晶头即可。最后做好的水晶头如图2-8所示。

6. 测试

完成网线的连接并不能确保它没有问题，因此需要进行测试，以确认连接正确。通常会使用专用的网线测试仪进行测试，将两个水晶头分别连接到测试仪上，如图2-9所示。对于直通线，启动测试仪后，如果两排指示灯依次顺序亮起，则表示网线连接正确；若指示灯不按顺序从1到8依次亮起，则说明网线的线序排列有错误；如果只有部分指示灯亮或有些指示灯不亮，则表示网线在水晶头处可能存在接触不良，需要重新连接。

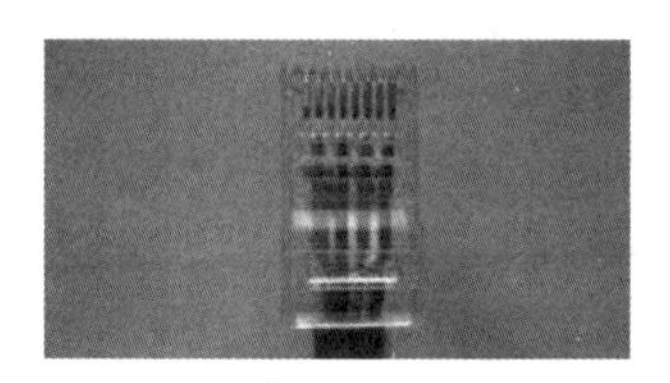

图2-8　做好的水晶接头

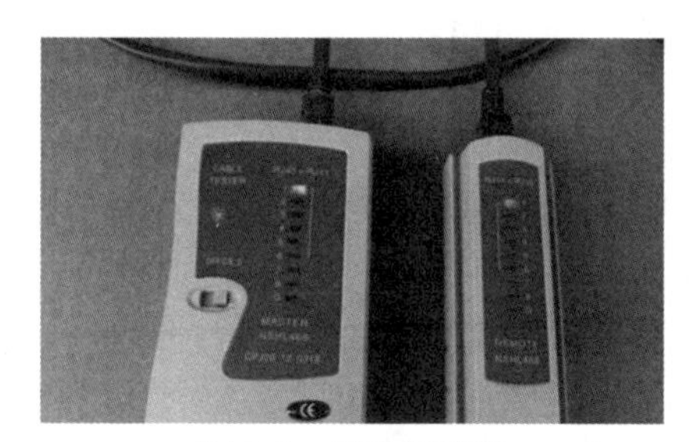

图2-9　网线测试仪

如果没有测试仪，也可以通过直接使用路由器连接到个人台式计算机或者带有RJ-45接口的便携式计算机来测试网线。连接后等候一分钟，然后在操作系统的网络设置中查看连接状态，如果网络连接正常，说明制作的网线工作良好。这时如果路由器为千兆路由器，个人台式计算机或者便携式计算机上是千兆网卡，则连接速度应为1.0Gb/s，如果连接速度只有100Mb/s，可能是RJ-45水晶头没有压紧。

2.5　实验思考题

1. 网络线缆有哪几大类？它们各自的特点是什么？
2. 直通线、交叉线、反转线分别用在何处？

实验3　小型局域网组建

3.1　实验目的和内容

1. 实验目的

(1) 学会在实验平台上构建小型局域网等网络拓扑。

(2) 学会设置主机的 IP 地址。

(3) 掌握在实验平台上如何测试网络连通性。

2. 实验内容

(1) 在 Packet Tracer 上构建小型局域网的网络拓扑。

(2) 在 Packet Tracer 上测试网络连通性。

3.2　实验原理

3.2.1　局域网的特征

局域网具有以下特点：

(1) 覆盖范围小。局域网通常分布在办公大楼、建筑群等范围内，距离有限，一般不超过 25km。

(2) 高传输速率。局域网支持较高的数据传输速率，从 10Mb/s 到几百 Mb/s，甚至达到 10Gb/s。传输方式通常为基带传输，具有较好的传输质量和低误码率。

(3) 设备多样性。局域网可以连接计算机、终端和各种外部设备。通常以微机为建网对象，没有中央主机系统，而是共享一些外设。

(4) 多种传输介质。局域网支持多种传输介质，例如，双绞线、同轴电缆、光纤和无线。可以根据需求选择最适合的传输介质，以获得最佳性价比。

(5) 易于组建和扩充。局域网建设成本低、周期短，容易维护和扩展，具有较大的灵活性。

综上所述，局域网是在小范围内实现资源共享和信息传输的计算机网络。局域网具有很多优点，广泛应用于学校、企业等场合，并得到了快速发展。

3.2.2　局域网的种类

局域网一般由网络服务器、用户工作站、网络适配卡（即网卡）、传输介质和网络软件 5 部分组成。然而，按照局域网的应用和内部关系可以进一步分为以下 4 类。

1. 对等网（Peer to Peer）

对等网是非结构化的访问网络资源。对等网中的每一台设备可以同时是客户机和服务器。网络中的所有设备可直接访问数据、软件和其他网络资源。也就是说，每一台网络计算机与其他联网的计算机之间的关系是对等的，它们没有层次的划分。

对等网一般用于建立一些小型的局域网。由于没有专门的服务器，所以成本也相对较低。它只是局域网中最基本的一种，所以很多管理功能都不能实现。但是，由于目前计算机的普及和人们对联网的热情，对等网在实际应用中收到了很好的效果，已经可以满足很多场合的需要。

对等网组建简单、成本低、维护方便、可扩充性好，特别适合在小范围内建立。这样的局域网足以实现信息交流、资源共享、娱乐游戏等功能。

2. 客户机/服务器网

客户机/服务器(Client/Server，C/S)网又称服务器网络。在这样的局域网中，计算机划分为客户机和服务器两个层次。这样的层次结构是为了适应网络规模增大导致的各种功能也增多的情况而设计的。

客户机/服务器网络应用于较大规模的局域网中，它可以将大量本来需要手工操作的管理都放到网上来进行网络化管理。利用它还可以建立强大的内部网(Intranet)，实现多种服务的完美结合。可以说这种模式的局域网是一种理想的局域网构架。但它需要一台或多台高性能的服务器，所以成本较高，不适合在太小的范围内建立。

3. 浏览器/服务器网

浏览器/服务器(Browser/Server，B/S)网是近年来兴起的一种新形态的局域网模式。这样的模式和客户机/服务器网模式相比，最大的区别就是所使用的网络资源访问方法不同。

在浏览器/服务器网中同样有层次结构，但和客户机/服务器网不同，它是一种松散的结构。用户不必专门在客户机上安装访问服务器的客户端软件，而是直接通过浏览器来使用共享的资源。例如，用户可以直接通过浏览器访问网站等。

这样的结构在层次上显得比较松散，但在管理和使用上则更加集中了。所有的网络共享资源都可以通过 Web 页面来管理和使用。这种模式是随着 Internet 的不断发展而兴起的，也是局域网与 Internet 融合的表现。

4. 无盘工作站网

在无盘工作站网络中，工作站利用网络适配器上的启动芯片与服务器连接，使用服务器的硬盘空间进行资源共享。

无盘工作站局域网可以实现客户机/服务器局域网的所有功能。由于工作站上没有磁盘驱动器，每台工作站都需要从远程服务器启动，所以对服务器、工作站、网络组建的要求较高。无盘工作站局域网的成本并不一定比客户机/服务器局域网低，但它的稳定性、安全性要好许多，适合于局域网安全系数要求较高的场合。

3.2.3 局域网的网络地址

众所周知，TCP/IP 是互联网和大多数局域网所采用的一组协议。在 TCP/IP 协议中，连接到网络上的每个主机和网络设备都有一个唯一的 IP 地址。IP 地址由网络号和主机号两部分组成，总共 4 字节，每个字节的取值范围为 0～255，字节之间用小数点隔开。例如，一台主机名为 Host1 的计算机的 IP 地址可以是 192.168.7.127。通过这样的 IP 地址，就可以区分局域网上的主机。

网络 IP 地址被分为若干类，不同类别的 IP 地址，其网络号和主机号的字节个数不同。A、B、C 类 IP 地址的网络号依次占 1 字节、2 字节、3 字节，主机号依次占 3 字节、2 字节、1 字节。从而，决定了各类网络的规模以及它可以拥有的 IP 地址个数。例如，A 类的局域网的 IP

地址超过 16 000 000 个,B 类局域网所拥有的 IP 地址数超过 65 000 个。显然,局域网的规模大小取决于 IP 地址范围以及子网掩码,既不要将同一 IP 地址分配给多个主机,也不要将特殊 IP 地址分配给任何主机。

1. 局域网内部 IP 地址

为了便于局域网使用 IP 地址,在各类 IP 地址中分别保留了一定范围的地址,以供各局域网内部自己分配和使用,称为局域网内部 IP 地址,如表 3-1 所示。使用内部 IP 地址的主机要和外网通信,必须通过代理服务器或进行网络地址转换。

表 3-1 内部 IP 地址范围与局域网规模

局域网内部 IP 地址范围	子网掩码	提供	局域网的规模
10.0.0.0～10.255.255.255	255.0.0.0	1 个 A 类网	16 777 216-2
172.16.0.0～172.31.255.255	255.255.0.0	16 个 B 类网	65 536-2
192.168.0.0～192.168.255.255	255.255.255.0	256 个 C 类网	256-2

2. 分配 IP 地址

在局域网中分配 IP 地址的方法有两种:可以为局域网上所有主机都手工分配一个静态 IP 地址;也可以使用一个 DHCP 服务器来动态分配,即当一个主机登录到网络上时,服务器就自动为该主机分配一个动态 IP 地址。

静态 IP 地址分配意味着为局域网上的每台计算机都手工分配唯一的 IP 地址。同一个 C 类局域网中所有主机 IP 地址的前三字节(网络号)都相同,但最后一字节(主机号)却是唯一的。并且,每个计算机都最好分配一个唯一的主机名。局域网上的每个主机将拥有同样的子网掩码 255.255.255.0。在分配时,最好记录下局域网上所有主机的主机名和 IP 地址,以便日后扩展网络时参考。

IP 地址的动态分配是通过一个 DHCP(Dynamic Host Configuration Protocol,动态主机配置协议)服务器完成的。当计算机登录到局域网上时,DHCP 服务器就会自动为它分配一个唯一的 IP 地址。在动态分配 IP 地址的网络系统里,不需要手工分配主机名和域名。

本实验将采用局域网内部 IP 地址和静态 IP 地址分配,组建 IEEE 802.3(以太网协议)的对等网。

3.2.4 局域网的组建

1. 硬件安装

组建对等网所需的设备有微型计算机(简称微机)、网络适配器、交换机和双绞线等,将这些设备正确地安装和连接起来便可成功组建一个小型局域网。

1) 微机

准备用于充当工作站和服务器的微机不需要进行什么特别的安装。只需针对所要建立的局域网是什么拓扑结构,合理地安排好工作站的位置就可以了。

注意,微机之间的距离不要过远,若靠墙放置则要在微机与墙之间留有一定的间隔,以便于留出安装网线的空间,并利于微机散热。

2) 网络适配器

如果网络适配器被集成在微机主板中,或者已经安装在微机主板上,则不需要再安装。如果微机主机上没有安装网络适配器，则将微机的机箱盖打开，将网络适配器插入相应的插槽，并且根据下列情况进行安装。

如果选择的是 ISA 的网络适配器，则微机的主板上需要有 ISA 插槽。现在的主板一般没有专门的 ISA 插槽，只有 EISA 插槽。EISA 插槽向下兼容 ISA 的板卡，可以将 ISA 的网络适配器插在 EISA 插槽上。EISA 插槽一般是主板上黑色的、最长的插槽。将网络适配器插入插槽中，固定好螺丝。

如果选择的是 PCI 的网络适配器，那么可以将网络适配器直接插入主板上的 PCI 插槽中。PCI 插槽一般是主板上白色的、较短的插槽，有时插在某个 PCI 插槽上容易和其他配件发生冲突，出现这种情况时请换一个插槽。

有的网络适配器上带有加电指示灯，当适配器插好后，开机加电时可以看见指示灯变亮。如果不带该指示灯，那么只有在网络连接通后，数据传输时才会看见数据指示灯闪烁。

将网络适配器插好固定后，盖上机箱盖。

3）交换机

将交换机放在合适的位置，使每台微机和交换机的距离合理。当交换机加电后，其加电指示灯应该亮，否则查看交换机的电源连线是否正确。

交换机有一个端口是“交叉连接口”，当需要将一台交换机和其他交换机连接时，请使用该端口连接。若使用普通端口连接两个交换机，则采用双绞线交叉跳线。

4）双绞线

在安装前按照双绞线是交叉线还是直连线的线序做好 RJ-45 水晶头。可以使用专门的测线器检查双绞线是否连通。不要使用过长或过短的双绞线。

将双绞线的一个 RJ-45 水晶头插入网络适配器中，另一头插入交换机的一个端口中。注意，RJ-45 水晶头具有正反，如果插反了则没有办法插进去。

2. 主机静态 IP 地址设置

主机静态 IP 地址设置如下：

（1）启动 Windows 系统。

（2）双击“我的电脑”，选择“控制面板”→“网络连接”。

（3）右击“本地连接”，再选择“属性”→“常规”，找到并单击“Internet 协议（TCP/IP）”。

（4）单击“属性”→“常规”后，选择“使用下面的 IP 地址”，然后填入 IP 地址和子网掩码。

（5）单击“确定”按钮，IP 地址生效。

3. 网络连通测试

在访问网络中的计算机之前，首先要确认这两台计算机在网络上是否已经连接好了，也就是说硬件部分是否连通。可以通过 Windows，也就是选择“开始”→“运行”，输入 ping 命令来检测。

对两台计算机，比如 192.168.1.1 和 192.168.1.2，可以在 IP 地址是 192.168.1.1 的计算机上使用命令 ping 192.168.1.2，或者在 IP 地址是 192.168.1.2 的计算机上使用命令 ping 192.168.1.1，检查两台电脑是否已经连通。若没连通就要检查硬件的问题，例如，网卡是不是好的，有没有插好，网线是不是完好。

3.3 实验环境与设备

如图 3-1 所示，局域网包含 4 台主机（PC0、PC1、PC2 和 PC3）、一台交换机（Switch0）、一个集线器（Hub0）。

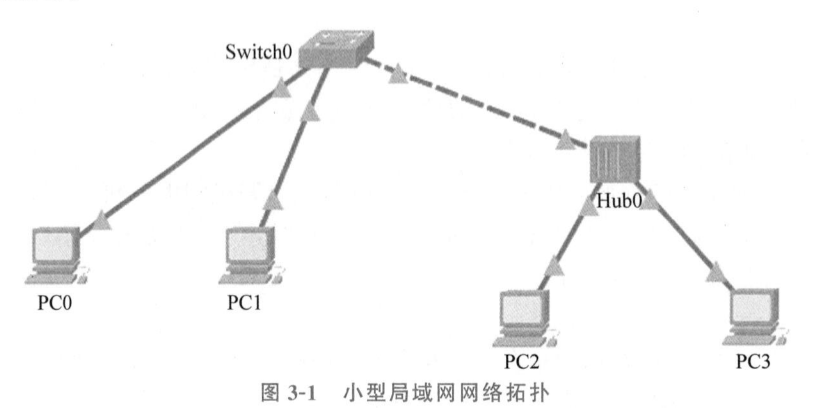

图 3-1　小型局域网网络拓扑

IP 地址分配如下：

PC0 IP ＝ 192.168.1.1；

PC1 IP ＝ 192.168.1.2；

PC2 IP ＝ 192.168.1.3；

PC3 IP ＝ 192.168.1.4。

子网掩码均为：255.255.255.0。

3.4 实验步骤

1. 在 Packet Tracer 平台上搭建网络拓扑

（1）添加网络设备。如图 3-2 所示，在 Packet Tracer 左下角依次单击 Network Devices、Switches，选择 2960 型号交换机，将其拖曳到面板上。

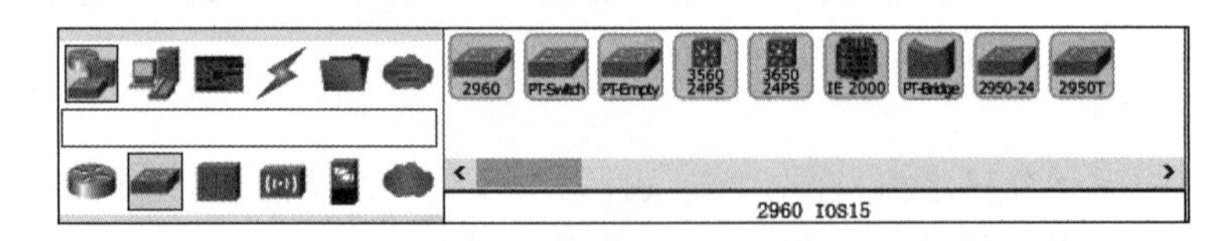

图 3-2　选择交换机

如图 3-3 所示，再依次单击 Network Devices、Hubs，选择 PTHub 型号集线器，将其拖曳到面板上。

如图 3-4 所示，再依次单击 End Devices、PC-PT，选择 PC 主机，拖曳 4 台主机到面板上。

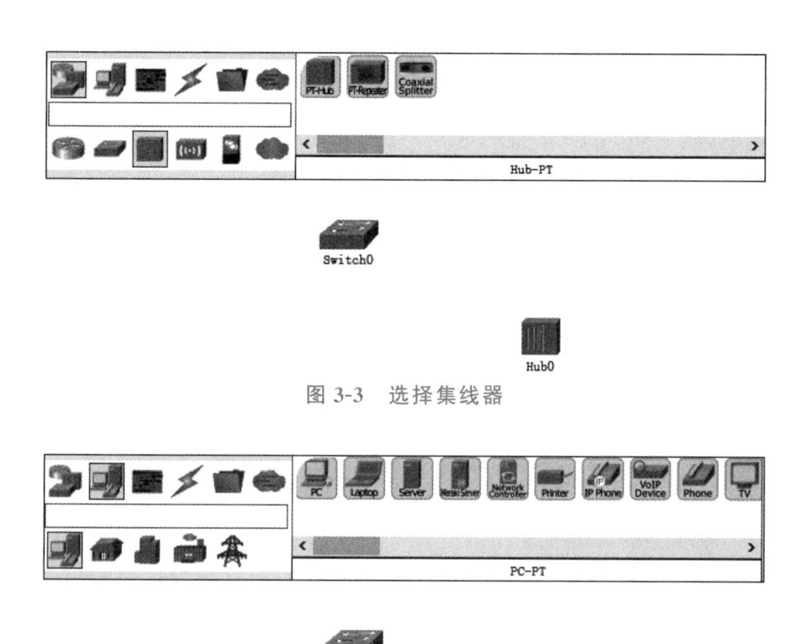

图 3-3 选择集线器

图 3-4 选择主机

（2）连接网络设备。如图 3-5 所示，在 Packet Tracer 左下角单击 Connections，在右侧选择 Automatically Choose Connection Type 自动判断连线类型。按照图 3-1 所示，依次单击连接每个网络元件。

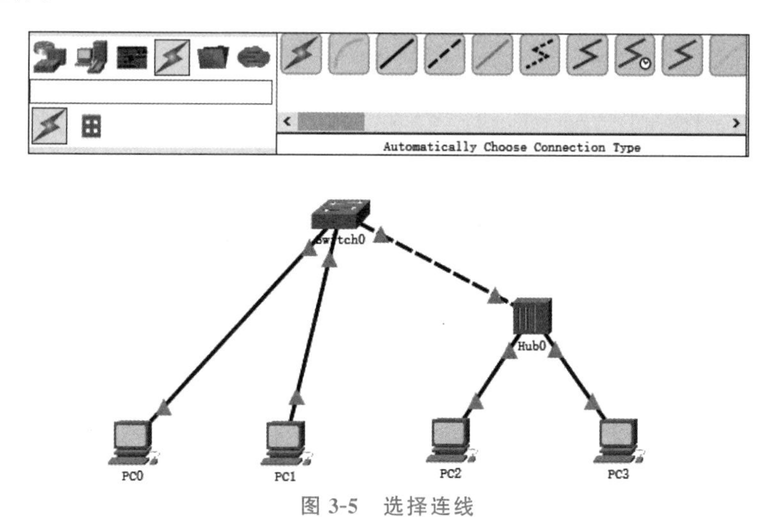

图 3-5 选择连线

2. 主机静态 IP 地址设置

双击面板上的 PC0，如图 3-6 所示，依次单击 Desktop、IP Configuration，选择 Static 静态分配 IPv4 网络地址，然后填入 IP 地址 192.168.1.1 和掩码 255.255.255.0。

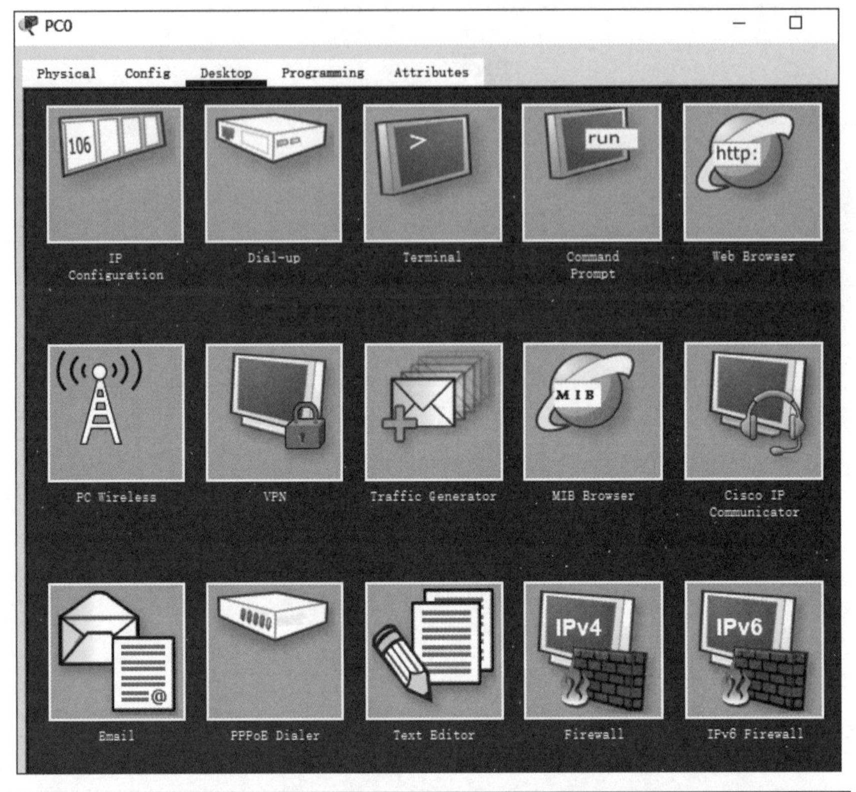

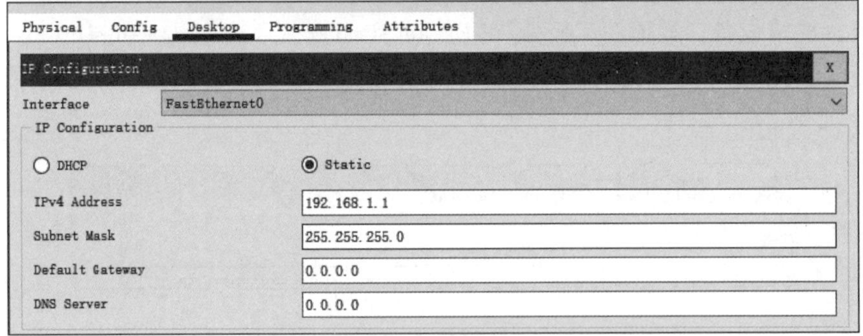

图 3-6　配置主机 IP

同理，依次为 PC1、PC2、PC3 配置其相应的 IP 地址和子网掩码。

3. 网络连通测试

(1) 通过 ping 命令进行测试。

双击面板上的 PC0，如图 3-7 所示，依次单击 Desktop、Command Prompt，进入主机的命令行。输入命令 ping 192.168.1.2，测试与主机 PC1 的连通性，结果如图 3-7 所示，PC0 能 ping 通 PC1，可见 PC0 与 PC1 之间是连通的。

同理可依次测试其他各主机之间是否是连通的。

(2) 通过 Packet Tracer 的添加 PDU 功能进行测试。

Physical Config Desktop Programming Attributes

Command Prompt

```
Packet Tracer PC Command Line 1.0
C:\>ping 192.168.1.2

Pinging 192.168.1.2 with 32 bytes of data:

Reply from 192.168.1.2: bytes=32 time<1ms TTL=128
Reply from 192.168.1.2: bytes=32 time<1ms TTL=128
Reply from 192.168.1.2: bytes=32 time<1ms TTL=128
Reply from 192.168.1.2: bytes=32 time<1ms TTL=128

Ping statistics for 192.168.1.2:
    Packets: Sent = 4, Received = 4, Lost = 0 (0% loss),
Approximate round trip times in milli-seconds:
    Minimum = 0ms, Maximum = 0ms, Average = 0ms

C:\>
```

图 3-7 使用 ping 命令测试连通性

如图 3-8 所示，单击 Packet Tracer 上方工具栏中的 Add Simple PDU 按钮，再依次单击 PC0、PC1，就可以完成 PC0 与 PC1 之间的连通性测试。在 Packet Tracer 界面右下方状态栏中可以切换 Realtime 和 Simulation 模式。结果如图 3-9 所示。

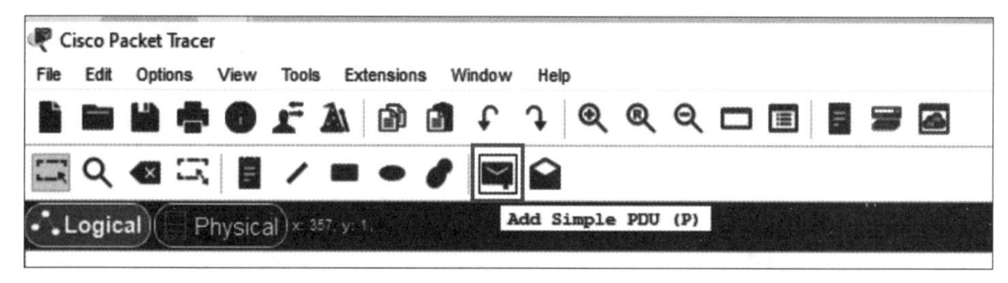

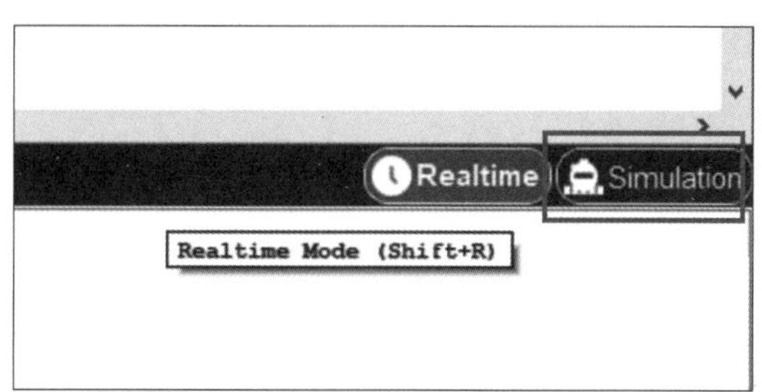

图 3-8 Add Simple PDU 以及切换 Realtime 和 Simulation

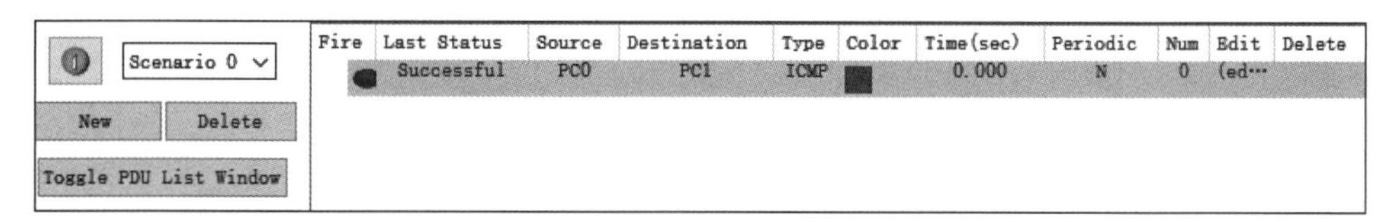

Fire	Last Status	Source	Destination	Type	Color	Time(sec)	Periodic	Num	Edit	Delete
●	Successful	PC0	PC1	ICMP	■	0.000	N	0	(ed…	

图 3-9 连通性测试结果

Packet Tracer 的添加 PDU 功能分为 Realtime 和 Simulation 两种模式，默认为 Realtime 模式。Realtime 模式只能观察到 PDU 传送结果，而 Simulation 可以看到 PDU 在网络中传播过程中的每一步。

切换到 Simulation 模式后，重复上面的操作，如图 3-10 所示，单击▶按钮可以查看 PDU 在网络中传播的每一步。结果如图 3-11 所示。

同理，可测试其他各主机之间是否连通。

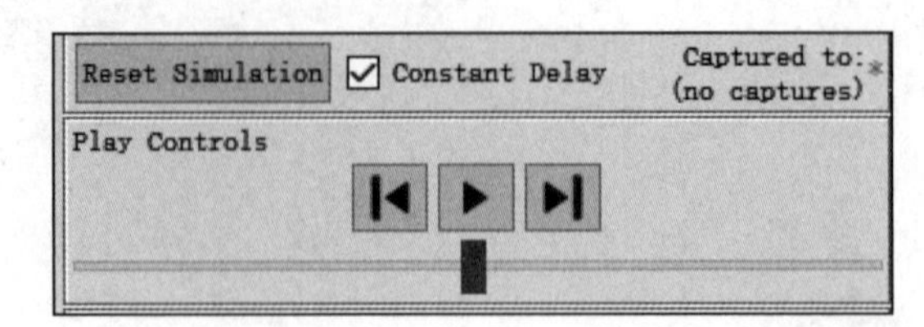

图 3-10 ADD Simple PDU 的 Simulation 模式

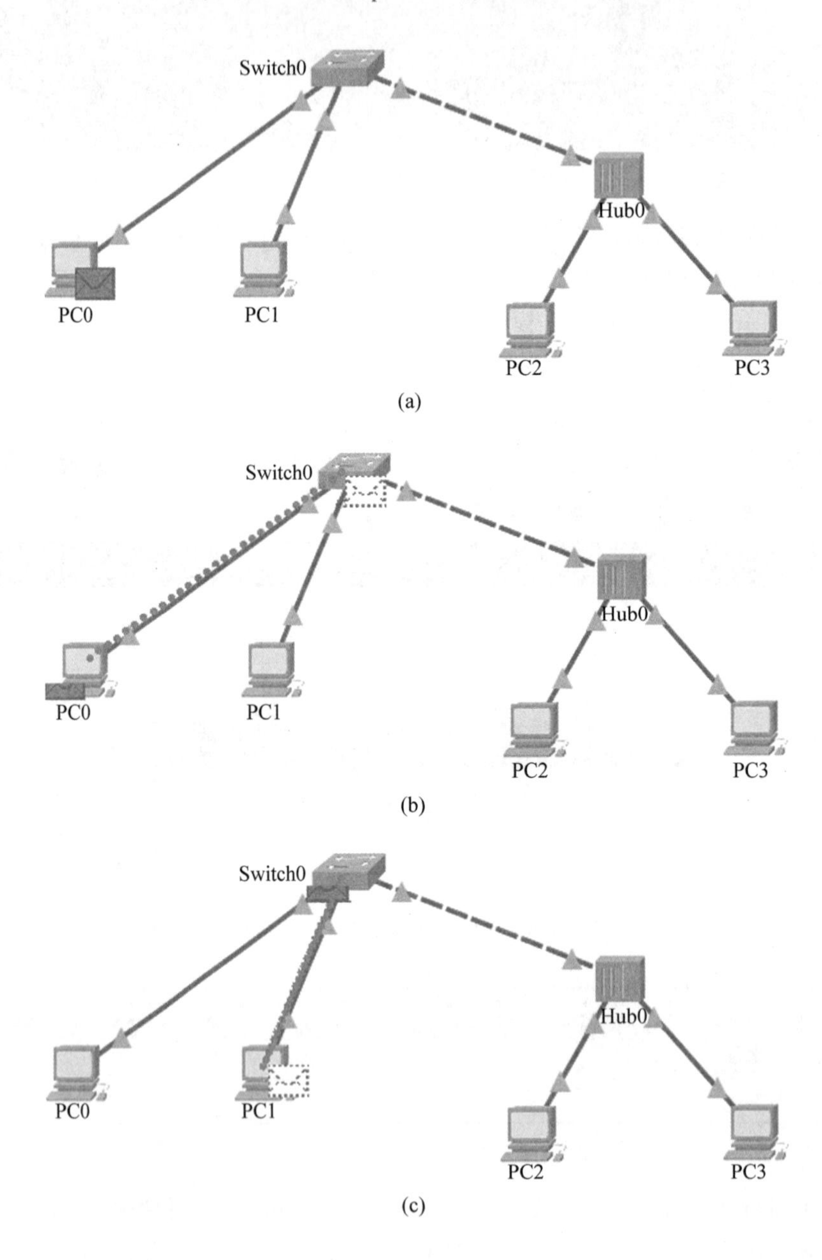

图 3-11 Simulation 结果

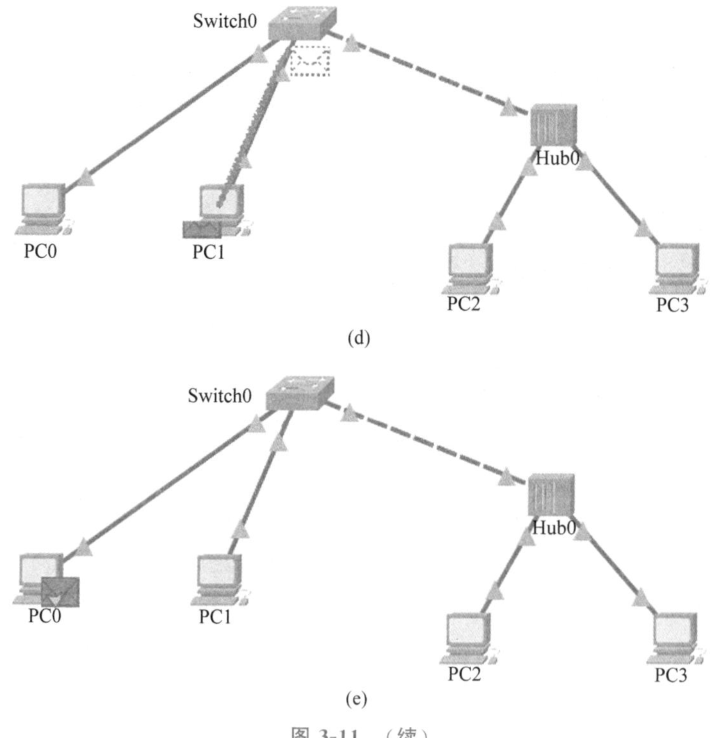

(d)

(e)

图 3-11 （续）

4. 在锐捷网络实验平台搭建局域网

因为实验平台中无集线器，因此在实验平台中仅模拟最简单的局域网——两台主机连接到一台交换机上组成的局域网。在云实验平台中，选择自己对应的机架，选择 PC1 的接口后，再选择交换机的接口，将 PC1 连接在交换机上。同理，把 PC2 连接在交换机上，如图 3-12 所示。

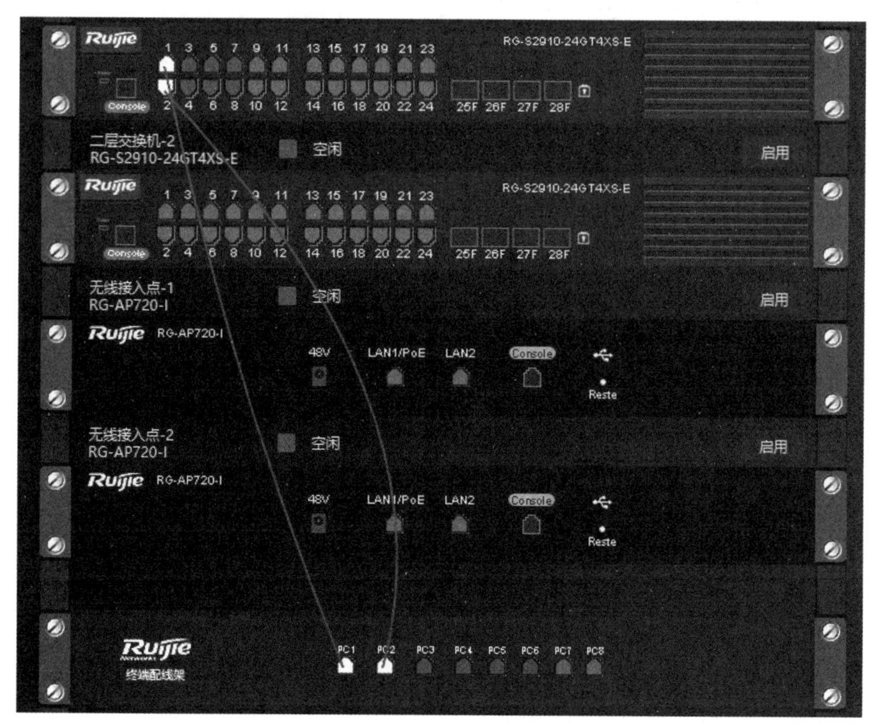

图 3-12 在云实验平台中搭建网络拓扑

单击"逻辑拓扑图"按钮,检查生成的网络拓扑图,如图 3-13 所示。

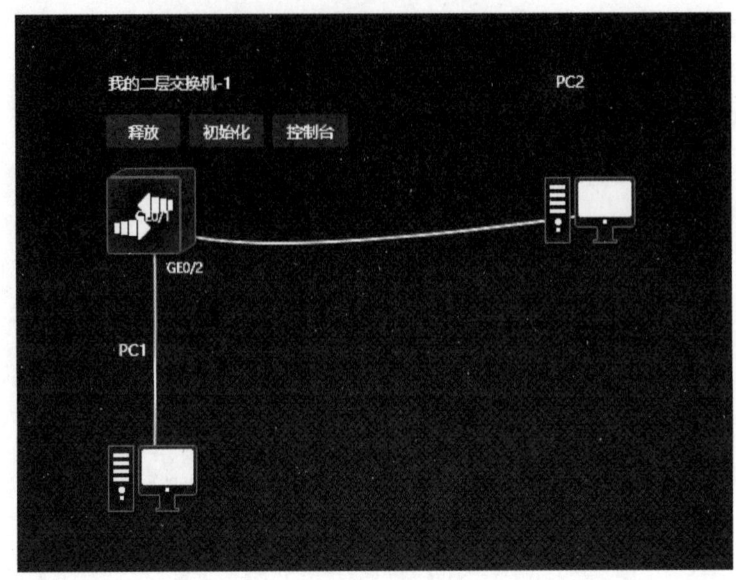

图 3-13　自动生成的实验网络拓扑图

5. 使用以太网 5 网卡进行实验

在实验中,要禁用其他的以太网网卡,使用以太网 5 网卡进行实验,如图 3-14 所示。

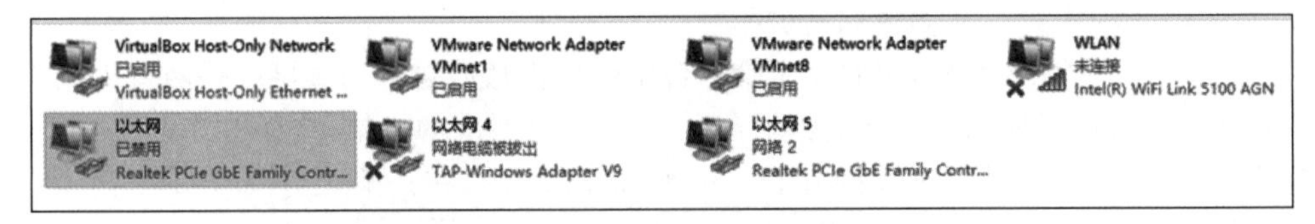

图 3-14　使用以太网 5 网卡进行实验

6. 配置 PC1 和 PC2 的 IP 地址

接下来配置 PC1 与 PC2 的 IP 地址,配置以太网 5 网卡的 IPv4 地址,给 PC1 设置 IP 地址 202.114.66.1,给 PC2 设置 IP 地址 202.114.66.2,如图 3-15 所示。

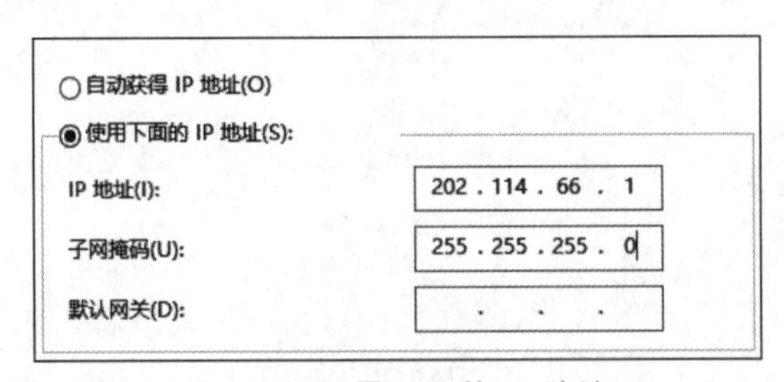

图 3-15　配置 PC1 的 IP 地址

7. 检查网络是否连通

IP 配置完成后,打开 PC1 的 cmd 命令行,输入命令: ping 202.114.66.2,检查网络是否连通,如图 3-16 所示。

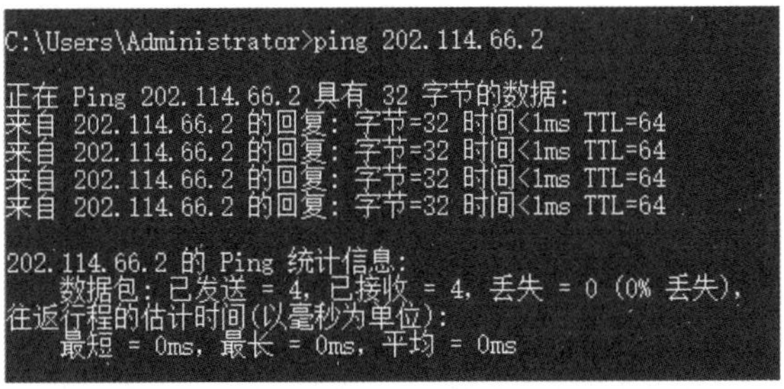

```
C:\Users\Administrator>ping 202.114.66.2

正在 Ping 202.114.66.2 具有 32 字节的数据:
来自 202.114.66.2 的回复: 字节=32 时间<1ms TTL=64
来自 202.114.66.2 的回复: 字节=32 时间<1ms TTL=64
来自 202.114.66.2 的回复: 字节=32 时间<1ms TTL=64
来自 202.114.66.2 的回复: 字节=32 时间<1ms TTL=64

202.114.66.2 的 Ping 统计信息:
    数据包: 已发送 = 4, 已接收 = 4, 丢失 = 0 (0% 丢失),
往返行程的估计时间(以毫秒为单位):
    最短 = 0ms, 最长 = 0ms, 平均 = 0ms
```

图 3-16 使用 ping 命令检查网络连通性

3.5 实验思考题

1. 客户机/服务器和浏览器/服务器模式的网络是否架构在对等网的基础之上?

2. 在对等网的基础上,组建其他类型的局域网还需要什么网络设备?

3. 对等网、客户机/服务器网和浏览器/服务器网在结构、层次和网络资源访问方式上有哪些不同?

4. 如何测试网络连通性?

5. 如何设置局域网共享?

实验4　路由器的基本配置及静态路由

4.1　实验目的和内容

1. 实验目的

（1）认识路由器外观指示灯和接口类型。

（2）了解路由器的基本配置方法和相关的配置命令。

（3）掌握用路由器连接两个子网的配置方法。

（4）掌握路由器中提供的网络连通性测试命令。

（5）了解路由器的静态路由和缺省路由的配置方法和相关配置命令。

2. 实验内容

（1）了解路由器的指示灯、接口类型及功能。

（2）按照指定的实验拓扑图，正确连接网络设备。

（3）配置PC的IP地址、子网掩码和网关。

（4）配置路由器以太网口的IP地址和子网掩码。

（5）测试网络连通性。

（6）练习路由器常用的配置命令。

（7）配置静态路由。

（8）配置缺省路由。

4.2　实验原理

4.2.1　相关理论知识

1. 路由器概述

路由器工作在OSI模型的第三层，即网络层。路由器使用网络层的逻辑地址（即IP地址）来区分不同的网络，并实现它们之间的连接和隔离，保持网络的独立性。与交换机不同，路由器不会广播消息到所有网络，而是有选择地将数据包路由到目标网络。当数据包到达路由器时，它会查找路由表以确定最佳的转发路径，然后将数据包发送到相应的网络或下一个路由器，这样有助于网络的有序通信和管理。

在网络中，设备使用IP地址进行通信，IP地址是一种逻辑地址，与硬件地址（如MAC地址）无关，通常由两部分组成：网络号和主机号。子网掩码用于确定IP地址中的网络号和主机号。同一子网中的主机IP地址必须具有相同的网络号，这就形成了一个IP子网。通信只能在具有相同网络号的IP地址之间进行，不同网络号的主机需要通过路由器或网关进行通信，路由器负责将数据包从一个子网路由到另一个子网，从而实现不同网络之间的通信。这种方式使得各种类型的网络，只要它们网络层运行的是IP协议，都可以通过路由器相互连接。

因此，路由器在构建和管理复杂网络中发挥着关键的作用。

2. 路由器端口

路由器通常有多个端口，每个端口用于连接不同的IP子网，并且每个端口的网络号与端口连接的IP子网相同，各个子网中的主机通过自己子网的IP地址将数据包发送到路由器的对应端口。

处于同一个子网的主机之间发送数据可以直接将数据包发送到网络上，接收方可以接收到它。但是，如果要将数据包发送给不同IP子网中的主机，发送方需要选择一个能够到达目标子网的路由器，并将数据包发送给该路由器，由该路由器负责将数据包路由到另一个子网中。

如果发送主机找不到能到达目标子网的路由器，它会把数据包发送给一个称为"默认网关"(Default Gateway)的路由器，默认网关是主机上的一个配置参数，它是连接在同一网络上的某个路由器的端口IP。

路由器在转发数据包时，会根据数据包目的地址中网络号来选择合适的端口，然后将数据包发送出去，并且路由器需要判断端口是否连接到目标子网，如果是就直接将数据包通过端口发送到网络上，否则需要选择下一个路由器来转发数据包。路由器也有一个默认网关，对不知道应该转发到哪去的数据包进行转发。通过层层转发最后数据包到达目的主机，对于无转发路径的数据包，路由器会丢弃。

3. 路由器的路由功能

路由器的路由功能包括寻径和转发。

寻径是确定到达目的地的最佳路径的过程，通常由路由选择算法来实现。这个过程相对复杂，因为涉及不同的路由选择协议和算法。路由选择算法负责创建和维护包含路由信息的路由表，其中的信息依赖于所采用的具体路由选择算法。这些算法会根据不同的度量标准，如距离或成本，收集信息并更新路由表。路由表告诉路由器如何将数据包传送到目标网络，并指明下一跳的路由器，同时路由器之间也通过交换信息来更新和维护路由表，以确保它们正确地反映网络拓扑的变化。路由选择协议包括路由信息协议(RIP)、开放最短路径优先协议(OSPF)和边界网关协议(BGP)等。

转发是将数据包按照最佳路径传送的过程。当路由器接收到一个数据包时，它会首先在路由表中查找，以确定如何将数据包发送到下一个站点，通常是另一个路由器或主机。如果路由器无法找到数据包的下一跳信息，那么它通常会将数据包丢弃；如果路由器找到数据包的下一跳信息，那么根据路由表中的信息，路由器将数据包发送到正确的下一跳站点。如果目标网络直接连接到路由器，那么路由器直接将数据包传输到相应的端口上，这个过程被称为路由转发。

4. 路由器的路由选择方式

典型的路由选择方式有静态路由和动态路由两种。

静态路由是在路由器中手动设置且保持不变的路由表，其不会自动调整但网络管理员可以手动更改。通常用于较小规模的网络或拓扑结构相对稳定的网络。静态路由的优点在于简单、高效且可靠，并且静态路由拥有最高的优先级，当动态路由与静态路由产生冲突时，静态路由优先级更高。

动态路由可以实时地感知网络拓扑结构的变化，通过路由器之间相互通信并传递路由信息，动态路由会重新计算路由并更新路由表。动态路由通常适用于规模较大且拓扑结构复杂的网络。不同的动态路由协议会占用不同程度的网络带宽和CPU资源。

实际应用中，静态路由和动态路由各有其特点和适用范围。当路由器需要确定数据包的路径时，首先查找静态路由。如果找到了匹配的静态路由，路由器将根据静态路由表的信息来转发数据包；如果没有找到匹配的静态路由，路由器会继续查找动态路由。

此外，根据是否在一个自治域内使用，动态路由协议可分为内部网关协议(IGP)和外部网关协议(EGP)。自治域是一个有统一管理机构管理和统一路由策略控制的网络。内部网关协议通常用于自治域内部的路由选择，常见的有RIP和OSPF。而外部网关协议主要用于多个自治域之间的路由选择，常见的是BGP和BGP-4。

4.2.2 相关配置命令

1. 切换/退出特权命令状态

格式：

```
enable/disable
```

功能：执行命令前，路由器处于用户命令状态，这时用户可以查看路由器的运行状态，访问其他网络和主机，但不能更改路由器的设置。router>提示符下输入enable，路由器进入特权命令状态router#，这时不但可以执行所有的用户命令，还可以查看和更改路由器的设置。输入disable或exit命令退出特权命令状态。

2. 切换全局配置模式

格式：

```
configure terminal
```

功能：在特权命令状态下，输入configure terminal命令后，路由器将进入全局配置模式，提示符会变为router(config)#。在全局配置模式下，可以设置路由器的全局参数，包括接口配置、路由协议设置、主机名、密码等。这个模式允许管理员对路由器进行更广泛的配置。

3. 切换终端命令行语言模式

格式：

```
language
```

功能：用来切换终端命令行显示的语言模式。默认语言模式为英文，可切换为中文。

4. 显示系统基本信息

格式：

```
show running-config
```

功能：本命令将显示系统的基本信息，包括版本信息、当前配置信息、接口信息、VLAN信息、VTY信息等。

5. 显示系统当前日期和时钟

格式：

```
show clock
```

功能：用户可以通过此命令查看系统日期和时钟，如果系统时间有误，可通过clock命令修改。

6. 显示系统软件版本信息

格式：

```
show version
```

功能：获取当前的版本号，可以获知该版本所支持的功能。

7. 设置路由器名称

格式：

```
hostname name
```

说明：name 为路由器的名称，取值范围为 1～20 个字符。

功能：用来配置或者修改路由器的名字。默认情况下，名称为 Router。

8. 重启路由器

格式：

```
reboot
```

功能：功能与路由器断电后再上电效果相同。reboot 后可带参数，参数具体格式和含义可参照命令手册。

9. 进入相应接口视图

格式：

```
interface type number [ .sub-number ]
```

说明：type 为接口类型；number 为接口编号；sub-number 为子接口编号。

功能：用来进入相应接口视图或者创建逻辑接口和子接口。例如，interface ethernet 0，接口名中接口类型可以简写，如 ethernet 0 可以简写为 e0。

10. 显示接口当前的运行状态和相关信息

格式：

```
show interfaces type number [ .sub-number ]
```

功能：本命令能显示的信息包括接口的物理状态和协议状态、接口的物理特性(同异步、DTE/DCE、时钟选择、外接电缆等)、接口的 IP 地址、接口的链路层协议及链路层协议运行状态和统计信息、接口的输入输出报文统计信息等。

11. 配置/删除接口的 IP 地址

格式：

```
ip address ip-address { mask | mask-length } [ sub ]
no ip address ip-address { mask | mask-length } [ sub ]
```

说明：ip-address 为接口 IP 地址；mask 为相应的子网掩码，均为点分十进制格式；mask-length 为相应的子网掩码的长度；sub 表示该地址为接口的从 IP 地址。

功能：命令用来配置接口的 IP 地址，no ip address 命令用来删除接口的 IP 地址。默认情况下，接口无 IP 地址。

12. 关闭/启用接口

格式：

```
shutdown
no shutdown
```

功能：shutdown 用来关闭一个接口，no shutdown 用于启用一个接口。

13. 测试网络连通性

格式：

```
ping [ ip ] [ -a ip-address ] [ -c count ] [ -d ] [ -i TTL ] [ -n ] [ -p pattern ] [ -q ] [ -R ] [ -r ] [
-t timeout ] [ -s packetsize ] [ -v ] [ -o ] [ -f ] { ip-address | host }
```

功能：ping 命令用于测试网络连接是否出现故障，以及评估网络线路的质量。它生成一系列的 ECHO-REQUEST 报文，并监测目的地对每个报文的响应情况。如果在指定的超时时间内没有收到响应报文，则命令将显示 Request time out；如果收到了响应报文，命令将显示响应的字节数、报文序号、TTL(生存时间)以及响应时间等信息。

最后，ping 命令会提供统计信息，包括发送的报文数量、成功接收的响应报文数量、未响应的报文所占的百分比，以及响应时间的最小值、最大值和平均值。如果网络传输速度较慢，可以适当增加等待响应报文的超时时间。要了解更多关于各个参数的具体含义，可以参考相关的命令手册或文档。

14. 配置/删除静态路由

格式：

```
ip route ip-address {mask | masklen } { interface-type interface-number | nexthop-address }
```

说明：ip-address 和 mask 为目的 IP 地址和掩码；interface-type 与 interface-number 为接口类型与发送接口号；nexthop-address 为该路由的下一跳 IP 地址。

```
no ip route {all |ip-address { mask | masklen }[ interface-type interface-number | nexthop-
address ]}
```

功能：ip route 命令用来配置静态路由，no ip route 命令用来删除静态路由。默认情况下，无静态路由。

15. 配置/删除缺省路由

格式：

```
ip route 0.0.0.0 { 0.0.0.0 | 0 } { interface-type interface-number | nexthop-address}
no ip route 0.0.0.0 {0.0.0.0|0}[interface-type interface-number | nexthop-address ]
```

功能：配置/删除静态路由的命令中参数 ip-address 和 mask 都为 0 的路由就是缺省路由，当在路由表中没有找到匹配的路由时，就根据此路由转发数据包。

16. 查看路由表

格式：

```
show ip route [ ip-address ]
```

说明：ip-address 表示显示具体地址的路由表摘要信息。

功能：用来显示路由表摘要信息。当路由表太大，而用户仅希望显示确定的几条路由的摘要信息时可以使用本命令，将指定路由的摘要信息显示出来。根据该命令输出信息，可以帮助用户确认指定的路由是否存在或其具体状态是否正确。

4.3 实验环境与设备

每组实验设备：Cisco2911 系列路由器三台，Cisco2960 以太网交换机两台，PC 机 4 台（Windows 操作系统/超级终端软件），HTTP 服务器一台，网线 10 根，使用 Cisco Packet Tracer 构建实验网络拓扑。

路由基本配置实验拓扑如图 4-1 所示。

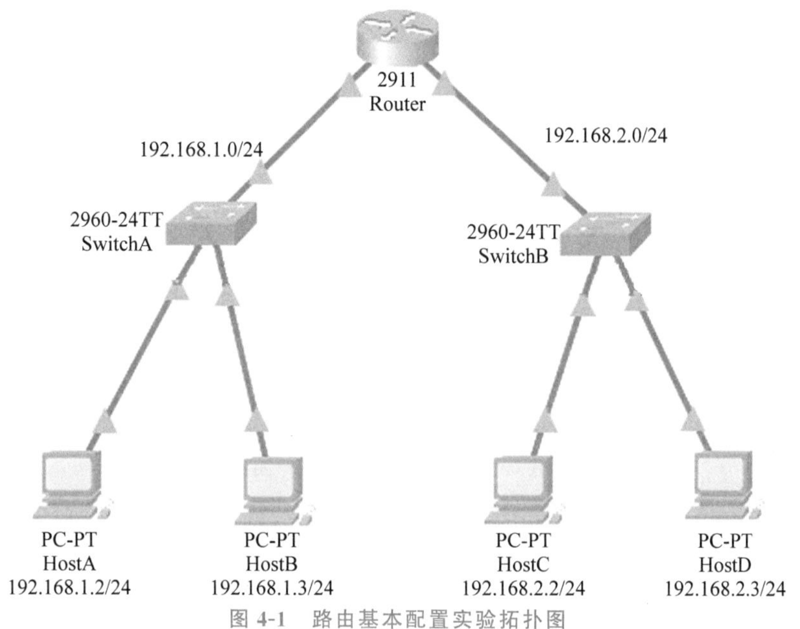

图 4-1 路由基本配置实验拓扑图

IP 地址设置如下：

```
Router 的 E0/0/0 =192.168.1.1/24    E0/0/1 =192.168.2.1/24
HostA IP =192.168.1.2/24            网关 =192.168.1.1
HostB IP =192.168.1.3/24            网关 =192.168.1.1
HostC IP =192.168.2.2/24            网关 =192.168.2.1
HostD IP =192.168.2.3/24            网关 =192.168.2.1
```

静态路由实验拓扑如图 4-2 所示。

IP 地址设置如下：

```
Router0 的 E0/0/0 =202.114.65.1/30   E0/0/1 =202.114.65.9/30   E0/0/2 =202.114.64.1/24
Router1 的 E0/0/0 =202.114.65.2/30   E0/0/1 =202.114.65.5/30   E0/0/2 =202.114.66.1/24
Router2 的 E0/0/0 =202.114.65.10/30  E0/0/1 =202.114.65.6/30   E0/0/2 =202.114.67.1/24
PC0 IP =202.114.66.2/24              网关 =202.114.66.1
PC1 IP =202.114.66.3/24              网关 =202.114.66.1
PC2 IP =202.114.67.2/24              网关 =202.114.67.1
PC3 IP =202.114.67.3/24              网关 =202.114.67.1
HTTP-server IP=202.114.64.200/24     网关 =202.114.64.1
```

实验要求：

（1）掌握路由器的基本配置，PC 的 IP 地址，掩码和网关的配置。

（2）掌握静态路由的配置，能够实现 PC 跨路由访问其他网络下的 PC。

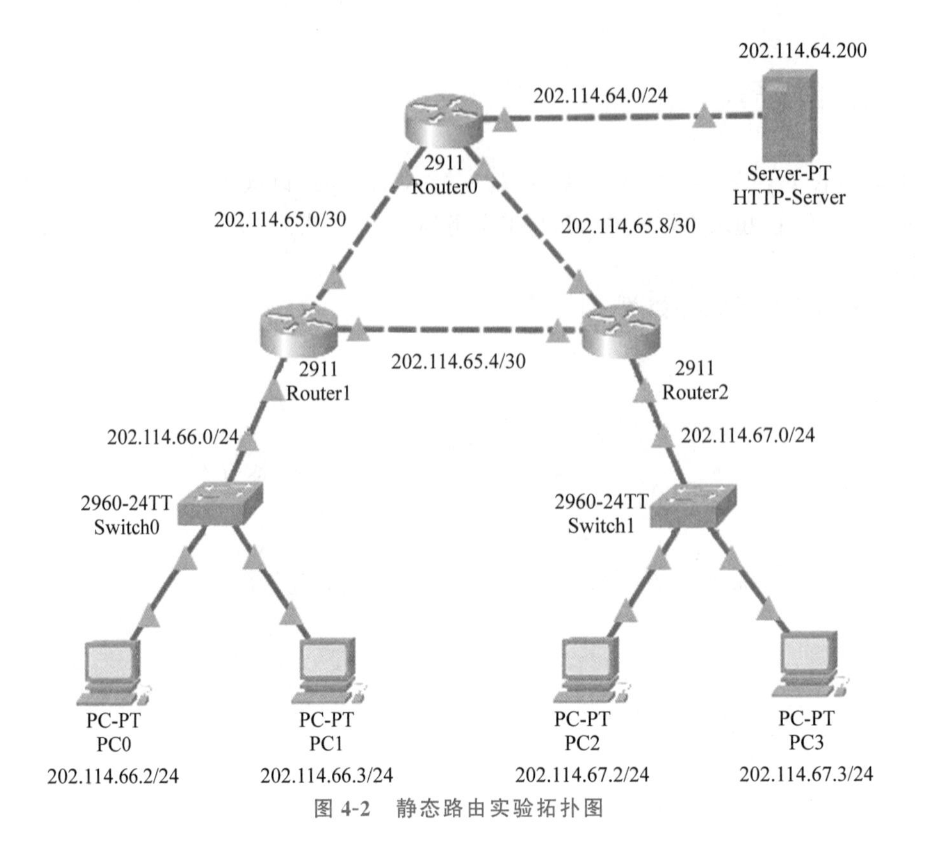

图 4-2 静态路由实验拓扑图

4.4 实验步骤

4.4.1 路由基本配置实验

路由基本配置实验步骤如下：

(1) 认识路由器前面板各指示灯含义，以及后面板各接口类型。图 4-3、图 4-4 以及图 4-5 分别为 Cisco4331 路由器前面板、LED 指示灯以及后面板端口和插槽。

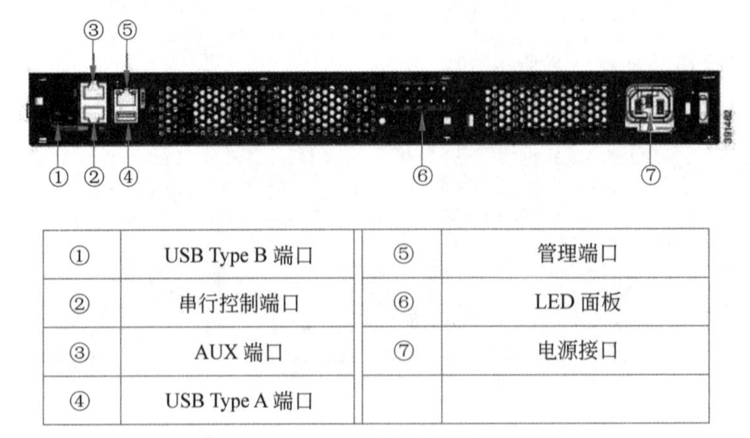

①	USB Type B 端口	⑤	管理端口
②	串行控制端口	⑥	LED 面板
③	AUX 端口	⑦	电源接口
④	USB Type A 端口		

图 4-3 Cisco4331 路由器前面板图

(2) 按照路由基本配置实验拓扑图连接路由器、交换机和 PC。注意连接时的接口类型、

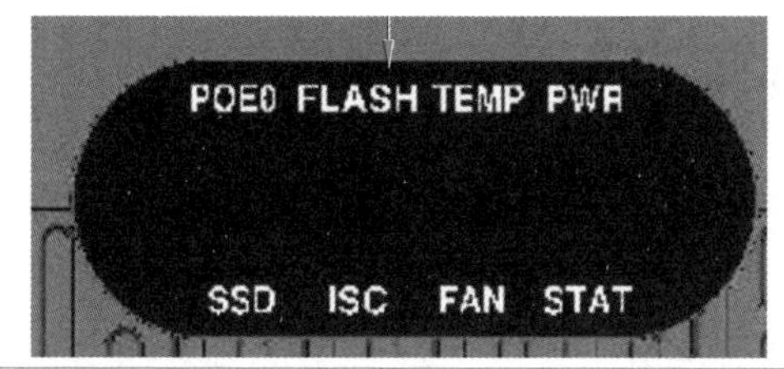

POE0	供电电源指示灯	SSD	mSATA插槽状态指示灯
FLASH	FLASH状态指示灯	ISC	ISC插槽状态指示灯
TEMP	温度指示灯	FAN	风扇状态指示灯
PWR	系统电源指示灯	STAT	系统状态指示灯

图 4-4 Cisco4331 路由器 LED 指示灯

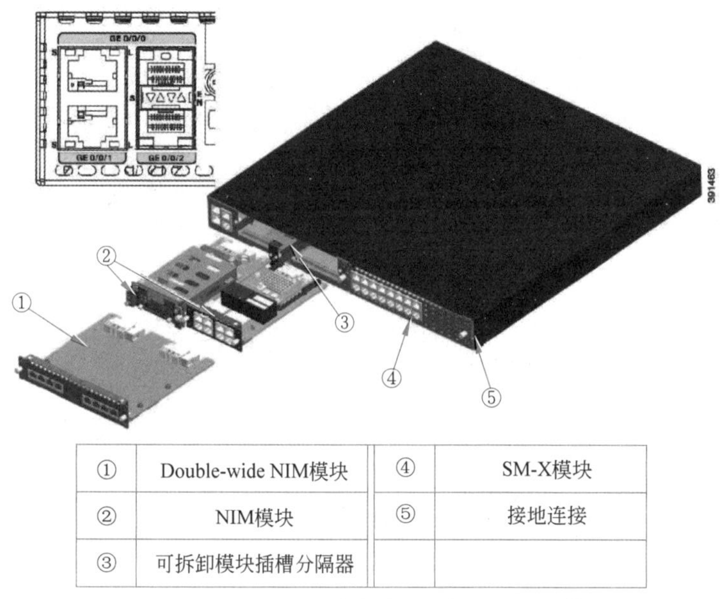

①	Double-wide NIM模块	④	SM-X模块
②	NIM模块	⑤	接地连接
③	可拆卸模块插槽分隔器		

图 4-5 Cisco4331 路由器后面板端口和插槽

线缆类型,尽量避免带电插拔电缆。

(3) 分别设置 4 台主机的 IP 地址、子网掩码和网关。

(4) 用 ping 命令测试 4 台主机的连通性,结果应为主机 A 与主机 B 互相可以 ping 通(见图 4-6),主机 C 与主机 D 互相可以 ping 通(见图 4-7),其余组合之间均不能 ping 通,如图 4-8 所示,主机 A 不能 ping 通主机 C。

(5) 进入路由器终端,输入 enable 命令进入特权命令模式,输入 configure terminal 进入全局配置模式,即可通过输入相关命令开始配置路由器,如图 4-9 所示。

(6) 配置路由器的 Gigabit ethernet 0/0/0 和 Gigabit ethernet 0/0/1 以太网接口的 IP 地址和子网掩码。

```
1. Router(config)#interface GigabitEthernet0/0/0
2. Router(config-if)#ip address 192.168.1.1 255.255.255.0
3. Router(config-if)#no shutdown
4. Router(config)#interface GigabitEthernet0/0/1
5. Router(config-if)#ip address 192.168.2.1 255.255.255.0
6. Router(config-if)#no shutdown
```

```
C:\>ping 192.168.1.3

Pinging 192.168.1.3 with 32 bytes of data:

Reply from 192.168.1.3: bytes=32 time<1ms TTL=128
Reply from 192.168.1.3: bytes=32 time<1ms TTL=128
Reply from 192.168.1.3: bytes=32 time<1ms TTL=128
Reply from 192.168.1.3: bytes=32 time<1ms TTL=128

Ping statistics for 192.168.1.3:
    Packets: Sent = 4, Received = 4, Lost = 0 (0% loss),
Approximate round trip times in milli-seconds:
    Minimum = 0ms, Maximum = 0ms, Average = 0ms
```

图 4-6　主机 A 可以 ping 通主机 B

```
C:\>ping 192.168.1.2

Pinging 192.168.1.2 with 32 bytes of data:

Reply from 192.168.1.2: bytes=32 time<1ms TTL=128
Reply from 192.168.1.2: bytes=32 time=11ms TTL=128
Reply from 192.168.1.2: bytes=32 time=11ms TTL=128
Reply from 192.168.1.2: bytes=32 time<1ms TTL=128

Ping statistics for 192.168.1.2:
    Packets: Sent = 4, Received = 4, Lost = 0 (0% loss),
Approximate round trip times in milli-seconds:
    Minimum = 0ms, Maximum = 11ms, Average = 5ms
```

图 4-7　主机 C 可以 ping 通主机 D

```
C:\>ping 192.168.2.2

Pinging 192.168.2.2 with 32 bytes of data:

Request timed out.
Request timed out.
Request timed out.
Request timed out.

Ping statistics for 192.168.2.2:
    Packets: Sent = 4, Received = 0, Lost = 4 (100% loss),
```

图 4-8　主机 A ping 不通主机 C

```
Router>en
Router#conf t
Enter configuration commands, one per line.  End with CNTL/Z.
Router(config)#
```

图 4-9　路由器进入配置模式

(7) 再测试 4 台主机的网络连通性，此时两两主机之间应均可以 ping 通。如图 4-10 和图 4-11 所示，主机 A 可以 ping 通主机 C，主机 C 可以 ping 通主机 A。

(8) 对路由器进行基本配置命令练习(命令参见“实验原理”中的“相关命令”)。

4.4.2　静态路由实验

静态路由实验步骤如下：

(1) 按照静态路由实验拓扑图连接路由器、交换机、PC 和 HTTP 服务器。注意连接时的接口类型、线缆类型，尽量避免带电插拔电缆。

(2) 分别设置 HTTP 服务器和 4 台主机的 IP 地址、子网掩码和网关。

```
C:\>ping 192.168.2.2

Pinging 192.168.2.2 with 32 bytes of data:

Reply from 192.168.2.2: bytes=32 time=8ms TTL=127
Reply from 192.168.2.2: bytes=32 time<1ms TTL=127
Reply from 192.168.2.2: bytes=32 time<1ms TTL=127
Reply from 192.168.2.2: bytes=32 time<1ms TTL=127

Ping statistics for 192.168.2.2:
    Packets: Sent = 4, Received = 4, Lost = 0 (0% loss),
Approximate round trip times in milli-seconds:
    Minimum = 0ms, Maximum = 8ms, Average = 2ms
```

图 4-10 主机 A 可以 ping 通主机 C

```
C:\>ping 192.168.1.2

Pinging 192.168.1.2 with 32 bytes of data:

Reply from 192.168.1.2: bytes=32 time=8ms TTL=127
Reply from 192.168.1.2: bytes=32 time=7ms TTL=127
Reply from 192.168.1.2: bytes=32 time<1ms TTL=127
Reply from 192.168.1.2: bytes=32 time<1ms TTL=127

Ping statistics for 192.168.1.2:
    Packets: Sent = 4, Received = 4, Lost = 0 (0% loss),
Approximate round trip times in milli-seconds:
    Minimum = 0ms, Maximum = 8ms, Average = 3ms
```

图 4-11 主机 C 可以 ping 通主机 A

(3) 分别配置三个路由器的 Gigabit ethernet 0/0/0、Gigabit ethernet 0/0/1 和 Gigabit ethernet 0/0/2 以太网接口的 IP 地址和子网掩码。

```
1. Router0(config)#interface GigabitEthernet0/0/0
2. Router0(config-if)#ip address 202.114.65.1 255.255.255.252
3. Router0(config)#interface GigabitEthernet0/0/1
4. Router0(config-if)#ip address 202.114.65.9 255.255.255.252
5. Router0(config)#interface GigabitEthernet0/0/2
6. Router0(config-if)#ip address 202.114.64.1 255.255.255.0
7. Router0(config)#interface GigabitEthernet0/0/0
8. Router1(config-if)#ip address 202.114.65.2 255.255.255.252
9. Router1(config)#interface GigabitEthernet0/0/1
10. Router1(config-if)#ip address 202.114.65.5 255.255.255.252
11. Router1(config)#interface GigabitEthernet0/0/2
12. Router1(config-if)#ip address 202.114.66.1 255.255.255.0
13. Router2(config)#interface GigabitEthernet0/0/0
14. Router2(config-if)#ip address 202.114.65.10 255.255.255.252
15. Router2(config)#interface GigabitEthernet0/0/1
16. Router2(config-if)#ip address 202.114.65.6 255.255.255.252
17. Router2(config)#interface GigabitEthernet0/0/2
18. Router2(config-if)#ip address 202.114.67.1 255.255.255.0
```

(4) 用 ping 命令测试 4 台主机以及主机和 HTTP 服务器的网络连通性,结果应为 PC0 与 PC1 互相可以 ping 通(见图 4-12 和图 4-13),PC2 与 PC3 互相可以 ping 通(见图 4-14 和图 4-15),其余组合之间均不能 ping 通,如图 4-16 所示,PC0 不能 ping 通 Server。

```
C:\>ping 202.114.66.3

Pinging 202.114.66.3 with 32 bytes of data:

Reply from 202.114.66.3: bytes=32 time<1ms TTL=128
Reply from 202.114.66.3: bytes=32 time<1ms TTL=128
Reply from 202.114.66.3: bytes=32 time<1ms TTL=128
Reply from 202.114.66.3: bytes=32 time<1ms TTL=128

Ping statistics for 202.114.66.3:
    Packets: Sent = 4, Received = 4, Lost = 0 (0% loss),
Approximate round trip times in milli-seconds:
    Minimum = 0ms, Maximum = 0ms, Average = 0ms
```

图 4-12 PC0 可以 ping 通 PC1

```
C:\>ping 202.114.66.2

Pinging 202.114.66.2 with 32 bytes of data:

Reply from 202.114.66.2: bytes=32 time<1ms TTL=128
Reply from 202.114.66.2: bytes=32 time<1ms TTL=128
Reply from 202.114.66.2: bytes=32 time<1ms TTL=128
Reply from 202.114.66.2: bytes=32 time<1ms TTL=128

Ping statistics for 202.114.66.2:
    Packets: Sent = 4, Received = 4, Lost = 0 (0% loss),
Approximate round trip times in milli-seconds:
    Minimum = 0ms, Maximum = 0ms, Average = 0ms
```

图 4-13　PC1 可以 ping 通 PC0

```
C:\>ping 202.114.67.3

Pinging 202.114.67.3 with 32 bytes of data:

Reply from 202.114.67.3: bytes=32 time<1ms TTL=128
Reply from 202.114.67.3: bytes=32 time<1ms TTL=128
Reply from 202.114.67.3: bytes=32 time=11ms TTL=128
Reply from 202.114.67.3: bytes=32 time<1ms TTL=128

Ping statistics for 202.114.67.3:
    Packets: Sent = 4, Received = 4, Lost = 0 (0% loss),
Approximate round trip times in milli-seconds:
    Minimum = 0ms, Maximum = 11ms, Average = 2ms
```

图 4-14　PC2 可以 ping 通 PC3

```
C:\>ping 202.114.67.2

Pinging 202.114.67.2 with 32 bytes of data:

Reply from 202.114.67.2: bytes=32 time<1ms TTL=128
Reply from 202.114.67.2: bytes=32 time<1ms TTL=128
Reply from 202.114.67.2: bytes=32 time<1ms TTL=128
Reply from 202.114.67.2: bytes=32 time<1ms TTL=128

Ping statistics for 202.114.67.2:
    Packets: Sent = 4, Received = 4, Lost = 0 (0% loss),
Approximate round trip times in milli-seconds:
    Minimum = 0ms, Maximum = 0ms, Average = 0ms
```

图 4-15　PC3 可以 ping 通 PC2

```
C:\>ping 202.114.64.200

Pinging 202.114.64.200 with 32 bytes of data:

Request timed out.
Request timed out.
Request timed out.
Request timed out.

Ping statistics for 202.114.64.200:
    Packets: Sent = 4, Received = 0, Lost = 4 (100% loss),
```

图 4-16　PC0 ping 不通 Server

(5) 分别配置三台路由器的静态路由如下，同时请思考有些静态路由是否需要配置。

```
1. Router0(config)#ip route 202.114.66.0 255.255.255.0 202.114.65.2
2. Router0(config)#ip route 202.114.65.0 255.255.255.252 202.114.65.2
3. Router0(config)#ip route 202.114.64.0 255.255.255.0 202.114.64.200
4. Router0(config)#ip route 202.114.65.8 255.255.255.252 202.114.65.10
5. Router0(config)#ip route 202.114.67.0 255.255.255.0 202.114.65.10
```

```
6. Router0(config)#ip route 202.114.65.4 255.255.255.252 202.114.65.2
7. Router1(config)#ip route 202.114.65.0 255.255.255.252 202.114.65.1
8. Router1(config)#ip route 202.114.64.0 255.255.255.0 202.114.65.1
9. Router1(config)#ip route 202.114.65.4 255.255.255.252 202.114.65.6
10. Router1(config)#ip route 202.114.67.0 255.255.255.0 202.114.65.6
11. Router1(config)#ip route 202.114.65.8 255.255.255.252 202.114.65.6
12. Router2(config)#ip route 202.114.65.8 255.255.255.252 202.114.65.9
13. Router2(config)#ip route 202.114.64.0 255.255.255.0 202.114.65.9
14. Router2(config)#ip route 202.114.65.0 255.255.255.252 202.114.65.5
15. Router2(config)#ip route 202.114.66.0 255.255.255.0 202.114.65.5
16. Router2(config)#ip route 202.114.65.4 255.255.255.252 202.114.65.5
```

(6) 查看三台路由器的路由表(show ip route),路由器 0、路由器 1 和路由器 2 的路由表分别如图 4-17～图 4-19 所示。

```
Router#
%SYS-5-CONFIG_I: Configured from console by console

Router#show ip route
Codes: L - local, C - connected, S - static, R - RIP, M - mobile, B - BGP
       D - EIGRP, EX - EIGRP external, O - OSPF, IA - OSPF inter area
       N1 - OSPF NSSA external type 1, N2 - OSPF NSSA external type 2
       E1 - OSPF external type 1, E2 - OSPF external type 2, E - EGP
       i - IS-IS, L1 - IS-IS level-1, L2 - IS-IS level-2, ia - IS-IS inter area
       * - candidate default, U - per-user static route, o - ODR
       P - periodic downloaded static route

Gateway of last resort is not set

     202.114.64.0/24 is variably subnetted, 2 subnets, 2 masks
C       202.114.64.0/24 is directly connected, GigabitEthernet0/2
L       202.114.64.1/32 is directly connected, GigabitEthernet0/2
     202.114.65.0/24 is variably subnetted, 5 subnets, 2 masks
C       202.114.65.0/30 is directly connected, GigabitEthernet0/0
L       202.114.65.1/32 is directly connected, GigabitEthernet0/0
S       202.114.65.4/30 [1/0] via 202.114.65.2
C       202.114.65.8/30 is directly connected, GigabitEthernet0/1
L       202.114.65.9/32 is directly connected, GigabitEthernet0/1
S    202.114.66.0/24 [1/0] via 202.114.65.2
S    202.114.67.0/24 [1/0] via 202.114.65.10
```

图 4-17 路由器 0 的路由表

```
Router#show ip route
Codes: L - local, C - connected, S - static, R - RIP, M - mobile, B - BGP
       D - EIGRP, EX - EIGRP external, O - OSPF, IA - OSPF inter area
       N1 - OSPF NSSA external type 1, N2 - OSPF NSSA external type 2
       E1 - OSPF external type 1, E2 - OSPF external type 2, E - EGP
       i - IS-IS, L1 - IS-IS level-1, L2 - IS-IS level-2, ia - IS-IS inter area
       * - candidate default, U - per-user static route, o - ODR
       P - periodic downloaded static route

Gateway of last resort is not set

S    202.114.64.0/24 [1/0] via 202.114.65.1
     202.114.65.0/24 is variably subnetted, 5 subnets, 2 masks
C       202.114.65.0/30 is directly connected, GigabitEthernet0/0
L       202.114.65.2/32 is directly connected, GigabitEthernet0/0
C       202.114.65.4/30 is directly connected, GigabitEthernet0/1
L       202.114.65.5/32 is directly connected, GigabitEthernet0/1
S       202.114.65.8/30 [1/0] via 202.114.65.6
     202.114.66.0/24 is variably subnetted, 2 subnets, 2 masks
C       202.114.66.0/24 is directly connected, GigabitEthernet0/2
L       202.114.66.1/32 is directly connected, GigabitEthernet0/2
S    202.114.67.0/24 [1/0] via 202.114.65.6
```

图 4-18 路由器 1 的路由表

(7) 再测试 4 台主机以及主机和 HTTP 服务器的网络连通性,此时两两主机之间应均可

```
Router#show ip route
Codes: L - local, C - connected, S - static, R - RIP, M - mobile, B - BGP
       D - EIGRP, EX - EIGRP external, O - OSPF, IA - OSPF inter area
       N1 - OSPF NSSA external type 1, N2 - OSPF NSSA external type 2
       E1 - OSPF external type 1, E2 - OSPF external type 2, E - EGP
       i - IS-IS, L1 - IS-IS level-1, L2 - IS-IS level-2, ia - IS-IS inter area
       * - candidate default, U - per-user static route, o - ODR
       P - periodic downloaded static route

Gateway of last resort is not set

S     202.114.64.0/24 [1/0] via 202.114.65.9
      202.114.65.0/24 is variably subnetted, 5 subnets, 2 masks
S        202.114.65.0/30 [1/0] via 202.114.65.5
C        202.114.65.4/30 is directly connected, GigabitEthernet0/1
L        202.114.65.6/32 is directly connected, GigabitEthernet0/1
C        202.114.65.8/30 is directly connected, GigabitEthernet0/0
L        202.114.65.10/32 is directly connected, GigabitEthernet0/0
S     202.114.66.0/24 [1/0] via 202.114.65.5
      202.114.67.0/24 is variably subnetted, 2 subnets, 2 masks
C        202.114.67.0/24 is directly connected, GigabitEthernet0/2
L        202.114.67.1/32 is directly connected, GigabitEthernet0/2
```

图 4-19　路由器 2 的路由表

以 ping 通(见图 4-20),每台主机和 HTTP 服务器均可以 ping 通(见图 4-21)。

```
C:\>ping 202.114.67.2

Pinging 202.114.67.2 with 32 bytes of data:

Reply from 202.114.67.2: bytes=32 time<1ms TTL=126
Reply from 202.114.67.2: bytes=32 time<1ms TTL=126

Ping statistics for 202.114.67.2:
    Packets: Sent = 2, Received = 2, Lost = 0 (0% loss),
Approximate round trip times in milli-seconds:
    Minimum = 0ms, Maximum = 0ms, Average = 0ms
```

图 4-20　PC0 可以 ping 通 PC2

```
C:\>ping 202.114.64.200

Pinging 202.114.64.200 with 32 bytes of data:

Reply from 202.114.64.200: bytes=32 time<1ms TTL=126
Reply from 202.114.64.200: bytes=32 time<1ms TTL=126
Reply from 202.114.64.200: bytes=32 time=12ms TTL=126
Reply from 202.114.64.200: bytes=32 time<1ms TTL=126

Ping statistics for 202.114.64.200:
    Packets: Sent = 4, Received = 4, Lost = 0 (0% loss),
Approximate round trip times in milli-seconds:
    Minimum = 0ms, Maximum = 12ms, Average = 3ms
```

图 4-21　PC0 可以 ping 通服务器

(8) 删除 Router1 和 Router2 之间的静态路由(no ip route),此时测试主机 PC0 和 PC3 之间的网络连通性,结果应该不能 ping 通,如图 4-22 所示。

```
1. Router1(config)#no ip route 202.114.67.0 255.255.255.0 202.114.65.6
2. Router1(config)#no ip route 202.114.65.4 255.255.255.252 202.114.65.6
3. Router2(config)#no ip route 202.114.66.0 255.255.255.0 202.114.65.5
4. Router2(config)#no ip route 202.114.65.4 255.255.255.252 202.114.65.5
```

(9) 配置 Router1 和 Router2 两台路由器的默认路由如下:

```
1. Router1(config)#ip route 0.0.0.0 0.0.0.0 202.114.65.6
2. Router2(config)#ip route 0.0.0.0 0.0.0.0 202.114.65.5
```

```
C:\>ping 202.114.67.3

Pinging 202.114.67.3 with 32 bytes of data:

Reply from 202.114.66.1: Destination host unreachable.
Reply from 202.114.66.1: Destination host unreachable.
Reply from 202.114.66.1: Destination host unreachable.
Request timed out.

Ping statistics for 202.114.67.3:
    Packets: Sent = 4, Received = 0, Lost = 4 (100% loss),
```

图 4-22　PC0 ping 不通 PC3

(10) 查看两台路由器的路由表(show ip route),Router1 的路由表如图 4-23 所示,Router2 的路由表如图 4-24 所示。

```
Router#show ip route
Codes: L - local, C - connected, S - static, R - RIP, M - mobile, B - BGP
       D - EIGRP, EX - EIGRP external, O - OSPF, IA - OSPF inter area
       N1 - OSPF NSSA external type 1, N2 - OSPF NSSA external type 2
       E1 - OSPF external type 1, E2 - OSPF external type 2, E - EGP
       i - IS-IS, L1 - IS-IS level-1, L2 - IS-IS level-2, ia - IS-IS inter area
       * - candidate default, U - per-user static route, o - ODR
       P - periodic downloaded static route

Gateway of last resort is 202.114.65.6 to network 0.0.0.0

S     202.114.64.0/24 [1/0] via 202.114.65.1
      202.114.65.0/24 is variably subnetted, 5 subnets, 2 masks
C        202.114.65.0/30 is directly connected, GigabitEthernet0/0
L        202.114.65.2/32 is directly connected, GigabitEthernet0/0
C        202.114.65.4/30 is directly connected, GigabitEthernet0/1
L        202.114.65.5/32 is directly connected, GigabitEthernet0/1
S        202.114.65.8/30 [1/0] via 202.114.65.6
      202.114.66.0/24 is variably subnetted, 2 subnets, 2 masks
C        202.114.66.0/24 is directly connected, GigabitEthernet0/2
L        202.114.66.1/32 is directly connected, GigabitEthernet0/2
S*    0.0.0.0/0 [1/0] via 202.114.65.6
```

图 4-23　Router1 的路由表

```
Router#
%SYS-5-CONFIG_I: Configured from console by console

Router#show ip route
Codes: L - local, C - connected, S - static, R - RIP, M - mobile, B - BGP
       D - EIGRP, EX - EIGRP external, O - OSPF, IA - OSPF inter area
       N1 - OSPF NSSA external type 1, N2 - OSPF NSSA external type 2
       E1 - OSPF external type 1, E2 - OSPF external type 2, E - EGP
       i - IS-IS, L1 - IS-IS level-1, L2 - IS-IS level-2, ia - IS-IS inter area
       * - candidate default, U - per-user static route, o - ODR
       P - periodic downloaded static route

Gateway of last resort is 202.114.65.5 to network 0.0.0.0

S     202.114.64.0/24 [1/0] via 202.114.65.9
      202.114.65.0/24 is variably subnetted, 5 subnets, 2 masks
S        202.114.65.0/30 [1/0] via 202.114.65.5
C        202.114.65.4/30 is directly connected, GigabitEthernet0/1
L        202.114.65.6/32 is directly connected, GigabitEthernet0/1
C        202.114.65.8/30 is directly connected, GigabitEthernet0/0
L        202.114.65.10/32 is directly connected, GigabitEthernet0/0
      202.114.67.0/24 is variably subnetted, 2 subnets, 2 masks
C        202.114.67.0/24 is directly connected, GigabitEthernet0/2
L        202.114.67.1/32 is directly connected, GigabitEthernet0/2
S*    0.0.0.0/0 [1/0] via 202.114.65.5
```

图 4-24　Router2 的路由表

(11) 再测试 PC0 和 PC3 之间的网络连通性,此时应该可以 ping 通,如图 4-25 所示。

```
C:\>ping 202.114.67.3

Pinging 202.114.67.3 with 32 bytes of data:

Reply from 202.114.67.3: bytes=32 time<1ms TTL=126
Reply from 202.114.67.3: bytes=32 time<1ms TTL=126
Reply from 202.114.67.3: bytes=32 time=3ms TTL=126
Reply from 202.114.67.3: bytes=32 time<1ms TTL=126

Ping statistics for 202.114.67.3:
    Packets: Sent = 4, Received = 4, Lost = 0 (0% loss),
Approximate round trip times in milli-seconds:
    Minimum = 0ms, Maximum = 3ms, Average = 0ms
```

图 4-25 PC0 可以 ping 通 PC3

4.5 实验思考题

1. 路由基本配置实验中,如果不配置 4 台主机的网关,这 4 台主机是否可以互相通信? 为什么?

2. 路由基本配置实验中,如果将路由器的 ethernet 0 接口和 ethernet 1 接口的 IP 地址互换,会出现什么情况? 为什么?

3. 为什么配置缺省路由后,4 台主机也可以互相 ping 通?

4. 如果要为图 4-26 的各台路由器配置静态路由,应如何配置才能使 4 台主机之间互相连通(其中 Multilayer Switch 为三层交换机)?

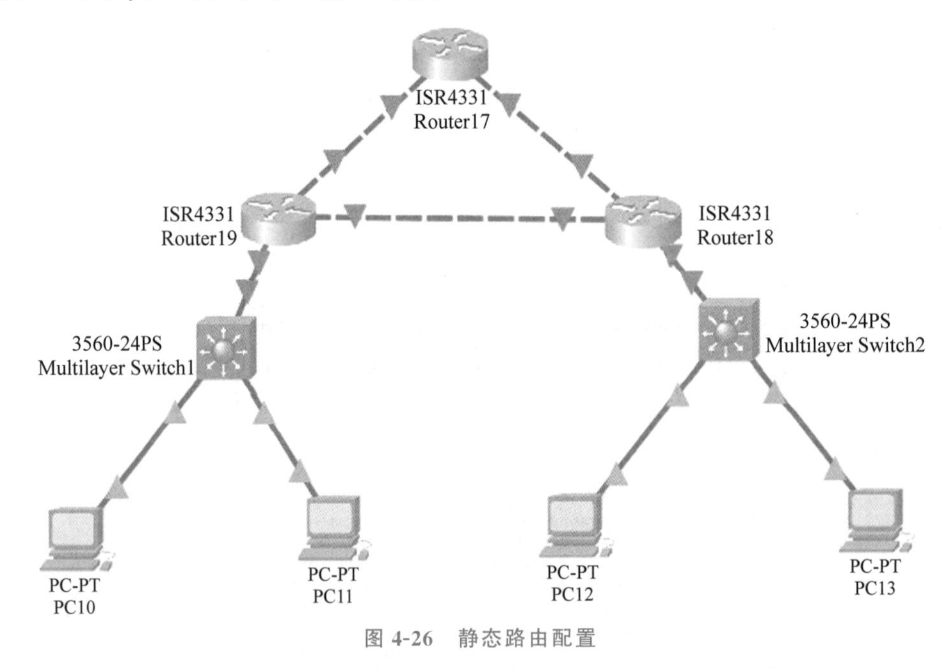

图 4-26 静态路由配置

5. 请总结在实验的配置过程中遇到的问题及其解决方法。

实验5　路由信息协议RIP

5.1　实验目的和内容

1. 实验目的

(1) 了解路由信息协议(RIP)。

(2) 掌握路由器中RIP配置方法。

(3) 理解路由器连接不同类型网络的原理。

2. 实验内容

(1) 按照指定的实验拓扑图,正确连接网络设备。

(2) 采用RIPv2配置动态路由,关闭RIPv2自动汇总功能。

5.2　实验原理

4.2.1节介绍了路由功能包括两项基本内容:寻径和转发。寻径是指确定到达目的地的最佳路径,这个过程由路由选择算法来实现。转发是指沿着找到的最佳路径传递数据包的过程。在转发数据包时,路由器首先查找路由表,以确定是否知道如何将数据包发送到下一个站点(路由器或主机)。

路由转发协议和路由选择协议是相互协作但又相互独立的概念。路由转发协议使用由路由选择协议维护的路由表,而路由选择协议利用路由转发协议提供的功能来传输路由协议数据包。在通常情况下,提到的路由协议指的是路由选择协议。

路由信息协议(Routing Information Protocol,RIP)基于Bellman-Ford(贝尔曼-福特)算法,最早于1969年用于计算机路由选择,后来在1970年由Xerox开发为Xerox的Networking Services协议族的一部分。

RIP以路由器内的长驻进程(daemon)形式存在,负责从网络中的其他路由器接收路由信息,并动态地维护本地IP层的路由表,以确保在IP层发送数据包时能够选择正确的路由。同时,RIP还广播本地路由信息,通知相邻的路由器相关路径信息。RIP运行在UDP之上,接收来自邻居路由器的路由更新信息,这些信息封装在UDP数据报中。RIP使用UDP的520号端口接收路由更新信息,并相应地修改本地路由表,同时通知其他路由器。通过这种方式,RIP实现了全局路由的有效性。

RIP使用两种类型的数据包来传输信息,即"更新"(UPDATE)和"请求"(REQUEST)。每个支持RIP的路由器每隔30秒使用UDP的520号端口向直接相连的设备广播更新信息。更新信息包含了该路由器的完整路由信息数据库,每个数据库条目包括"可达的IP地址"和"到达该网络的距离"。请求信息用于查找网络上能够发送RIP报文的其他设备。

5.3 实验环境与设备

RIP 配置实验可以在华为 eNSP 或思科 Packet Tracer 中完成，也可以在锐捷物理网络设备上完成。本实验拓扑结构如图 5-1 所示。

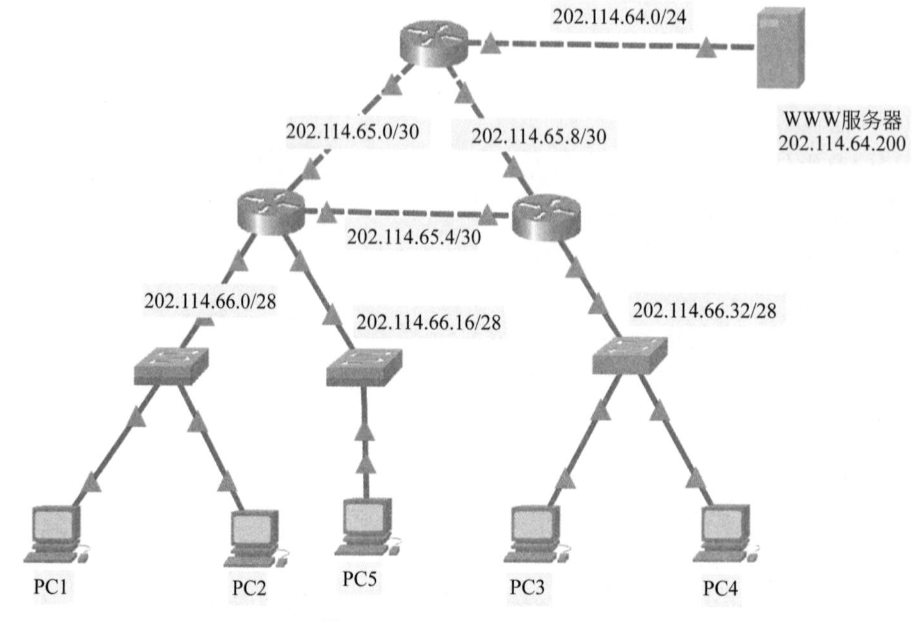

图 5-1　RIP 配置实验拓扑图

5.4 实验步骤

1. 在 Packet Tracer 中搭建网络拓扑

首先要在 Packet Tracer 中搭建 RIP 配置实验的网络拓扑。

2. 分配路由器接口的 IP 地址

在实验题目所给出的网络信息基础上，为每一个路由器的相应接口分配 IP 地址，并为每一台主机与服务器分配 IP 地址。给最上方路由器与 WWW 服务器连接的接口 GigabitEthernet0/0/2(不同连线方式接口可能不同)配置 IP 地址 202.114.64.1，具体路由器接口配置 IP 地址如图 5-2 所示。

```
Router(config)#interface GigabitEthernet0/0/2
Router(config-if)#ip address 202.114.64.1 255.255.255.0
Router(config-if)#no shutdown
```

图 5-2　路由器接口配置 IP 地址

3. 配置路由器 R1、R2、R3

配置路由器的端口的 IP 地址，随后开启 RIP 协议，设置版本为 V2，并且关闭自动汇总功能，最后设置 RIP 交换的网络。请思考以下配置是否可以优先。

```
Router(config)#router rip
Router(config-router)#version 2
Router(config-router)#no auto-summary
Router(config-router)#network 202.114.65.0
Router(config-router)#network 202.114.65.4
Router(config-router)#network 202.114.66.0
Router(config-router)#network 202.114.66.16
Router(config-router)#exit
```

4. 测试网络连通性

首先使用 show ip route 命令查看左侧路由器路由表，如图 5-3 所示。

```
R    202.114.64.0/24 [120/1] via 202.114.65.1, 00:00:03, FastEthernet0/0
     202.114.65.0/30 is subnetted, 3 subnets
C       202.114.65.0 is directly connected, FastEthernet0/0
C       202.114.65.4 is directly connected, FastEthernet1/0
R       202.114.65.8 [120/1] via 202.114.65.1, 00:00:03, FastEthernet0/0
     202.114.66.0/28 is subnetted, 3 subnets
C       202.114.66.0 is directly connected, FastEthernet0/1
C       202.114.66.16 is directly connected, FastEthernet1/1
R       202.114.66.32 [120/2] via 202.114.65.1, 00:00:03, FastEthernet0/0
```

图 5-3 路由器的路由表信息

可以看到路由表中含有 202.114.65.0/24 等多个网络的路由信息。之后测试网络连通性，如图 5-4 所示，测试 PC1 与 PC3、PC5、WWW 服务器之间的连通性。

```
C:\>ping 202.114.66.18

Pinging 202.114.66.18 with 32 bytes of data:

Reply from 202.114.66.18: bytes=32 time=7ms TTL=127
Reply from 202.114.66.18: bytes=32 time<1ms TTL=127
Reply from 202.114.66.18: bytes=32 time<1ms TTL=127
Reply from 202.114.66.18: bytes=32 time<1ms TTL=127

Ping statistics for 202.114.66.18:
    Packets: Sent = 4, Received = 4, Lost = 0 (0% loss),
Approximate round trip times in milli-seconds:
    Minimum = 0ms, Maximum = 7ms, Average = 1ms

C:\>ping 202.114.66.34

Pinging 202.114.66.34 with 32 bytes of data:

Reply from 202.114.66.34: bytes=32 time<1ms TTL=125
Reply from 202.114.66.34: bytes=32 time<1ms TTL=125
Reply from 202.114.66.34: bytes=32 time<1ms TTL=125
Reply from 202.114.66.34: bytes=32 time<1ms TTL=125

Ping statistics for 202.114.66.34:
    Packets: Sent = 4, Received = 4, Lost = 0 (0% loss),
Approximate round trip times in milli-seconds:
    Minimum = 0ms, Maximum = 0ms, Average = 0ms

C:\>ping 202.114.64.200

Pinging 202.114.64.200 with 32 bytes of data:

Reply from 202.114.64.200: bytes=32 time=9ms TTL=126
Reply from 202.114.64.200: bytes=32 time<1ms TTL=126
Reply from 202.114.64.200: bytes=32 time<1ms TTL=126
Reply from 202.114.64.200: bytes=32 time<1ms TTL=126

Ping statistics for 202.114.64.200:
    Packets: Sent = 4, Received = 4, Lost = 0 (0% loss),
Approximate round trip times in milli-seconds:
    Minimum = 0ms, Maximum = 9ms, Average = 2ms
```

图 5-4 路由器的路由表信息

其中 202.114.66.18 为 PC5 的 IP 地址，202.114.66.34 为 PC3 的 IP 地址，202.114.64.200 为 WWW 服务器的 IP 地址。其余设备之间的连通性测试这里省略。

5. 在锐捷云实验平台上连接网络

在锐捷云实验平台中按拓扑图连接网络。

6. 分配路由器接口的 IP 地址

在实验题目所给出的网络信息基础上，为每一个路由器的相应接口分配 IP 地址，并为每一个主机与服务器分配 IP 地址。给最上方路由器的三个接口（接口名称随接线方式可能不同，以实际接线为准）配置 IP 地址。

```
Router(config)#interface GigabitEthernet0/0/0
ip address 202.114.65.1 255.255.255.252
Router(config-if)#ip address 202.114.65.1 255.255.255.252
Router(config)#interface GigabitEthernet0/0/1
Router(config-if)#ip address 202.114.65.9 255.255.255.252
Router(config-if)#ip address 202.114.65.9 255.255.255.252
Router(config)#interface GigabitEthernet0/0/2
Router(config-if)#ip address 202.114.64.1 255.255.255.0
Router(config-if)#ip address 202.114.64.1 255.255.255.0
Router(config-if)#exit
```

7. 配置路由器 R1、R2、R3

配置路由器的端口的 IP 地址，随后开启 RIP 协议，设置版本为 V2，并且关闭自动汇总功能，最后设置 RIP 交换的网络，给最上方路由器配置 RIP，其余路由器配置省略。

```
Router(config)#router rip
Router(config-router)#version 2
Router(config-router)#no auto-summary
Router(config-router)#network 202.114.64.0
Router(config-router)#network 202.114.65.0
Router(config-router)#network 202.114.65.8
Router(config-router)#exit
```

8. 测试网络连通性

首先使用 show ip route 命令查看左侧路由器路由表，如图 5-5 所示。

```
Gateway of last resort is no set
C     192.168.1.0/24 is directly connected, VLAN 1
C     192.168.1.1/32 is local host.
C     202.114.64.0/24 is directly connected, GigabitEthernet 0/3
C     202.114.64.1/32 is local host.
C     202.114.65.0/30 is directly connected, GigabitEthernet 0/0
C     202.114.65.1/32 is local host.
R     202.114.65.4/30 [120/1] via 202.114.65.2, 00:12:47, GigabitEthernet 0/0
                      [120/1] via 202.114.65.10, 00:12:28, GigabitEthernet 0/1
C     202.114.65.8/30 is directly connected, GigabitEthernet 0/1
C     202.114.65.9/32 is local host.
R     202.114.66.0/28 [120/1] via 202.114.65.2, 00:12:47, GigabitEthernet 0/0
R     202.114.66.16/28 [120/1] via 202.114.65.2, 00:12:47, GigabitEthernet 0/0
R     202.114.66.32/28 [120/1] via 202.114.65.10, 00:12:28, GigabitEthernet 0/1
```

图 5-5 路由器的路由表信息

可以看到路由表中含有 202.114.65.4/30 等多个网络的路由信息。之后测试网络连通性，如图 5-6 所示，测试 PC1 与 PC3、PC5、WWW 服务器之间的连通性。

其中 202.114.66.18 为 PC5 的 IP 地址，202.114.66.34 为 PC3 的 IP 地址，202.114.64.200 为 WWW 服务器的 IP 地址。其余设备之间的连通性测试略。

9. 在路由器中配置 RIP 认证

在路由器中配置 key chain，key id 以及 key string，然后在路由器之间互相连接的接口中开启认证。如图 5-7 所示，在最上方路由器中配置认证，并在接口 1 与接口 3 中开启认证。

```
C:\>ping 202.114.66.18

Pinging 202.114.66.18 with 32 bytes of data:

Reply from 202.114.66.18: bytes=32 time<1ms TTL=127
Reply from 202.114.66.18: bytes=32 time<1ms TTL=127
Reply from 202.114.66.18: bytes=32 time<1ms TTL=127
Reply from 202.114.66.18: bytes=32 time<1ms TTL=127

Ping statistics for 202.114.66.18:
    Packets: Sent = 4, Received = 4, Lost = 0 (0% loss),
Approximate round trip times in milli-seconds:
    Minimum = 0ms, Maximum = 0ms, Average = 0ms

C:\>
```

(a)

```
C:\>ping 202.114.66.34

Pinging 202.114.66.34 with 32 bytes of data:

Reply from 202.114.66.34: bytes=32 time=4ms TTL=126
Reply from 202.114.66.34: bytes=32 time<1ms TTL=126
Reply from 202.114.66.34: bytes=32 time<1ms TTL=126
Reply from 202.114.66.34: bytes=32 time<1ms TTL=126

Ping statistics for 202.114.66.34:
    Packets: Sent = 4, Received = 4, Lost = 0 (0% loss),
Approximate round trip times in milli-seconds:
    Minimum = 0ms, Maximum = 4ms, Average = 1ms
```

(b)

```
C:\>ping 202.114.64.200

Pinging 202.114.64.200 with 32 bytes of data:

Reply from 202.114.64.200: bytes=32 time<1ms TTL=126
Reply from 202.114.64.200: bytes=32 time<1ms TTL=126
Reply from 202.114.64.200: bytes=32 time=9ms TTL=126
Reply from 202.114.64.200: bytes=32 time=1ms TTL=126

Ping statistics for 202.114.64.200:
    Packets: Sent = 4, Received = 4, Lost = 0 (0% loss),
Approximate round trip times in milli-seconds:
    Minimum = 0ms, Maximum = 9ms, Average = 2ms
```

(c)

图 5-6 连通性测试

```
Ruijie(config)#key chain test
Ruijie(config-keychain)#key 1
Ruijie(config-keychain-key)#key-string 123
Ruijie(config-keychain-key)#interface g0/1
Ruijie(config-if-GigabitEthernet 0/1)#ip rip authentication key-chain test
Ruijie(config-if-GigabitEthernet 0/1)#ip rip authentication mode md5
Ruijie(config-if-GigabitEthernet 0/1)#exit
Ruijie(config)#interface g0/3
Ruijie(config-if-GigabitEthernet 0/3)#ip rip authentication key-chain test
Ruijie(config-if-GigabitEthernet 0/3)#ip rip authentication mode md5
Ruijie(config-if-GigabitEthernet 0/3)#exit
Ruijie(config)#
```

图 5-7 配置认证并在端口上开启认证

使用 show running-config 命令查看 RIP 认证配置情况，如图 5-8 所示。

```
interface GigabitEthernet 0/0
 ip rip authentication mode md5
 ip rip authentication key-chain test
 ip address 202.114.65.1 255.255.255.252
 duplex auto
 speed auto
!
interface GigabitEthernet 0/1
 ip rip authentication mode md5
 ip rip authentication key-chain test
 ip address 202.114.65.9 255.255.255.252
 duplex auto
 speed auto
!
```

图 5-8　查看 RIP 配置情况

5.5　实验思考题

1. RIP v1 版本和 RIP v2 版本有什么区别？如果在各台路由器中配置不同的 RIP 版本，是否可以达到相同的效果？为什么？

2. RIP 路由协议对于防止产生环路有哪些机制？

3. 了解 RIP 的认证机制，练习配置方法。

实验 6 OSPF 单区域和 OSPF 多区域

6.1 实验目的和内容

1. 实验目的

(1) 了解 OSPF 区域的概念。

(2) 了解三层交换机的作用。

(3) 熟悉 OSPF 单区域和 OSPF 多区域的配置方法。

(4) 掌握 OSPF 原理。

2. 实验内容

(1) 按提供的网络拓扑搭建 OSPF 单区域和 OSPF 多区域实验所需的网络环境。

(2) 进行各种网络设备、PC 或者服务器的网络配置。

(3) 根据事先规划的 OSPF 区域配置路由器或三层交换机的 OSPF 路由。

(4) 进行网络连通性的测试。

6.2 实验原理

6.2.1 相关理论知识

OSPF(Open Shortest Path First,开放最短路径优先)是一种路由协议,它和 RIP 一样都属于动态路由协议。我们知道,静态路由就是预先对路由器的规则进行设定,在运行期间其规则一般固定不变;而动态路由可实时利用路由信息更新路由表,这些路由信息可以从路由器间的相互通信、消息交换中得知。动态路由的优点在于能够快速对网络结构的变化做出响应:若网络发生了变化,则其会很快收到新的路由信息,路由选择算法就会根据这些信息重新计算路由、更新路由表,并向其他路由器发送路由更新信息。这些信息在路由器网络中传播,收到信息的各路由器同样重新计算路由表项,并更新各自的路由表,新的转发路径由此建立。动态路由通常适用于网络规模较大且网络拓扑较复杂的网络。当然,相比于静态路由,动态路由对系统资源(如网络带宽、CPU 和内存等)的占用更大一些。

和 RIP 不同的是,OSPF 是基于 IP 层的路由协议,IP 协议号为 89,在大中型网络上使用较为广泛。OSPF 是链路状态路由协议(Link-state Routing Protocol)的一种实现,运行于自治系统内部,其路由度量使用的是"代价"(Cost),网络拓扑结构存储在链路状态数据库(Link-State Database,LSDB)中。若路由器属于同一区域,则其链路状态数据库相同,属于多个区域的路由器会为每个区域维护一份链路状态数据库,获得 LSDB 后使用迪杰斯特拉算法(Dijkstra)来计算最短路径树,即进行路由选择。

OSPF 协议中所使用的描述信息称为链路状态(Link-State Advertisement,LSA),包括路由接口上的 IP 地址、子网掩码、网络类型和 Cost 值等。使用 OSPF 协议的路由器之间进行信息交换时,会发送自身的LSA信息。OSPF会收集路由器网络中的全部LSA信息,并计算出到达每个目标的最短路径。OSPF路由器将自己拥有的全部LSA信息发送给邻居路由器,邻居路由器将收到的LSA信息存储在LSDB中,然后加上自身的LSA信息,二次转发给自己的所有邻居,并且在发送过程中不对其做任何修改。最终,路由器网络中的所有路由器都能够得知全体路由器的LSA,然后就能构建出相同的网络拓扑,并在转发数据包时进行路径选择。

6.2.2 相关配置命令

1. 进入/退出路由器配置

格式:

```
Router>
Router>enable
Router#
Router#configure terminal
Enter configuration commands, one per line. End with CNTL/Z.
Router(config)#
Router(config)#exit
Router#
```

功能:以终端或Telnet方式进入路由器系统,即进入了第1级——用户模式级别。此时,系统提示符为>。如果路由器名称为Router,则提示符为Router>。在这一级别,用户可以对路由器的基本信息、状态等进行检查,但不能进行具体的设置操作。

在用户模式下先输入enable,再输入预设的口令,就可以进入第2级——特权模式。特权模式的系统提示符为#,如果路由器名称为Router,则提示:Router> enable → Router#。在这一级别,用户可以进行一些进阶的检查操作,如show、debug命令等。但仍然不能对路由器进行具体配置,路由器的具体配置位于第3级。

在第3级——配置模式下,用户可以实际配置路由器的各项功能。进入第3级的方法是在特权模式的命令行中输入命令config terminal,则相应提示符为(config)#,就像Router(config)#。

此外,针对路由器各种端口的配置,有第4级配置——端口配置模式。例如,若要对Router的gigabitEthernet 0/0/0端口进行设置,就需要使用命令:

```
Router(config)#interface gigabitEthernet0/0/0
```

退出各级配置模式输入exit即可。

2. 进入OSPF配置

格式:

```
route ospf [process id]
```

说明:process id即PID,为OSPF所属进程的ID。

功能:进入OSPF协议的设置,OSPF协议必须由该命令启动。

3. 宣告路由器直连网络

格式:

```
network subnet [subnet mask] area [area id]
```

说明:subnet为路由器直连的子网网络,如192.168.2.0;subnet mask为子网对应的掩码，OSPF一般采用主机掩码，如0.0.0.255；area id为该子网对应的区域id。

功能：network命令用来表明和路由器直连的子网。

4. 查看路由器中的OSPF路由项

格式：

```
show ip route ospf
```

功能：显示经由OSPF协议学习到的路由项。例如：

```
O IA 192.168.3.0 [110/2] via 192.168.1.2, 01:06:48, GigabitEthernet0/0/1
```

5. 查看路由器OSPF的各项基本信息

格式：

```
show ip ospf
```

功能：查看OSPF协议运行的各项内容，包括启动OSPF协议的进程ID、路由器的区域信息等。例如：

```
Router>show ip ospf
Routing Process "ospf 1" with ID 192.168.2.1
Supports only single TOS(TOS0) routes
Supports opaque LSA
It is an area border router
SPF schedule delay 5 secs, Hold time between two SPFs 10 secs
Minimum LSA interval 5 secs. Minimum LSA arrival 1 secs
...
```

6. 查看路由器OSPF的链路状态数据库

格式：

```
show ip ospf database
```

功能：查看路由器的链路状态信息。例如：

```
Router>show ip ospf database
                OSPF Router with ID (192.168.2.1) (Process ID 1)
                            Router Link States (Area 0)
Link ID        ADV Router     Age Seq#      Checksum    Link        Count
192.168.2.1    192.168.2.1    207           0x80000020  0x00b1d2    1
192.168.3.1    192.168.3.1    209           0x80000020  0x00add3    1
```

其中，age字段表示链路状态年龄，用来对每个LSA条目进行老化定时，在默认情况下，30分钟(在年龄字段中，以秒为单位)后，第一个发送此LSA信息的路由器发送一个链路状态更新(LSU)信息，其中包含序列号更高的LSA，以核实链路还处于活动状态。LSA到达其最大寿命(max age)60分钟后将被丢弃。LSU报文可以包含一个或多个LSA。与距离矢量路由协议频繁地定期发送整个路由表相比，这种LSA有效性验证方法占用的带宽资源更少。

6.3 实验环境与设备

本实验可以使用Cisco Packet Tracer 8或者CII云教学领航中心配套设备和实验平台，也可在其他实际网络设备和PC上操作。下面使用Cisco Packet Tracer 8进行实验。

6.3.1 OSPF 单区域

在本次实验中，使用两台路由器和两台 PC 搭建实验环境，形成三个网络，部署 OSPF，使三个网络路由互连互通，PC1 可以 ping 通 PC0。

OSPF 单区域实验拓扑图如图 6-1 所示。

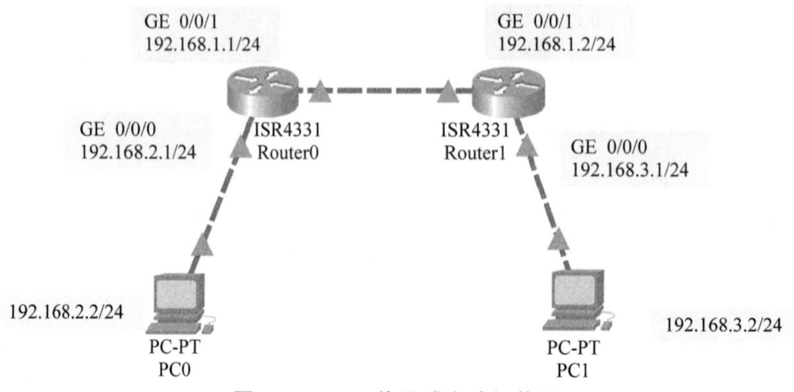

图 6-1 OSPF 单区域实验拓扑图

IP 地址设置如下：

```
Router0 的 GE 0/0/0 =192.168.2.1/24  GE 0/0/1 =192.168.1.1/24
Router1 的 GE 0/0/0 =192.168.3.1/24  GE 0/0/1 =192.168.1.2/24
PC0 IP =192.168.2.2/24 网关 =192.168.2.1
PC1 IP =192.168.3.2/24 网关 =192.168.3.1
```

本实验所用设备如表 6-1 所示。

表 6-1 OSPF 单区域实验设备表

设备类型	设备型号	数　量
路由器	ISR4331	2
计算机	PC-PT	2

6.3.2 OSPF 多区域

在本次实验中，使用三台路由器、两台三层交换机、两台二层交换机、4 台 PC 和一台 WWW 服务器。

OSPF 多区域实验拓扑结构如图 6-2 所示。

路由器各个连接端口的 IP 分别设置为对应网段中的一个 IP 地址，两台三层交换机连接二层交换机的端口 IP 分别设置为 202.114.68.1/24 和 202.114.69.1/24，4 台 PC 和一台 WWW 服务器的设置如下：

```
PC0 IP =202.114.68.2/24 网关 =202.114.68.1
PC1 IP =202.114.68.3/24 网关 =202.114.68.1
PC2 IP =202.114.69.2/24 网关 =202.114.69.1
PC3 IP =202.114.69.3/24 网关 =202.114.69.1
WWW Server IP =202.114.64.200/24 网关 =202.114.64.1
```

本实验所用设备如表 6-2 所示。

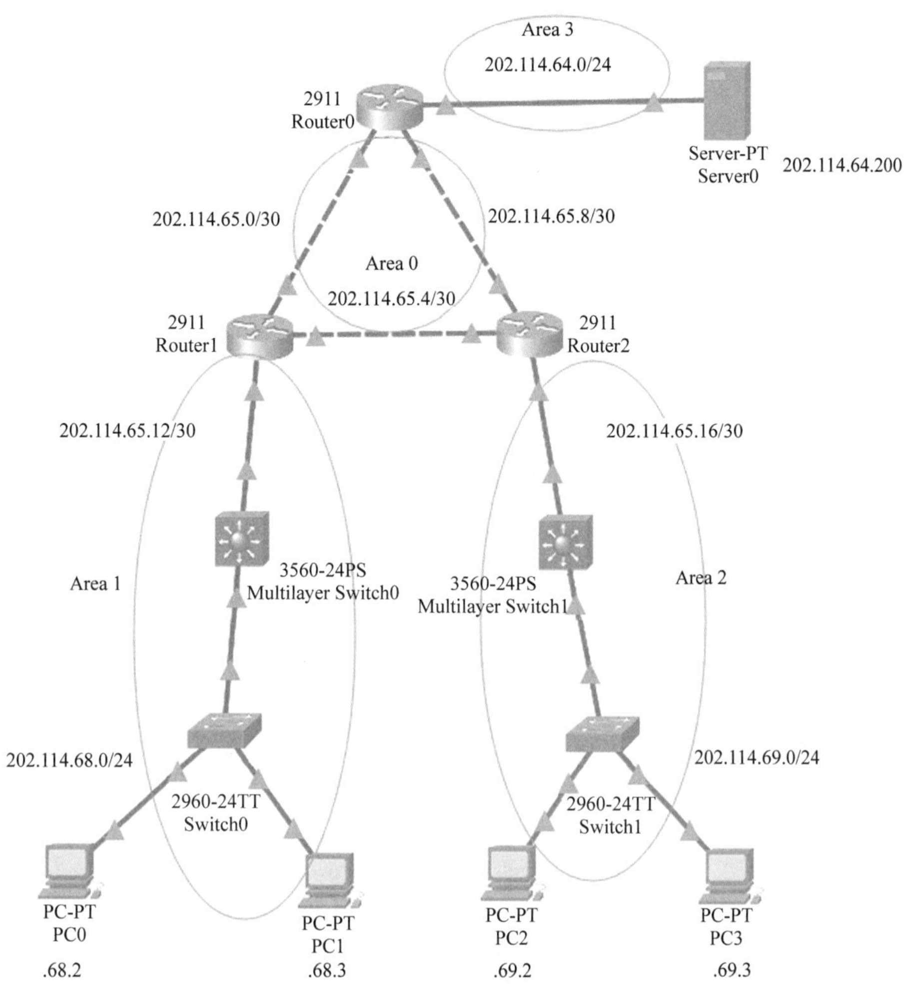

图 6-2 OSPF 多区域实验拓扑图

表 6-2 OSPF 多区域实验设备表

设备类型	设备型号	数量
路由器	2911	3
三层交换机	3560-24PS	2
二层交换机	2960-24TT	2
计算机	PC-PT	4
WWW 服务器	Server-PT	1

6.4 实验步骤

6.4.1 OSPF 单区域实验步骤

1. 搭建实验环境

按照图 6-1 的 OSPF 单区域实验拓扑图搭建好网络实验环境。

2. 配置 IP 地址

（1）配置 Router0 如下：

```
1. Router>enable
2. Router#configure terminal
3. Enter configuration commands, one per line. End with CNTL/Z.
4. Router(config)#interface gigabitEthernet 0/0/0
5. Router(config-if)#ip address 192.168.2.1 255.255.255.0
6. Router(config-if)#exit
7. Router(config)#interface gigabitEthernet 0/0/1
8. Router(config-if)#ip address 192.168.1.1 255.255.255.0
9. Router(config-if)#exit
10. Router(config)#exit
11. Router#write
12. Building configuration...
13. [OK]
```

（2）配置 Router1 如下：

```
1. Router>enable
2. Router#configure terminal
3. Enter configuration commands, one per line. End with CNTL/Z.
4. Router(config)#interface gigabitEthernet 0/0/0
5. Router(config-if)#ip address 192.168.3.1 255.255.255.0
6. Router(config-if)#exit
7. Router(config)#interface gigabitEthernet 0/0/1
8. Router(config-if)#ip address 192.168.1.2 255.255.255.0
9. Router(config-if)#exit
10. Router(config)#exit
11. Router#write
12. Building configuration...
13. [OK]
```

（3）配置 PC0，如图 6-3 所示。

（4）配置 PC1，如图 6-4 所示。

3. 配置 OSPF 协议，使网络互通

在两台路由器上启用 OSPF 协议，并公布自己的直连网段。

（1）配置 Router0 如下：

```
1. Router>enable
2. Router#configure t
3. Enter configuration commands, one per line. End with CNTL/Z.
4. Router(config)#route ospf 10
5. Router(config-router)#network 192.168.1.0 0.0.0.255 area 0
6. Router(config-router)#network 192.168.2.0 0.0.0.255 area 1
7. Router(config-router)#exit
8. Router(config)#exit
9. Router#write
10. Building configuration...
11. [OK]
12. Router#
```

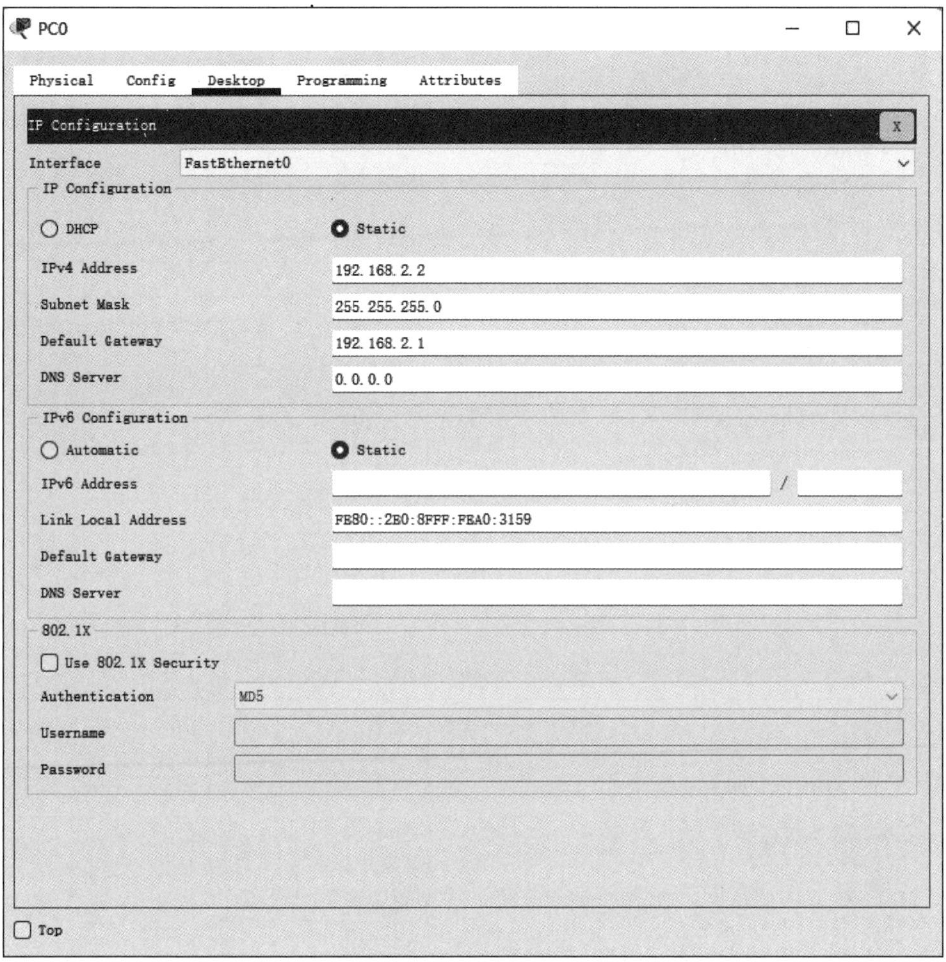

PC0

Physical Config Desktop Programming Attributes

IP Configuration

Interface FastEthernet0

IP Configuration

DHCP Static

IPv4 Address 192. 168. 2. 2

Subnet Mask 255. 255. 255. 0

Default Gateway 192. 168. 2. 1

DNS Server 0. 0. 0. 0

IPv6 Configuration

Automatic Static

IPv6 Address /

Link Local Address FE80: : 2E0: 8FFF: FEA0: 3159

Default Gateway

DNS Server

802. 1X

Use 802. 1X Security

Authentication MD5

Username

Password

Top

图 6-3 PC0 网络配置

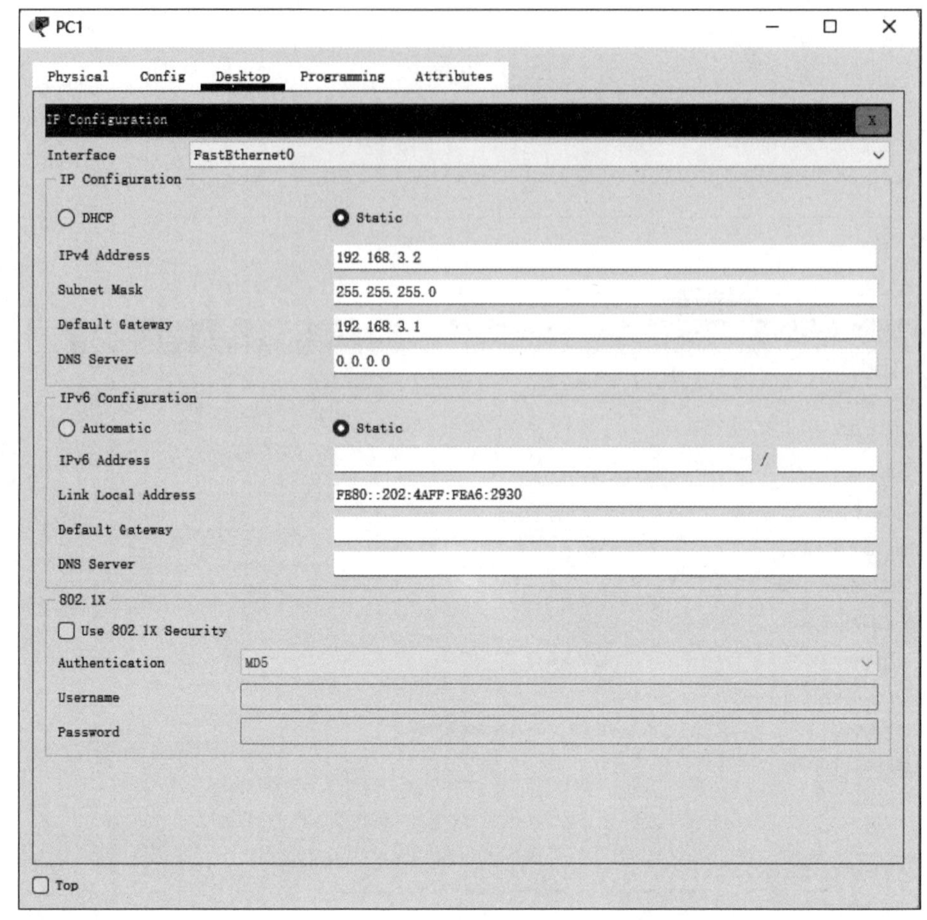

图 6-4　PC1 网络配置

(2) 配置 Router1 如下:

```
1. Router>enable
2. Router#configure t
3. Enter configuration commands, one per line. End with CNTL/Z.
4. Router(config)#route ospf 10
5. Router(config-router)#network 192.168.1.0 0.0.0.255 area 0
6. Router(config-router)#network 192.168.3.0 0.0.0.255 area 2
7. Router(config-router)#exit
8. Router(config)#exit
9. Router#write
10. Building configuration...
11. [OK]
12. Router#
```

4. 验证测试

(1) 路由表验证。

使用 show ip route 命令查看路由条目,可以看到有一条标记为 O 的路由条目如下:

```
1. Router#show ip route
2. Codes: L -local, C -connected, S -static, R -RIP, M -mobile, B -BGP
3.     D -EIGRP, EX -EIGRP external, O -OSPF, IA -OSPF inter area
4.     N1 -OSPF NSSA external type 1, N2 -OSPF NSSA external type 2
```

```
5.     E1 -OSPF external type 1, E2 -OSPF external type 2, E -EGP
6.     i -IS-IS, L1 -IS-IS level-1, L2 -IS-IS level-2, ia -IS-IS inter area
7.     * -candidate default, U -per-user static route, o -ODR
8.     P -periodic downloaded static route
9.
10. Gateway of last resort is not set
11.
12.     192.168.1.0/24 is variably subnetted, 2 subnets, 2 masks
13. C     192.168.1.0/24 is directly connected, GigabitEthernet0/0/1
14. L     192.168.1.1/32 is directly connected, GigabitEthernet0/0/1
15.     192.168.2.0/24 is variably subnetted, 2 subnets, 2 masks
16. C     192.168.2.0/24 is directly connected, GigabitEthernet0/0/0
17. L     192.168.2.1/32 is directly connected, GigabitEthernet0/0/0
18. O IA 192.168.3.0/24 [110/2] via 192.168.1.2, 11:24:40, GigabitEthernet0/0/1
```

(2) 测试两台 PC 的连通性。

分别使用 Packet Tracer 的发包测试(见图 6-5)和 ping 测试。

Fire	Last Status	Source	Destination	Type	Color	Time(sec)	Periodic	Num	Edit	Delete
●	Successful	PC0	PC1	ICMP		0.000	N	2	(edit)	(delete)
●	Successful	PC1	PC0	ICMP		0.000	N	3	(edit)	(delete)

图 6-5 Packet Tracer 发包测试

PC 连通性若测试成功,则如图 6-6 所示。

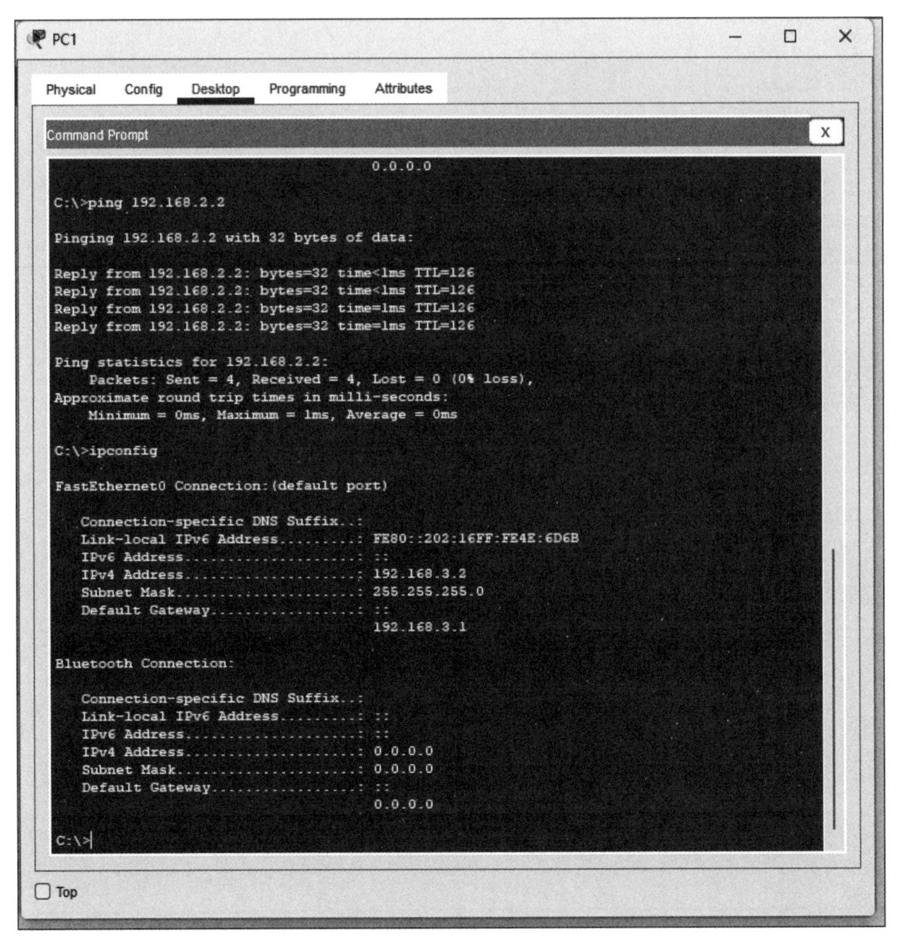

图 6-6 PC 连通性测试成功

6.4.2 OSPF 多区域实验步骤

1. 搭建实验环境

按照图 6-2 所示的 OSPF 多区域实验拓扑图搭建实验环境。

注意，本实验使用了两台三层交换机。

2. 配置各设备的网络设置

本书以对 Router1、Multilayer Switch0、PC0 的配置进行示例说明，其他设备的配置类似。

(1) 配置 Router1 如下：

```
1. Router>enable
2. Router#configure terminal
3. Enter configuration commands, one per line. End with CNTL/Z.
4. Router(config)#interface gigabitEthernet 0/0
5. Router(config-if)#ip address 202.114.65.2 255.255.255.252
6. Router(config-if)#exit
7. Router(config)#interface gigabitEthernet 0/1
8. Router(config-if)#ip address 202.114.65.5 255.255.255.252
9. Router(config-if)#exit
10. Router(config)#interface gigabitEthernet 0/2
11. Router(config-if)#ip address 202.114.65.14 255.255.255.252
12. Router(config-if)#exit
13. Router(config)#exit
14. Router#write
15. Building configuration...
16. [OK]
```

(2) 配置 Multilayer Switch0 如下：

```
1. Switch>enable
2. Switch#
3. Switch#configure terminal
4. Enter configuration commands, one per line. End with CNTL/Z.
5. Switch(config)#interface fastEthernet0/1
6. Switch(config-if)#no switchport
7. Switch(config-if)#ip address 202.114.68.1 255.255.255.0
8. Switch(config-if)#exit
9. Switch(config)#interface fastEthernet0/2
10. Switch(config-if)#no switchport
11. Switch(config-if)#ip address 202.114.65.13 255.255.255.252
12. Switch(config-if)#exit
```

no switchport 命令把二层接口改为三层接口，即将交换机当成路由器来使用。

(3) 配置 PC0，PC0 的配置类似图 6-3。

3. 配置路由器和三层交换机的 OSPF 协议

(1) 在三台路由器上启用 OSPF 协议，并用 network 命令指定运行 OSPF 协议的接口和接口所属的区域，这里以 Router1 为例，其他路由器配置方法类似。

```
1. Router>enable
2. Router#configure t
3. Enter configuration commands, one per line. End with CNTL/Z.
4. Router(config)#route ospf 10
5. Router(config-router)#network 202.114.65.0 0.0.0.3 area 0
6. Router(config-router)#network 202.114.65.4 0.0.0.3 area 0
7. Router(config-router)#network 202.114.65.12 0.0.0.3 area 1
8. Router(config-router)#exit
9. Router(config)#exit
```

```
10. Router#write
11. Building configuration...
12. [OK]
13. Router#
```

(2) 在三层交换机上配置 OSPF,其他三层交换机配置方法类似。

```
1. Switch(config)#ip routing
2. Switch(config)#router ospf 1
3. Switch(config-router)#network 202.114.68.0 0.0.0.255 area 1
4. Switch(config-router)#network 202.114.65.12 0.0.0.3 area 1
```

4. 网络连通性验证测试

(1) 查看路由器路由表项,下面以 Router1 为例。

可以看到完成了链路数据交换,生成了多条 OSPF 路由项。

```
1. Router>show ip route
2. ...
3. O      202.114.64.0/24 [110/2] via 202.114.65.1, 02:18:17, GigabitEthernet0/0
4.       202.114.65.0/24 is variably subnetted, 8 subnets, 2 masks
5. C        202.114.65.0/30 is directly connected, GigabitEthernet0/0
6. L        202.114.65.2/32 is directly connected, GigabitEthernet0/0
7. C        202.114.65.4/30 is directly connected, GigabitEthernet0/1
8. L        202.114.65.5/32 is directly connected, GigabitEthernet0/1
9. O       202.114.65.8/30 [110/2] via 202.114.65.6, 02:18:17, GigabitEthernet0/1
10.                           [110/2] via 202.114.65.1, 02:18:17, GigabitEthernet0/0
11. C        202.114.65.12/30 is directly connected, GigabitEthernet0/2
12. L        202.114.65.14/32 is directly connected, GigabitEthernet0/2
13. O IA  202.114.65.16/30 [110/2] via 202.114.65.6, 02:21:06, GigabitEthernet0/1
14. O     202.114.68.0/24 [110/2] via 202.114.65.13, 02:23:54, GigabitEthernet0/2
15. O IA 202.114.69.0/24 [110/3] via 202.114.65.6, 02:21:06, GigabitEthernet0/1
```

(2) 主机连通性测试,包括发包测试(见图 6-7)和 ping 测试。

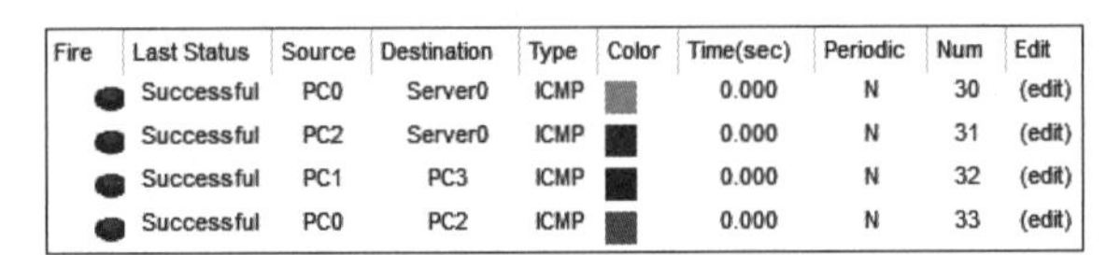

Fire	Last Status	Source	Destination	Type	Color	Time(sec)	Periodic	Num	Edit
●	Successful	PC0	Server0	ICMP	■	0.000	N	30	(edit)
●	Successful	PC2	Server0	ICMP	■	0.000	N	31	(edit)
●	Successful	PC1	PC3	ICMP	■	0.000	N	32	(edit)
●	Successful	PC0	PC2	ICMP	■	0.000	N	33	(edit)

图 6-7 Packet Tracer 发包测试

若 PC0 与 WWW 服务器连通性测试成功,则如图 6-8 所示。

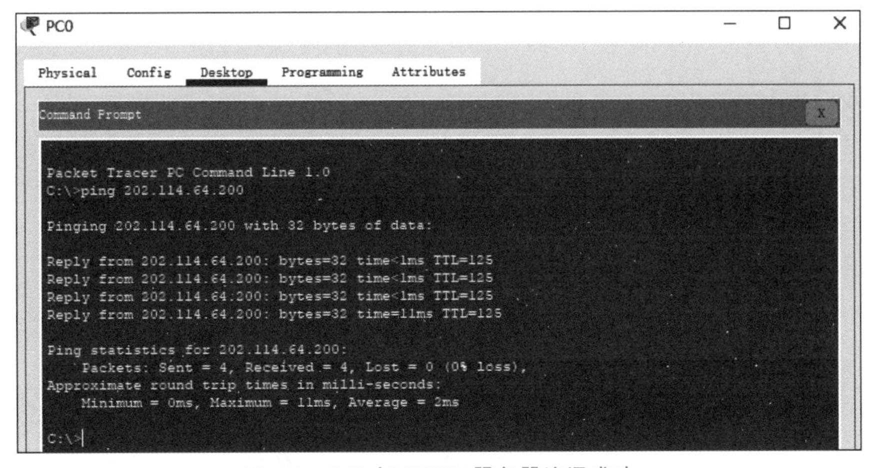

图 6-8 PC0 与 WWW 服务器连通成功

若 PC2 与 WWW 服务器连通性测试成功，则如图 6-9 所示。

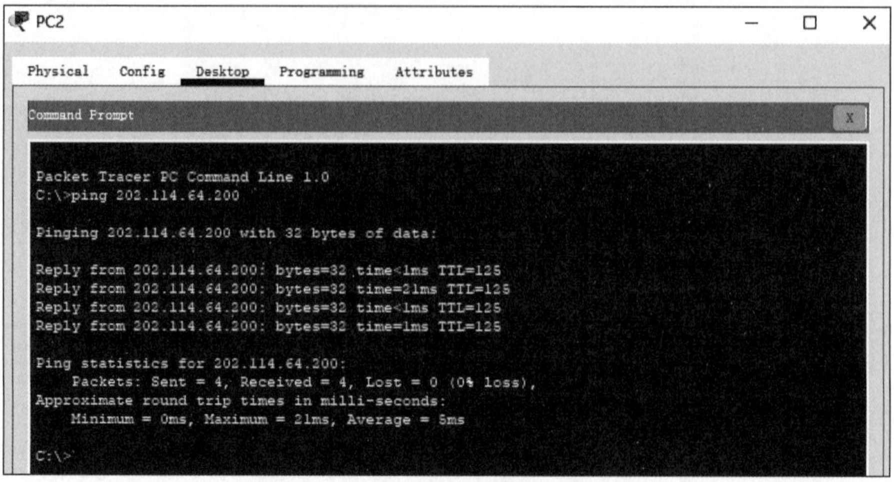

PC2
Physical
Config
Desktop
Programming
Attributes
Command Prompt
Packet Tracer PC Command Line 1.0
C:\>ping 202.114.64.200
Pinging 202.114.64.200 with 32 bytes of data:
Reply from 202.114.64.200: bytes=32 time<1ms TTL=125
Reply from 202.114.64.200: bytes=32 time=21ms TTL=125
Reply from 202.114.64.200: bytes=32 time<1ms TTL=125
Reply from 202.114.64.200: bytes=32 time=1ms TTL=125
Ping statistics for 202.114.64.200:
Packets: Sent = 4, Received = 4, Lost = 0 (0% loss),
Approximate round trip times in milli-seconds:
Minimum = 0ms, Maximum = 21ms, Average = 5ms
C:\>

图 6-9　PC2 与 WWW 服务器连通成功

若 PC1 与 PC3 连通性测试成功，则如图 6-10 所示。

PC1
Physical
Config
Desktop
Programming
Attributes
Command Prompt
Packet Tracer PC Command Line 1.0
C:\>ping 202.114.69.2
Pinging 202.114.69.2 with 32 bytes of data:
Reply from 202.114.69.2: bytes=32 time<1ms TTL=124
Reply from 202.114.69.2: bytes=32 time<1ms TTL=124
Reply from 202.114.69.2: bytes=32 time<1ms TTL=124
Reply from 202.114.69.2: bytes=32 time<1ms TTL=124
Ping statistics for 202.114.69.2:
Packets: Sent = 4, Received = 4, Lost = 0 (0% loss),
Approximate round trip times in milli-seconds:
Minimum = 0ms, Maximum = 0ms, Average = 0ms
C:\>

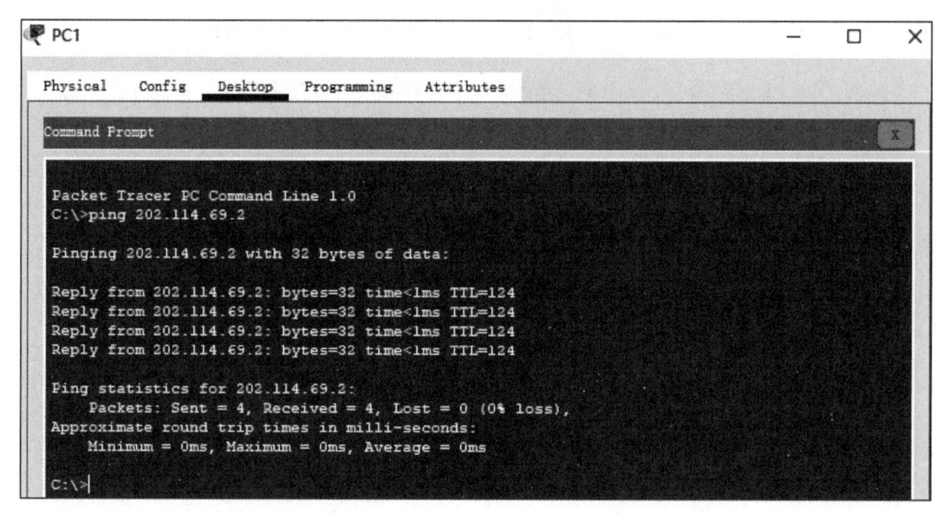

图 6-10　PC1 与 PC3 连通成功

6.5　实验思考题

1. OSPF 中的区域是什么意思？规划网络中的 OSPF 区域需要考虑哪些因素？
2. OSPF 和 RIP 两个协议有何异同？
3. 请思考三层交换机支持哪些路由协议？

实验 7　交换机的基本配置

7.1　实验目的和内容

1. 实验目的

(1) 了解交换机的外观指示灯和接口类型。

(2) 掌握交换机的基本配置命令。

(3) 掌握交换机的端口类型及端口相关操作。

2. 实验内容

(1) 了解交换机的指示灯、接口类型及功能。

(2) 按照指定的实验拓扑图正确连接网络设备。

(3) 配置 PC 的 IP 地址和子网掩码,并测试其连通性。

(4) 为交换机配置管理 IP 地址。

(5) 在交换机中设置 Telnet 功能。

(6) 设置交换机的端口双工状态、传输速率等参数。

(7) 查看交换机的相关信息。

7.2　实验原理

7.2.1　交换机的工作原理

交换机和集线器都是网络中经常使用的工具,它们外观相似,具有多个网络接口,以 IEEE 802.3 及其扩展标准来工作,都使用 CSMA/CD 来进行媒体接入,但二者在原理上有本质区别。简单地讲,交换机所能构建的网络称为交换式网络,每个端口的带宽都是独享的,端口间的通信也都可以同时进行,在全双工模式下所能提供的传输速率翻倍;而集线器所能构建的网络称为共享式网络,只能有两个端口(即接收端和发送端)可同时进行通信,所有的端口共享一个固定的带宽。

理解交换机结构最根本的是要理解"共享"和"交换"这两个概念。集线器采用"共享"(share)方式进行数据传输,而交换机采用"交换"(switch)方式进行数据传输。这两个概念可以比喻为车辆在道路的行驶方式,"共享"方式是往返车辆共同使用一个车道的单车道道路,而"交换"方式是往返车辆各使用一条车道的双车道道路。

每当交换机从一个网络节点接收到一个以太网帧时,其会立刻查询交换机内存中的端口号——MAC 地址对应表来确认此以太网帧的目的 MAC 的网卡具体位于哪个节点上,然后将该帧对该节点进行转发。如果地址表中没有对应的 MAC 地址表项,也就是说这是一个新的目的 MAC 地址,那么交换机就会对所有节点转发这个以太网帧。对应此目的 MAC 地址的网卡在接收到数据帧后立即对交换机进行应答,交换机收到应答后将目标节点的 MAC 地址添加到MAC地址对应表中。

7.2.2 命令行接口

Cisco2960系列以太网交换机向用户提供一系列配置命令和命令行接口,方便用户配置和管理以太网交换机。命令行接口特性如下:

- 通过Console口进行本地配置。
- 通过以太网端口,利用Telnet或SSH进行本地或远程登录配置。
- 通过Console口,利用Modem拨号进行远程配置。
- 配置命令分级保护,确保未授权用户无法侵入以太网交换机。
- 用户可以随时输入问号“?”以获得在线帮助。
- 提供网络测试命令,如tracert、ping等,迅速诊断网络是否正常。
- 提供种类丰富、内容详尽的调试信息,帮助诊断网络故障。
- 用telnet命令直接登录并管理其他以太网交换机。
- 提供FTP服务,方便用户上传或下载文件。
- 提供类似Doskey的功能,可以执行某条历史命令。
- 命令行解释器对关键字采取不完全匹配的搜索方法,用户只需输入无冲突关键字即可解释。

1. 命令行视图

Cisco2960系列以太网交换机的命令行采用分级保护方式,防止未授权用户的非法侵入。命令行分为用户模式、特权模式、全局配置模式、接口模式4个级别。

(1) 用户模式:按Enter键,首先进入的就是用户模式。在用户模式下,用户命令将受到限制,只能用来查看一些统计信息和执行网络诊断工具命令(ping、tracert)以及telnet命令等,该级别命令不允许进行配置文件的修改及保存操作。

(2) 特权模式:在用户模式下输入enable(简写为en)命令就可以进入特权模式,用户在该模式下可以查看并修改Cisco设备的配置。用于系统维护、业务故障诊断等,包括display、debugging命令,该级别命令不允许进行配置文件的修改及保存操作。

(3) 全局配置模式:在特权模式下输入configure terminal命令即可进入全局配置模式,用户在该模式下可修改交换机的全局配置,如修改主机名等。

(4) 接口模式:在全局配置模式下输入interface fastEthernet 0/0/1(简写为int fa0/0/1)就可以进入到接口模式,在这个模式下所做的配置都是针对fa0/0/1接口所设定的,如设定IP等。

不同级别的用户登录后,只能使用等于或低于自己级别的命令。

各命令行视图是针对不同的配置要求实现的,它们之间有联系又有区别。例如,与以太网交换机建立连接即进入用户视图,它只完成查看运行状态和统计信息的简单功能;再输入enable进入特权视图,在特权视图下,可以输入不同的命令进入相应的视图。

各命令视图的功能特性、进入各视图的命令等细则如表7-1所示。

2. 命令行在线帮助

命令行接口提供完全帮助和部分帮助等在线帮助。通过在线帮助能够获取到帮助信息。

表 7-1　命令视图功能特性列表

视　图	功　能	提　示　符	进入命令	退出命令
用户视图	查看交换机的简单运行状态和统计信息	Switch>	与交换机建立连接即进入	**quit** 断开与交换机连接
特权视图	配置系统参数	Switch#	在用户视图下输入 **enable**	**exit/disable** 返回用户视图
全局配置视图	修改交换机的全局配置	Switch(config)#	在特权视图下输入: **configure terminal**	**exit** 返回特权视图
以太网端口视图	配置以太网端口参数	Switch(config-if)#	在全局配置视图下输入: **interface fastEthernet** 0/1	**exit** 返回全局配置视图
VLAN 视图	配置 VLAN 参数	Switch(config-vlan)#	在全局配置视图下输入 **vlan** 1	**exit** 返回全局配置视图
以太网端口组视图	配置以太网端口组参数	Switch(config-if-range)#	在全局配置视图下输入: **interface range fastEthernet** 0/1 - 0/5	**exit** 返回全局配置视图
VLAN 接口视图	配置 VLAN 和 VLAN 汇聚对应的 IP 接口参数	Switch(config-if)#	在全局配置视图下输入: **interface vlan** 1	**exit** 返回全局配置视图
虚拟线程配置视图	配置终端虚拟线程	Switch(config-line)#	在全局配置视图下输入: **line vty** 0 4	**exit** 返回全局配置视图

在任一视图下，输入问号"?"获取该视图下所有的命令及其简单描述。

```
Switch>?
Exec commands:
connect          Open a terminal connection
disable          Turn off privileged commands
disconnect       Disconnect an existing network connection
enable           Turn on privileged commands
exit             Exit from the EXEC
logout           Exit from the EXEC
ping             Send echo messages
resume           Resume an active network connection
show             Show running system information
ssh              Open a secure shell client connection
telnet           Open a telnet connection
terminal         Set terminal line parameters
traceroute       Trace route to destination
```

输入一命令，后接以空格分隔的问号"?"，如果该位置为关键字，则列出全部关键字及其简单描述。

```
Switch>show ?
arp              Arp table
cdp              CDP information
clock            Display the system clock
crypto           Encryption module
dtp              DTP information
etherchannel     EtherChannel information
```

输入一命令，后接以空格分隔的问号"?"，如果该位置为参数，则列出有关的参数描述。

```
Switch>ping ?
WORD            Ping destination address or hostname
ipv6            IPv6 echo
Switch>ping 192.168.0.1 ?
<cr>
```

<cr>表示该位置无参数。在紧接着的下一个命令行，该命令会被复述，此时直接按回车键即可执行此命令。

输入一字符串，其后紧接问号"?"，列出以该字符串开头的所有命令。

```
Switch>p?
ping
```

输入一命令，后接一字符串紧接问号"?"，列出命令以该字符串开头的所有关键字。

```
Switch>display ver?
version
```

输入命令的某个关键字的前几个字母，按下 Tab 键，如果以输入字母开头的关键字唯一，则可以显示出完整的关键字。

3. 命令行显示特性

命令行接口提供了如下显示特性：

- 为方便用户，提示信息和帮助信息可以用中英文两种语言显示。
- 在一次显示信息超过一屏时，提供了暂停功能，这时用户可以有三种选择，如表 7-2 所示。

表 7-2　显示功能表

按键或命令	功　能
暂停显示时输入 Ctrl+C 键	停止显示和命令执行
暂停显示时输入空格键	继续显示下一屏信息
暂停显示时输入回车键	继续显示下一行信息

4. 命令行历史命令

命令行接口提供类似 Doskey 功能，将用户输入的历史命令自动保存，用户可以随时调用命令行接口保存的历史命令，并重复执行。命令行接口为每个用户默认保存 10 条历史命令。访问历史命令操作如表 7-3 所示。

表 7-3　访问历史命令

操　作	按　键	结　果
显示历史命令	**display history**	显示用户输入的历史命令
访问上一条历史命令	上光标键↑或 Ctrl+P 组合键	如果还有更早的历史命令，则取出上一条历史命令
访问下一条历史命令	下光标键↓或 Ctrl+N 组合键	如果还有更晚的历史命令，则取出下一条历史命令

5. 命令行错误信息

所有用户输入的命令，如果通过语法检查，则正确执行；否则，向用户报告错误信息。命令行常见错误信息参见表 7-4。

表 7-4 命令行常见错误信息表

英文错误信息	错误原因
Unrecognized command	没有查找到命令
	没有查找到关键字
	参数类型错
	参数值越界
Incomplete command	输入命令不完整
Too many parameters	输入参数太多
Ambiguous command	输入参数不明确

6. 命令行编辑特性

命令行接口提供了基本的命令编辑功能，支持多行编辑，每条命令的最大长度为256个字符，如表7-5所示。

表 7-5 编辑功能表

按键	功能
普通按键	若编辑缓冲区未满，则插入到当前光标位置，并向右移动光标
退格键 Backspace	删除光标位置的前一个字符，光标前移
左光标键←或 Ctrl+B 组合键	光标向左移动一个字符位置
右光标键→或 Ctrl+F 组合键	光标向右移动一个字符位置
上光标键↑或 Ctrl+P 组合键 下光标键↓或 Ctrl+N 组合键	显示历史命令
Tab 键	输入不完整的关键字后按 Tab 键，系统自动执行部分帮助：如果与之匹配的关键字唯一，则系统用此完整的关键字替代原输入并换行显示；对于命令字的参数、不匹配或者匹配的关键字不唯一的情况，系统不做任何修改，重新换行显示原输入

7.2.3 相关配置命令

1. 切换至特权视图

格式：

```
enable
```

功能：enable 命令用来使用户从用户视图进入特权视图。有些配置命令必须在特权视图下才能使用。

2. 从当前视图退回到较低级别视图

格式：

```
exit
```

功能：exit 命令用来使用户从当前视图退回到较低级别视图，如果当前视图是用户视图，则退出系统。视图由低到高分别为用户视图、特权视图、VLAN 视图、以太网端口视图。

3. 配置 AUX(即 Console)口属性

可以通过下面的命令配置 AUX(即 Console)口的属性,包括速率、流控方式、校验方式、停止位、数据位等。由于篇幅原因,这里只介绍如何设置传输速率和流控方式。注意,应在全局配置视图下输入 line console 0 进行下列配置。

(1) 配置 AUX(即 Console)口的传输速率,如表 7-6 所示。

表 7-6　配置 AUX(即 Console)口的传输速率

操　　作	命　　令
配置 AUX(即 Console)口的传输速率	**speed** *speed-value*
恢复 AUX(即 Console)口的传输速率为默认值	**no speed**

默认情况下,AUX(即 Console)口支持的传输速率为 9600b/s。

(2) 配置 AUX(即 Console)口的流控方式,如表 7-7 所示。

表 7-7　配置 AUX(即 Console)口的流控方式

操　　作	命　　令
配置 AUX(即 Console)口的流控方式	**flowcontrol** { **hardware** | **none** | **software** }
恢复 AUX(即 Console)口的流控方式为默认方式	**no flowcontrol**

默认情况下,AUX(即 Console)口的流控方式为 none,即不进行流控。

4. 显示端口配置信息

格式:

```
show interfaces [ interface_type | interface_type interface_num | interface_name ]
```

功能:用来显示端口的配置信息。在显示端口信息时,如果不指定端口类型和端口号,则显示交换机上所有的端口信息;如果仅指定端口类型,则显示该类型端口的所有端口信息;如果同时指定端口类型和端口号,则显示指定的端口信息。

5. 配置终端属性

可以通过下面的命令配置终端属性,包括超时断开设定和配置历史命令缓冲区大小。

(1) 设置用户超时断连功能,如表 7-8 所示。

表 7-8　设置用户超时断连功能

操　　作	命　　令
设置用户超时断连功能	**exec-timeout** *minutes* [*seconds*]
恢复用户超时断连为默认值	**no exec-timeout**

默认情况下,在所有的用户界面上启动了超时断连功能,时间为 10 分钟。也就是说,如果 10 分钟内某用户界面没有用户进行操作,则该用户界面将自动断开。exec-timeout 0 表示关闭超时中断连接功能。

(2) 设置历史命令缓冲区大小,如表 7-9 所示。

表 7-9 设置历史命令缓冲区大小

操 作	命 令
设置历史命令缓冲区大小	**terminal history** *value*

6. 用户管理

用户管理包括用户登录验证方式的设置、用户登录后可以访问的命令级别的设置等。

(1) 开启加密服务。

可以使用如表 7-10 所示的命令设置用户登录时是否需要进行验证,以防止非法用户的侵入。注意,应在全局配置视图下进行配置。

表 7-10 设置用户登录验证方式

操 作	命 令
开启加密服务	**services password-encryption**
关闭加密服务	**no services password-encryption**

默认情况下,Console 口用户登录不需要进行终端验证;而 Telnet 和 Modem 用户登录需要进行口令验证。

(2) 本地口令验证。

使用 password 命令,表示需要进行本地口令认证,此时需要使用如表 7-11 所示的命令配置口令后才能成功登录。注意,应在用户界面视图下进行配置。

表 7-11 设置本地验证的口令

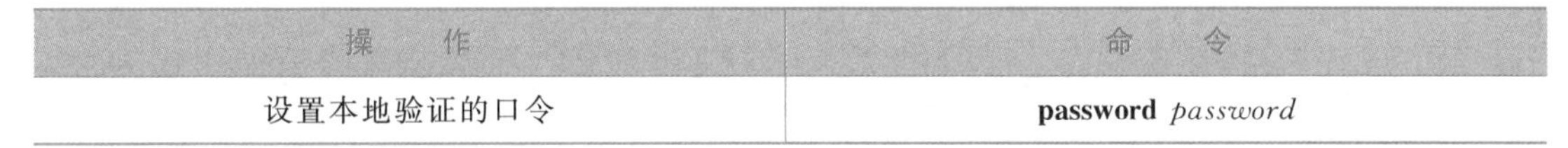

操 作	命 令
设置本地验证的口令	**password** *password*

例如,设置用户从 vty 0 登录时需要进行口令验证,且验证口令为 huawei,则可采用以下命令:

```
Switch(config)#line vty 0
Switch(config-line)#password huawei
```

7. 系统 IP 配置

系统 IP 配置包括以下几个:

- 创建/删除管理 VLAN 接口。
- 为管理 VLAN 接口指定/删除 IP 地址。
- 为管理 VLAN 接口指定描述字符。
- 打开/关闭管理 VLAN 接口。
- 配置主机名和对应的 IP 地址。

(1) 创建/删除管理 VLAN 接口。

注意,创建/删除管理 VLAN 接口应在系统视图下进行配置,如表 7-12 所示。

需要说明的是,在本配置任务之前要先创建对应 *vlan-id* 的 VLAN。但默认 VLAN 不需创建。

表 7-12　创建/删除管理 VLAN 接口

操　　作	命　　令
创建并进入管理 VLAN 接口视图	**interface vlan** *vlan-id*
删除管理 VLAN 接口	**no vlan** *vlan-id*

(2) 为管理 VLAN 接口指定/删除 IP 地址。

如果要对以太网交换机进行 Telnet、网管等远程管理，必须通过设置交换机的 IP 地址才能实现。Cisco2960 系列二层以太网交换机同时只能有一个 VLAN 对应的 VLAN 接口可以配置 IP 地址，而该 VLAN 即为管理 VLAN。

可以使用如表 7-13 所示的命令为管理 VLAN 接口指定 IP 地址，从而实现对以太网交换机进行 Telnet 等远程管理操作。

表 7-13　为管理 VLAN 接口指定/删除 IP 地址

操　　作	命　　令
配置管理 VLAN 接口 IP 地址	**ip address** *ip-address net-mask*
删除管理 VLAN 接口 IP 地址	**no ip address** [*ip-address* net-mask]

需要说明的是，默认情况下，管理 VLAN 接口无 IP 地址。

(3) 为管理 VLAN 接口指定描述字符。

可以使用如表 7-14 所示的命令来指定管理 VLAN 接口的描述字符。注意，应在 VLAN 接口视图下进行配置。

表 7-14　为管理 VLAN 接口指定描述字符

操作	命　　令
为管理 VLAN 接口指定一个描述字符串	**description** *string*
恢复管理 VLAN 接口的描述字符串为默认描述	**undo description**

(4) 打开/关闭管理 VLAN 接口。

当管理 VLAN 接口的相关参数及协议配置好之后，可以使用如表 7-15 所示的命令打开管理 VLAN 接口；如果不想管理 VLAN 接口起作用，则可以使用表 7-15 中的关闭命令关闭管理 VLAN 接口。注意，应在 VLAN 接口视图下进行配置。

表 7-15　打开或关闭管理 VLAN 接口

操　　作	命　　令
关闭管理 VLAN 接口	**shutdown**
打开管理 VLAN 接口	**no shutdown**

需要注意的是，打开/关闭管理 VLAN 接口的操作对属于该管理 VLAN 的以太网端口的打开/关闭状态没有影响。默认情况下，当管理 VLAN 接口对应 VLAN 下的所有以太网端口状态为 down 时，管理 VLAN 接口为 down 状态，即关闭状态；当管理 VLAN 接口对应 VLAN 下有一个或一个以上的以太网端口处于 up 状态，VLAN 接口处于 up 状态，即打开状态。

(5) 配置主机名和对应的 IP 地址。

用户可以使用本命令将主机名与主机 IP 地址相对应,当用户使用 Telnet 等应用时,可以直接使用主机名,由系统解析为 IP 地址,而不必使用难于记忆的 IP 地址。默认情况下,无主机名与主机 IP 地址对应。注意,应在系统视图下进行配置,如表 7-16 所示。

表 7-16 配置主机名和对应的 IP 地址

操　　作	命　　令
配置主机名和对应的 IP 地址	**ip host** *hostname ip-address*
取消主机名和对应的 IP 地址	**no ip host** *hostname* [*ip-address*]

(6) 系统 IP 显示和调试。

在完成上述配置后,在所有视图下执行 show 命令可以显示配置后系统的运行情况,可通过查看显示信息来验证配置的效果,如表 7-17 所示。

表 7-17 系统显示和调试

操　　作	命　　令
查看设备的 IP 接口信息	**show ip interface**
查看管理 VLAN 接口 IP 的相关信息	**show ip interface vlan** *vlan-id*
查看管理 VLAN 接口的相关信息	**show interface vlan** [*vlan_id*]
查看路由表摘要信息	**show ip route summary**
查看路由表详细信息	**show ip route**
查看指定目的地址的路由	**show ip routing-table** *ip-address* [*mask*] [**longer-match**] [**verbose**]
查看指定目的地址范围内的路由	**show ip routing-table** *ip_address*1 *mask*1 *ip_address*2 *mask*2 [**verbose**]
查看静态路由表	**show ip route static**
查看 RIP 路由表	**show ip route rip**
查看 OSPF 路由表	**show ip route ospf**

8. 以太网端口配置

(1) 进入以太网端口视图。

用户要配置以太网端口的相关参数,必须先使用如表 7-18 所示的命令进入以太网端口视图。

表 7-18 进入以太网端口视图

操　　作	命　　令
进入以太网端口视图	**interface**{ *interface_type interface_num* | *interface_name* }

说明: interface_type: 端口类型,取值为 Ethernet。

interface_num: 端口号,采用槽位编号/端口编号的格式。对于 S2116-SI、S2126-SI 以太网交换机,槽号取值范围为 0、1,槽号取 0 表示交换机提供的百兆以太网端口,端口号取值范围为1～16(S2116-SI)或1～24(S2126-SI)；槽号取1表示交换机扩展模板提供的以太网端口，端口号范围取决于模块上包含多少个端口。

interface_name：端口名，表示方法为interface_name＝interface_type interface_num。

(2) 打开/关闭以太网端口。

当端口的相关参数及协议配置好之后，可以使用如表7-19所示的命令打开端口；如果想使某端口不再转发数据，可以使用如表7-19所示的命令关闭端口。注意，应在以太网端口视图下进行配置。

表7-19　打开或关闭以太网端口

操　　作	命　　令
关闭以太网端口	**shutdown**
打开以太网端口	**no shutdown**

默认情况下，端口为打开状态。

(3) 对以太网端口进行描述。

可以使用如表7-20所示的命令设置端口的描述字符串，以区分各个端口。注意，应在以太网端口视图下进行配置。默认情况下，端口的描述字符串为空字符串。

表7-20　对以太网端口进行描述

操　　作	命　　令
设置以太网端口描述字符串	**description** *text*
删除以太网端口描述字符串	**no description**

(4) 设置以太网端口双工状态。

当希望端口在发送数据包的同时可以接收数据包，可以将端口设置为全双工属性；当希望端口同一时刻只能发送数据包或接收数据包时，可以将端口设置为半双工属性；当设置端口为自协商状态时，端口的双工状态由本端口和对端端口自动协商而定。设置以太网端口双工状态如表7-21所示。

表7-21　设置以太网端口双工状态

操　　作	命　　令
设置以太网端口的双工状态	**duplex** { **auto** | **full** | **half** }
恢复以太网端口的双工状态为默认值	**no duplex**

需要注意的是，百兆以太网电端口支持全双工、半双工或自协商工作模式，可以根据需要对其设置。百兆以太网光端口的工作模式由系统设置为全双工模式，不允许用户对其进行配置。默认情况下，端口的双工状态为auto(自协商)状态。

(5) 设置以太网端口速率。

可以使用如表7-22所示的命令对以太网端口的速率进行设置，当设置端口速率为自协商状态时，端口的速率由本端口和对端端口双方自动协商而定。注意，应在以太网端口视图下进行设置。

表 7-22 设置以太网端口速率

操　　作	命　　令
设置以太网端口的速率	**speed** { **10** | **100** | **1000** | **auto** }
恢复以太网端口的速率为默认值	**no speed**

需要注意的是，千兆以太网电端口支持10Mb/s、100Mb/s、1000Mb/s或自协商工作速率，可以根据需要对其进行设置。百兆以太网光端口的工作速率由系统设置为100Mb/s速率，不允许用户对其进行配置。默认情况下，以太网端口的速率处于auto(自协商)状态。

(6) 设置以太网端口广播风暴抑制比。

可以使用以下命令限制端口上允许通过的广播流量的大小，当广播流量超过用户设置的值后，系统将对广播流量进行丢弃处理，使广播所占的流量比例降低到合理的范围，从而有效地抑制广播风暴，避免网络拥塞，保证网络业务的正常运行。注意，应在以太网端口视图下进行配置，如表7-23所示。

表 7-23 设置以太网端口广播风暴抑制比

操　　作	命　　令
设置以太网端口的广播风暴抑制比例	**storm-control broadcast** *pct*
恢复以太网端口的广播风暴抑制比例为默认值	**no storm-control broadcast**

默认情况下，允许通过的广播流量为100%，即不对广播流量进行抑制。

(7) 设置以太网端口的链路类型。

以太网端口有三种链路类型：Access、Trunk、Hybrid。Access类型的端口只能属于一个VLAN，一般用于连接计算机的端口；Trunk类型的端口可以属于多个VLAN，可以接收和发送多个VLAN的报文，一般用于交换机之间连接的端口；Hybrid类型的端口可以属于多个VLAN，可以接收和发送多个VLAN的报文，可以用于交换机之间连接，也可以用于连接用户的计算机。Hybrid端口和Trunk端口的不同之处在于Hybrid端口可以允许多个VLAN的报文发送时不打标签，而Trunk端口只允许默认VLAN的报文发送时不打标签。设置以太网端口的链路类型如表7-24所示。

表 7-24 设置以太网端口的链路类型

操　　作	命　　令
设置端口为Access端口	**switchport mode access**
设置端口为Hybrid端口	**switchport mode dynamic**
设置端口为Trunk端口	**switchport mode trunk**
恢复端口的链路类型为默认的Access端口	**no switchport mode**

三种类型的端口可以共存在一台以太网交换机上，但Trunk端口和Dynamic端口之间不能直接切换，只能先设为Access端口，再设置为其他类型端口。例如，Trunk端口不能直接被设置为Dynamic端口，只能先设为Access端口，再设置为Dynamic端口。默认情况下，端口为Access端口。

7.3　实验环境与设备

每组实验设备：Cisco2960 系列交换机一台，PC 一台（Windows 操作系统/超级终端软件），网线一根，Console 口配置电缆线一根。

本实验拓扑如图 7-1 所示。

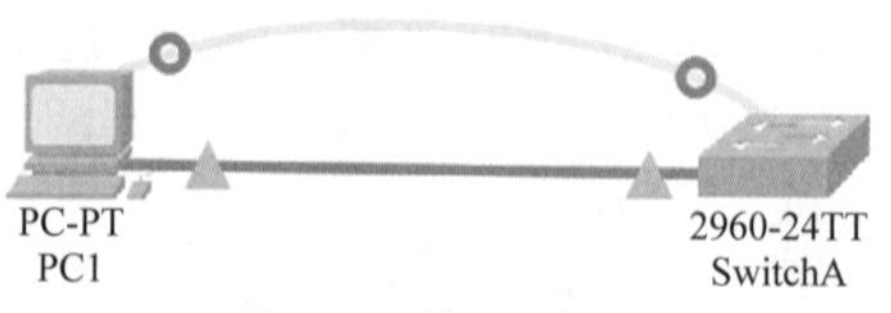

图 7-1　实验拓扑图

PC1 的 IP 地址设置为 IP = 192.168.1.11/24。

7.4　实验步骤

实验步骤如下：

(1) 认识交换机前面板各指示灯含义、后面板各接口类型。图 7-2～图 7-4 分别为 Cisco2960-24TT 交换机的前面板、前面板接口和后面板的外观图。

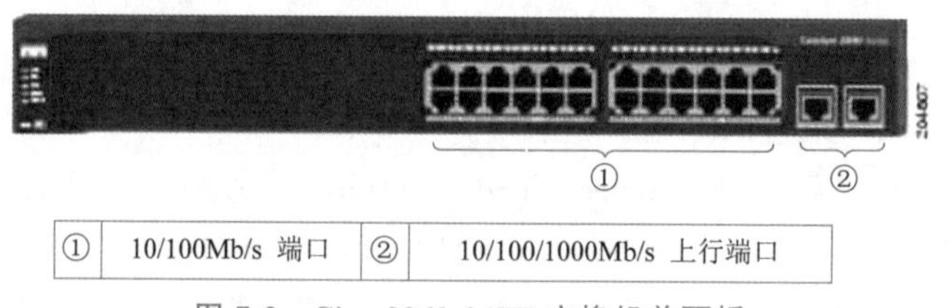

①	10/100Mb/s 端口	②	10/100/1000Mb/s 上行端口

图 7-2　Cisco2960-24TT 交换机前面板

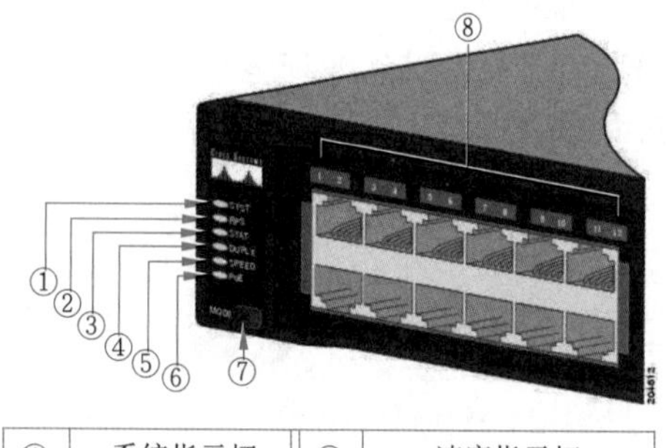

①	系统指示灯	⑤	速度指示灯
②	RPS 指示灯	⑥	电源指示灯
③	状态指示灯	⑦	模式按钮
④	双工指示灯	⑧	端口 LED

图 7-3　Cisco2960-24TT 交换机前面板接口

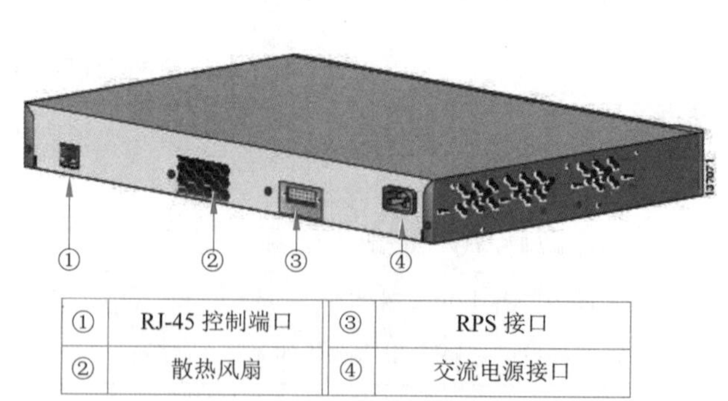

①	RJ-45 控制端口	③	RPS 接口
②	散热风扇	④	交流电源接口

图 7-4　Cisco2960-24TT 交换机后面板

(2) 按照实验拓扑图连接交换机和计算机，PC1 除了通过网线与交换机普通端口相连外，其串口还与交换机 A 的 Console 口通过配置口电缆线连接，用来配置交换机。注意，连接时的接口类型、线缆类型，尽量避免带电插拔电缆。

(3) 设置主机 PC1 的 IP 地址和子网掩码。

(4) 通过超级终端与交换机 A 建立连接。

① 在配置终端建立新的连接。

使用 PC1 对交换机进行配置，需要在其上运行终端仿真程序（如超级终端等），建立新的连接，如图 7-5 所示。用户需要在窗口中输入新连接的名称。

② 设置终端参数。

a. 选择连接端口，如图 7-6 所示，在“连接时使用”一栏中选择连接的串口，注意选择的串口应该与配置电缆实际连接的串口一致。

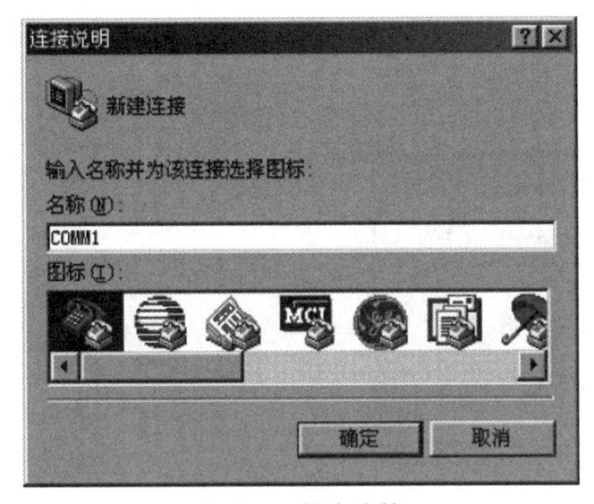

图 7-5 新建连接

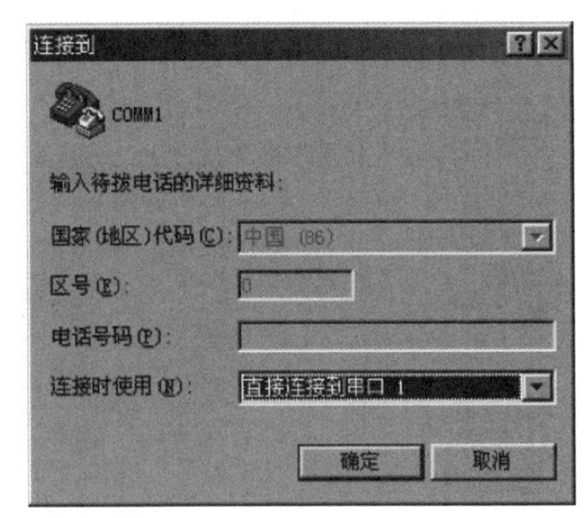

图 7-6 选择连接端口

b. 设置串口参数。在串口的属性对话框中设置波特率为 9600，数据位为 8，奇偶校验为无，停止位为 1，流量控制为无，如图 7-7 所示。

c. 配置超级终端属性。在超级终端中选择“属性/设置”项，打开如图 7-8 所示的属性设置窗口，选择终端仿真类型为 VT100 或自动检测，单击“确定”按钮，返回超级终端窗口。

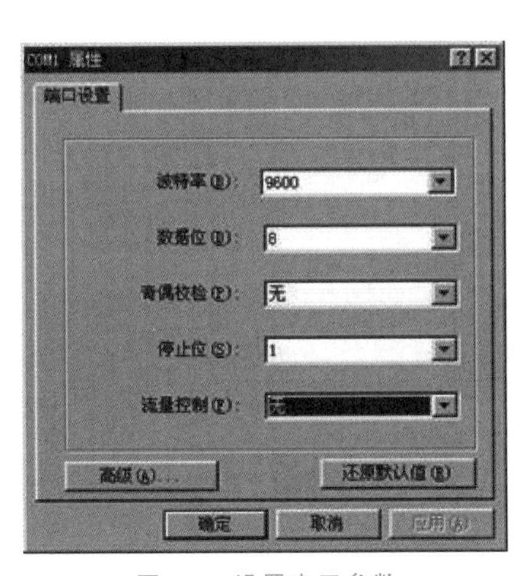

图 7-7 设置串口参数

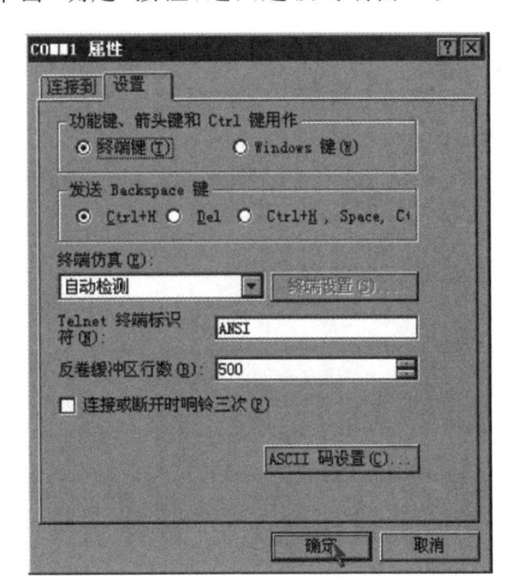

图 7-8 设置终端类型

d. 给以太网交换机上电，终端上显示交换机自检信息，自检结束后提示用户按回车键，之后将出现命令行提示符（如 Switch>）。

e. 如下为交换机 A 配置管理 IP。

```
Switch>enable
Switch#configure terminal
Switch(config)#interface vlan 1
Switch(config-if)#ip address 192.168.1.254 255.255.255.0
Switch(config-if)#no shutdown
Switch(config-if)#exit
```

f. 如下打开交换机 A 的 Telnet 功能。

```
Switch(config)#line vty 0 4
Switch(config-line)#password davidwu
Switch(config-line)#privilege level 3
```

(5) 在 PC1 上测试 Telnet 到网络设备交换机,如图 7-9 所示。

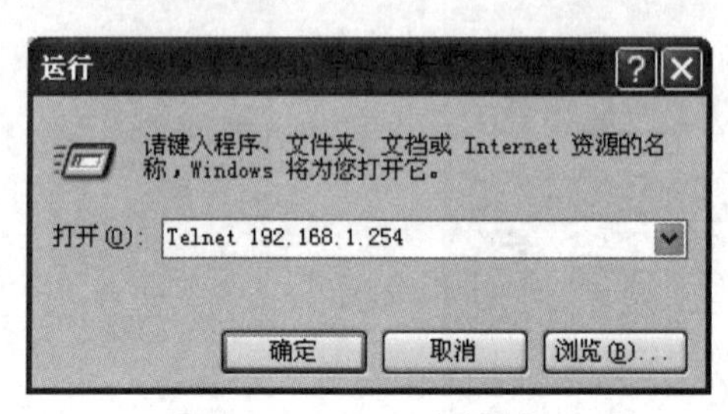

图 7-9 Telnet 到交换机

(6) 设置交换机 A 端口 FastEthernet0/1 的双工状态为全双工,端口速率 100Mb/s。

```
Switch(config)#interface fastEthernet 0/1
Switch(config-if)#duplex full              //配置端口双工工作状态
                                           //需同时设置主机网口为全双工
Switch(config-if)#speed 100                //配置端口工作速率
```

(7) 设置交换机 A 端口 FastEthernet0/1 为 trunk 类型。

```
Switch(config-if)#switchport mode trunk              //设置端口工作模式
```

(8) 关闭交换机 A 端口 FastEthernet0/1。

```
Switch(config-if)#shutdown                 //关闭端口
```

(9) 更改交换机名称。

```
Switch(config)#hostname davidwu
```

(10) 查看交换机版本信息、配置信息和端口信息。

```
davidwu#show version                       //显示版本信息
davidwu#show running-config                //显示当前配置
davidwu#show interfaces                    //显示端口信息
```

7.5 实验思考题

1. 如何为交换机设置管理 IP? 设置管理 IP 的目的是什么?
2. 通过 Console 口对交换机进行管理应该如何连接?
3. 以太网端口有哪些链路状态? 如何设置?

实验 8 虚拟局域网的配置

8.1 实验目的和内容

1. 实验目的

(1) 了解交换机 VLAN 工作原理。

(2) 掌握利用交换机来划分 VLAN 的方法。

2. 实验内容

(1) 按照指定的实验拓扑图,正确连接网络设备。

(2) 配置 PC 的 IP 地址和子网掩码,并测试其连通性。

(3) 在交换机上按照端口划分 VLAN。

(4) 在交换机之间配置 Trunk 链路。

8.2 实验原理

8.2.1 VLAN 工作原理

随着网络规模的增大、用户的增多,网络发展速度也越来越快,虚拟局域网(VLAN)技术应运而生。它允许将整个的、大规模网络划分为零散的、小规模的虚拟网段,这可以增强网络的安全性,同时使得网络更易于管理,也可以控制不必要的信息传递。在共享网络中,每一个单独的物理网段自成一个广播域;而在交换网络中,广播域可以由任意的一组第二层网络地址(MAC 地址)组成,称为虚拟网段。使用此技术后,对于网络组的划分不再受到地理位置的限制,可以完全根据实际需求进行划分。这种基于工作流的分组模式可以显著提高网络规划和重组管理的能力。对相同的 VLAN 网段中的设备来说,无论它们实际连接于哪些物理网络,它们之间的信息交换就像在同一个实际网段中一样。相同的 VLAN 中的数据传输只有 VLAN 中的成员才可以接收到,而不会被转发到其他 VLAN 中去,这样可以有效避免不必要的广播风暴。不同的 VLAN 之间不能在没有路由器的情况下交换数据,这也增加了不同工作部门之间的安全性。若在不同的 VLAN 之间实现信息传送,就需要管理员为 VLAN 之间配置可用的路由。VLAN 可以根据 MAC 地址来划分虚拟网段,所以用户无须关心具体接入到哪个交换机,就可以在自己所属网段中自由通信。

目前 VLAN 的划分主要有以下几种方法:基于端口划分、基于 MAC 地址划分、基于网络层协议划分、根据 IP 组播划分、按策略划分以及按用户定义划分等。本实验采用基于端口的方式来划分 VLAN。

交换机 Trunk 的基本概念:在路由/交换领域,VLAN 的中继端口称为 Trunk,它使得交换机之间可以让不同的 VLAN 通过共享链路与其他交换机中的相同 VLAN 通信;交换机之间互连的端口如果需要传输多个不同 VLAN 帧,则应配置为 Trunk 端口。

8.2.2 相关配置命令

1. 开启/关闭设备 VLAN 特性

格式：

```
vlan vlan_id
```

功能：vlan 命令用来进入 VLAN 视图，如果指定的 VLAN 不存在，则该命令先完成 VLAN 的创建，然后再进入该 VLAN 的视图。

vlan_id：指定要进入的或者要创建并进入的 VLAN 的 VLAN ID，其取值范围为 1～4094。

2. 查看 VLAN 视图

格式：

```
show vlan [ id vlan-id ]
```

功能：显示 VLAN 的成员端口等信息。如果指定 vlan_id，则显示指定 VLAN 的相关信息，包括 VLAN ID、VLAN 类型(动态还是静态)、VLAN 的描述信息以及 VLAN 包含的端口等；如果不指定参数，则显示 VLAN 特性是否开启以及系统已创建的所有 VLAN 列表。

vlan_id：指定要查看的 VLAN 的 VLAN ID。

3. 删除 VLAN

格式：

```
no vlan vlan_id
```

功能：no vlan 命令用来删除 VLAN。需要注意的是，默认的 VLAN(VLAN 1)不能删除。

4. 选择以太网接口并进入配置模式

格式：

```
interface gigabitEthernet [ mod-num/port-num ]
```

功能：interface 命令用来选择以太网接口，并进入接口配置模式。*mod-num/port-num* 是模块号/模块上的端口号，其取值范围由设备和扩展模块共同决定。

5. 查看指定以太网接口的配置信息

格式：

```
show interface [ interface-id ][counters | description | status | switchport | trunk ]
```

功能：查看接口设置和统计信息。默认显示所有信息，interface-id 接口(包括以太网接口、aggregateport 接口和 SVI 接口)；counters 显示接口的统计信息；description 显示接口的描述信息，包括 link 状态；status 查看二层接口的各种状态信息，包括传输速率、是否全双工等；switchport 显示二层接口信息，只对二层接口有效；trunk 显示 trunking port 信息，对以太网接口和 aggregateport 接口有效。

6. 配置多个以太网接口

格式：

```
interface range [ port-range ]
```

功能：*port-range* 指定若干接口范围段，每个接口范围段包括一定范围的接口。每个接口范围段使用逗号隔开。用户可以使用该命令同时配置多个接口。配置的属性和配置单个接口完全相同。当进入 interface range 配置模式时，此时所能设置的属性针对所选范围内的接口使用。

7. 向 VLAN 中添加/删除接口

格式：

```
switchport access vlan [ vlan-id ]
no switchport access vlan
```

功能：使用该命令将一个端口设置为 statics accessport，并将它指派为一个 VLAN 的成员端口。使用该命令的 no 选项将该端口指派到默认的 VLAN 中。switch port 默认模式为 access，默认的 VLAN 为 VLAN 1。当输入一个 VLAN ID，如果输入的是一个新的 VLAN ID，则交换机会创建一个 VLAN，并将该端口设置为该 VLAN 的成员；如果输入的是已经存在的 VLAN ID，则增加 VLAN 的成员端口。如果该端口是一个 trunkport，则该操作将没有任何作用。

8. 设置接口的 IP 地址

格式：

```
ip address ip-address mask
no ip address
```

功能：接口默认没有设置 IP 地址，该命令用于为接口设置 IP 地址及子网掩码。

9. 更改二层接口模式

格式：

```
switchport mode { access | trunk }
no switchport mode
```

功能：switchport 默认模式为 Access。如果一个 switchport 的模式是 Access，则该接口只能成为一个 VLAN 的成员。可以使用 switchport access vlan 命令指定该接口是哪一个 VLAN 的成员。如果一个 switchport 的模式是 Trunk，则该接口可以是多个 VLAN 的成员。该接口可以属于哪些 VLAN，由该接口的许可 VLAN 列表决定。可以使用 switchport trunk 命令来定义接口的许可 VLAN 列表。

10. VLAN 描述

格式：

```
description string
undo description
```

功能：description 命令用来给当前 VLAN 一个文字描述，undo description 命令用来恢复指定 VLAN 的描述字符串为默认描述。

参数 string：当前 VLAN 的描述字符串，长度范围为 1～32 字符。VLAN 默认描述字符串为该 VLAN 的 VLAN ID，例如“VLAN 0001”。

8.3 实验环境与设备

本次实验可使用 Cisco Packet Tracer 8 或 CII 云教学领航中心配套设备和实验平台，也可在其他实际网络设备和 PC 上操作。本次实验使用 Cisco Packet Tracer 进行实验。

在本次实验中，使用 3 台交换机和 6 台 PC 搭建网络，按要求配置 IP 地址和 VLAN，使得处于同一 VLAN 下的 PC 可以通信，而属于不同 VLAN 下的 PC 不能通信。

虚拟局域网的配置实验拓扑如图 8-1 所示。

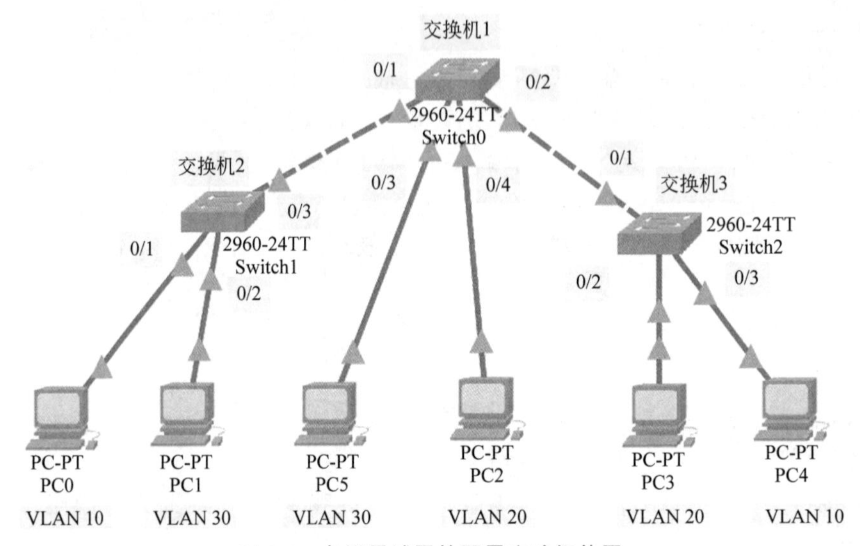

图 8-1　虚拟局域网的配置实验拓扑图

IP 地址设置如下：

```
PC0 IP =202.114.70.1/24
PC1 IP =202.114.70.2/24
PC2 IP =202.114.70.3/24
PC3 IP =202.114.70.4/24
PC4 IP =202.114.70.5/24
PC5 IP =202.114.70.6/24
```

本实验所用设备如表 8-1 所示。

表 8-1　虚拟局域网配置实验设备表

设备类型	设备型号	数　量	备　注
交换机	2960-24TT	3	
计算机	PC-PT	6	

8.4 实验步骤

虚拟局域网的配置实验步骤如下：

(1) 按照虚拟局域网的配置实验拓扑图连接交换机和 PC 机。注意，连接时的接口类型、线缆类型，尽量避免带电插拔电缆。

(2) 分别设置6台主机的IP地址和子网掩码。

(3) 用ping命令测试6台主机的连通性，结果应为6台主机之间互相都可以ping通，如图8-2所示。

```
C:\>ping 202.114.70.6

Pinging 202.114.70.6 with 32 bytes of data:

Reply from 202.114.70.6: bytes=32 time<1ms TTL=128
Reply from 202.114.70.6: bytes=32 time=1ms TTL=128
Reply from 202.114.70.6: bytes=32 time=1ms TTL=128
Reply from 202.114.70.6: bytes=32 time<1ms TTL=128

Ping statistics for 202.114.70.6:
    Packets: Sent = 4, Received = 4, Lost = 0 (0% loss),
Approximate round trip times in milli-seconds:
    Minimum = 0ms, Maximum = 1ms, Average = 0ms
```

图8-2 无VLAN配置下PC1和PC2连通成功图

(4) 分别配置3台交换机。首先配置交换机的每个接口能够访问的VLAN，随后配置交换机之间互联端口的trunk mode。

下面是交换机2的配置示例：

```
1. Switch>
2. Switch>en
3. Switch# conf t
4. Switch(config)#vlan 10 //划分 vlan 10
5. Switch(config-vlan)#exit
6. Switch(config)#vlan 30 //划分 vlan 30
7. Switch(config-vlan)#exit
8. Switch(config)#interface fa0/1
9. Switch(config-if)#switchport access vlan 10 //将 fa0/1 划分到 VLAN 10
10. Switch(config-if)#exit
11. Switch(config)#interface fa0/2
12. Switch(config-if)#switchport access vlan 30 //将 fa0/2 划分到 VLAN 30
13. Switch(config-if)#interface fa0/3
14. Switch(config-if)#switchport mode trunk //将 fa0/3 设置为 trunk 模式
```

其他交换机的配置同理。

查看VLAN配置，如图8-3所示。

```
IOS Command Line Interface
Switch>show vlan

VLAN Name                             Status    Ports
---- -------------------------------- --------- -------------------------------
1    default                          active    Fa0/4, Fa0/5, Fa0/6, Fa0/7
                                                Fa0/8, Fa0/9, Fa0/10, Fa0/11
                                                Fa0/12, Fa0/13, Fa0/14, Fa0/15
                                                Fa0/16, Fa0/17, Fa0/18, Fa0/19
                                                Fa0/20, Fa0/21, Fa0/22, Fa0/23
                                                Fa0/24, Gig0/1, Gig0/2
10   VLAN0010                         active    Fa0/1
30   VLAN0030                         active    Fa0/2
1002 fddi-default                     active
1003 token-ring-default               active
1004 fddinet-default                  active
1005 trnet-default                    active
```

图8-3 交换机2的VLAN配置信息

(5) 测试主机之间的连通性。结果应为处于同一个VLAN的主机可以互相ping通(见

图 8-4 和图 8-5),处于不同 VLAN 的主机都不能 ping 通(见图 8-6)。Packet Tracer 发包测试如图 8-7 所示。

```
C:\>ipconfig

FastEthernet0 Connection:(default port)

   Connection-specific DNS Suffix..:
   Link-local IPv6 Address.........: FE80::201:43FF:FE98:396
   IPv6 Address....................: ::
   IPv4 Address....................: 202.114.70.2
   Subnet Mask.....................: 255.255.255.0
   Default Gateway.................: ::
                                     0.0.0.0

Bluetooth Connection:

   Connection-specific DNS Suffix..:
   Link-local IPv6 Address.........: ::
   IPv6 Address....................: ::
   IPv4 Address....................: 0.0.0.0
   Subnet Mask.....................: 0.0.0.0
   Default Gateway.................: ::
                                     0.0.0.0

C:\>ping 202.114.70.6

Pinging 202.114.70.6 with 32 bytes of data:

Reply from 202.114.70.6: bytes=32 time=10ms TTL=128
Reply from 202.114.70.6: bytes=32 time<1ms TTL=128
Reply from 202.114.70.6: bytes=32 time<1ms TTL=128
Reply from 202.114.70.6: bytes=32 time<1ms TTL=128

Ping statistics for 202.114.70.6:
    Packets: Sent = 4, Received = 4, Lost = 0 (0% loss),
Approximate round trip times in milli-seconds:
    Minimum = 0ms, Maximum = 10ms, Average = 2ms
```

图 8-4 VLAN 配置下 PC1 和 PC5 连通成功

```
C:\>ipconfig

FastEthernet0 Connection:(default port)

   Connection-specific DNS Suffix..:
   Link-local IPv6 Address.........: FE80::2E0:B0FF:FEB2:234A
   IPv6 Address....................: ::
   IPv4 Address....................: 202.114.70.3
   Subnet Mask.....................: 255.255.255.0
   Default Gateway.................: ::
                                     0.0.0.0

Bluetooth Connection:

   Connection-specific DNS Suffix..:
   Link-local IPv6 Address.........: ::
   IPv6 Address....................: ::
   IPv4 Address....................: 0.0.0.0
   Subnet Mask.....................: 0.0.0.0
   Default Gateway.................: ::
                                     0.0.0.0

C:\>ping 202.114.70.4

Pinging 202.114.70.4 with 32 bytes of data:

Reply from 202.114.70.4: bytes=32 time<1ms TTL=128
Reply from 202.114.70.4: bytes=32 time=10ms TTL=128
Reply from 202.114.70.4: bytes=32 time=14ms TTL=128
Reply from 202.114.70.4: bytes=32 time<1ms TTL=128

Ping statistics for 202.114.70.4:
    Packets: Sent = 4, Received = 4, Lost = 0 (0% loss),
Approximate round trip times in milli-seconds:
    Minimum = 0ms, Maximum = 14ms, Average = 6ms
```

图 8-5 VLAN 配置下 PC2 和 PC3 连通成功

```
C:\>ipconfig

FastEthernet0 Connection:(default port)

   Connection-specific DNS Suffix..:
   Link-local IPv6 Address.........: FE80::201:43FF:FE98:396
   IPv6 Address....................: ::
   IPv4 Address....................: 202.114.70.2
   Subnet Mask.....................: 255.255.255.0
   Default Gateway.................: ::
                                     0.0.0.0

Bluetooth Connection:

   Connection-specific DNS Suffix..:
   Link-local IPv6 Address.........: ::
   IPv6 Address....................: ::
   IPv4 Address....................: 0.0.0.0
   Subnet Mask.....................: 0.0.0.0
   Default Gateway.................: ::
                                     0.0.0.0

C:\>ping 202.114.70.3

Pinging 202.114.70.3 with 32 bytes of data:

Request timed out.
Request timed out.
Request timed out.
Request timed out.

Ping statistics for 202.114.70.3:
    Packets: Sent = 4, Received = 0, Lost = 4 (100% loss),
```

图 8-6　VLAN 配置下 PC1 和 PC2 连通失败

Fire	Last Status	Source	Destination	Type	Color	Time(sec)	Periodic	Num
●	Successful	PC1	PC5	ICMP	■	0.000	N	7
●	Failed	PC1	PC2	ICMP	■	0.000	N	8
●	Successful	PC2	PC3	ICMP	■	0.000	N	9

图 8-7　Packet Tracer 发包测试

8.5　实验思考题

1. 没有被手动划分在任何 VLAN 中的端口，默认属于哪个 VLAN？
2. 如何实现不同 VLAN 之间的通信？

实验9　VLAN 间路由

9.1　实验目的和内容

1. 实验目的

(1) 了解交换机 VLAN 工作原理和实现方案。

(2) 掌握交换机 Trunk 链路的配置方法。

(3) 掌握 VLAN 间路由的配置方法。

2. 实验内容

(1) 按照指定的实验拓扑图,正确连接网络设备。

(2) 配置 PC 的 IP 地址和子网掩码,并测试其连通性。

(3) 学习使用命令行配置锐捷交换机。

(4) 在交换机上按照端口划分 VLAN。

(5) 在交换机之间配置 Trunk 链路。

(6) 在三层交换机配置路由,并测试机器连通性。

9.2　实验原理

9.2.1　VLAN 的实现方案

VLAN(虚拟局域网)可以看作在一个物理局域网络上构建出几个逻辑上分离的局域网。举个例子来说,如果一个交换机划分为两个 VLAN,则相当于这台交换机逻辑上划分为两台交换机。

使用 VLAN 可以带来如下好处。

- 更安全: 数据包仅在本 VLAN 内传递。
- 更高效: 泛洪转发仅在本 VLAN 内复制。
- 更方便: 不改变物理组网的情况下,可以灵活进行逻辑网络的变更。

如何使网络设备能够区分不同 VLAN 的报文? 这就需要在报文中添加一个标识 VLAN 身份的字段。由于交换机大都在 OSI 模型的数据链路层工作,它们只能识别数据链路层的封装,所以这些字段同样需要添加到数据链路层的封装中。

IEEE 在 1999 年颁布了 IEEE 802.1Q 协议标准草案,它用来标准化 VLAN 的具体实现方案和细节。其中,对带有 VLAN 标识的报文结构进行了统一规定。

- 无 VLAN 的传统以太网数据帧格式: 目的 MAC 地址和源 MAC 地址之后封装的是上层协议的类型字段。
- DA 表示目的 MAC 地址。
- SA 表示源 MAC 地址。

- Type 表示报文所属协议类型。

IEEE 802.1Q 协议规定在目的 MAC 地址和源 MAC 地址之后封装 4 字节的 VLAN Tag 来标识 VLAN 的相关信息。VLAN Tag 包含 4 个字段，分别是 TPID（Tag Protocol Identifier，标签协议标识符）、Priority、CFI（Canonical Format Indicator，标准格式指示位）和 VLAN ID。

- TPID 用来判断本数据帧是否带有 VLAN Tag，长度为 16b，默认取值为 0x8100。
- Priority 表示报文的 802.1P 优先级，长度为 3b。
- CFI 字段标识 MAC 地址在不同的传输介质中是否以标准格式进行封装，长度为 1b，若取值为 0 则表示 MAC 地址以标准格式进行封装，若取值为 1 则表示以非标准格式封装，默认取值为 0。
- VLAN ID 标识该报文所属 VLAN 的编号，长度为 12b，取值范围为 0～4095。由于 0 和 4095 为协议保留取值，所以 VLAN ID 的取值范围为 1～4094。
- 网络设备利用 VLAN ID 来识别报文所属的 VLAN，根据报文是否携带 VLAN Tag 以及携带的 VLAN Tag 值，来对报文进行处理。

支持 VLAN Tag 信息的二层报文如图 9-1 所示。

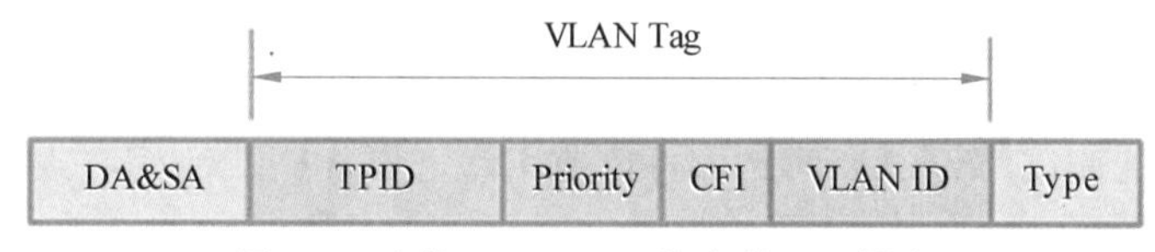

图 9-1 支持 VLAN Tag 信息的二层报文

9.2.2 Trunk 模式详解

Trunk 是交换机端口的一种类型，一般用于交换机与交换机之间，该类型端口允许多个 VLAN 的报文通过。该端口所在的链路上的报文需要有 VLAN Tag。换言之，除默认 VLAN 外其他 VLAN 报文都需要有 VLAN Tag。

为了解决 Access 端口只能一对一连接不同的 VLAN 这一问题，提出了 Trunk 端口的概念，Trunk 端口允许接收和发送多个 VLAN 的报文，这些报文都打上 VLAN Tag，用来标示每一个报文具体属于哪个 VLAN。这样，交换机之间只需要一个 Trunk 链路就可以将多个 VLAN 连接起来，如图 9-2 所示。

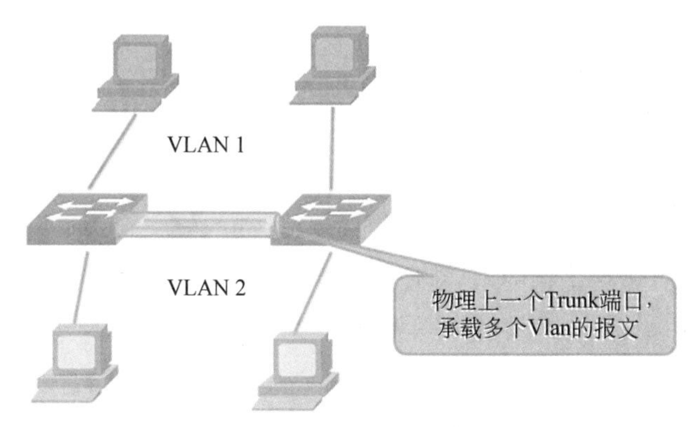

图 9-2 Trunk 链路示意图

1. Trunk 端口收报文

(1) Trunk 端口收到一个报文,判断是否有 VLAN 信息。

(2) 如果报文中没有 VLAN Tag,则打上端口的 PVID,并进行交换转发。

(3) 如果报文中有 VLAN Tag,进一步判断 Trunk 端口是否允许该 VLAN 的数据进入:如果可以,则转发;否则,丢弃。

2. Trunk 端口发报文

(1) 比较端口的 PVID 和将要发送报文的 VLAN 信息。

(2) 如果两者相等,则剥离 VLAN 信息后再发送。

(3) 如果不相等,则直接发送。

9.3 实验环境与设备

本实验使用 Cisco 的网络模拟和虚拟化工具 Packet Tracer,或者 CII 云教学领航中心作为实验平台。后者虽然是锐捷交换机平台,但在本实验中其交换机所使用的命令与 Cisco 平台基本一致,实验人员可以根据具体条件选择使用不同的平台。

实验环境可以考虑使用多台二层交换机(Cisco WS-C2960-24TT-L 或锐捷 RG-S2910-24GT4XS-E)和多台三层交换机(Cisco WS-C3560-24PS-E 或锐捷 RG-S3510-24GT4XS)配置 Trunk 链路进行互通测试。VLAN 间路由可以使用路由器,也可以使用三层交换机。

9.3.1 实验设备

实验设备:Cisco C2960 或锐捷 S2910 系列二层交换机两台;Cisco C3560 或锐捷 S3510 系列三层交换机一台;PC 机 4 台(Windows 操作系统);直通线 4 根,交叉线 2 根。

9.3.2 实验拓扑

VLAN 间路由实验拓扑如图 9-3 所示。

IP 地址设置如下:

```
PC0  IP =192.168.0.1/24      PC1 IP =192.168.0.2/24
PC2  IP =192.168.1.1/24      PC3 IP =192.168.1.2/24
```

后续设定 PC0 与 PC1 同属于相同的 VLAN 10,PC2 与 PC3 同属于相同的 VLAN 20。

9.4 实验步骤

本实验步骤如下:

(1) 按照实验拓扑图连接交换机和 PC。注意连接时的接口类型、线缆类型,尽量避免带电插拔电缆。分别设置 4 台主机的 IP 地址和子网掩码。配置主机 IP 如图 9-4 所示。

(2) 分别设置两个虚拟局域网 VLAN 10 和 VLAN 20,也可以使用 Packet Tracer 的 GUI 便捷设置。

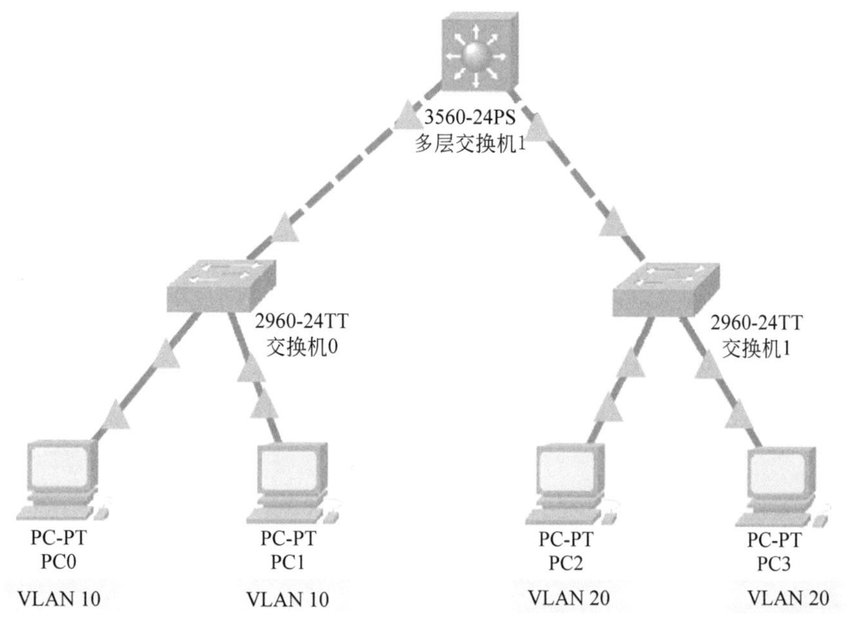

图 9-3 VLAN 间路由实验拓扑图

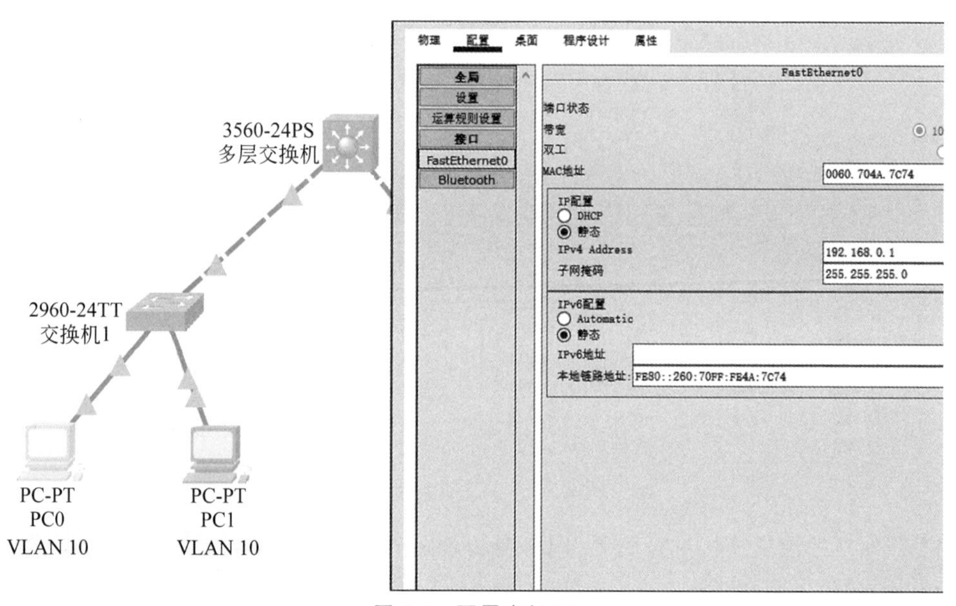

图 9-4 配置主机 IP

```
1. #1.进入 config 模式
2. L2-SW-0>enable
3. L2-SW-0#configure terminal
4. #2.创建 vlan 10 以及 20
5. L2-SW-0(config)#vlan 10 name VLAN10
6. L2-SW-0(config-vlan)#exit
7. #在二层交换机上将端口划分到相应 VLAN
8. L2-SW-0(config)#interface FastEthernet 0/1
9. L2-SW-0(config-if)#switchport access vlan 10
10. L2-SW-0(config-if)#exit
```

```
11. L2-SW-0(config)#interface FastEthernet 0/2
12. L2-SW-0(config-if)#switchport access vlan 10
13. L2-SW-0(config-if)#exit
14.
15. #在交换机 1 进行类似的操作
16. L2-SW-1(config-vlan)#vlan 20 name VLAN20
17. L2-SW-1(config-vlan)#exit
18. L2-SW-1(config)#interface FastEthernet 0/1
19. L2-SW-1(config-if)#switchport access vlan 20
20. L2-SW-1(config-if)#exit
21. L2-SW-1(config)#interface FastEthernet 0/2
22. L2-SW-1(config-if)#switchport access vlan 20
23. L2-SW-1(config-if)#exit
```

(3) 用 Packet Tracer 的发包功能测试 4 台主机的连通性,PC0 与 PC1 互通,PC2 与 PC3 互通,如图 9-5 所示。

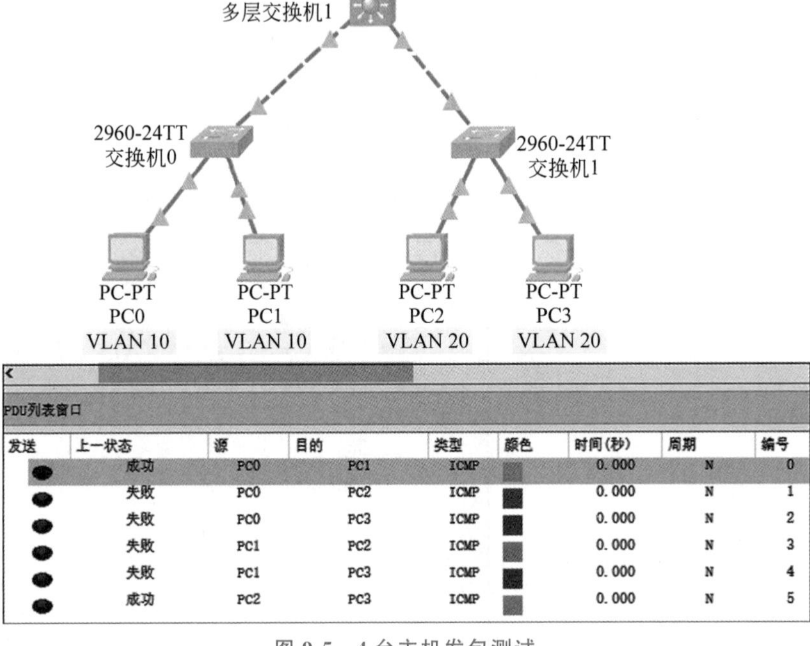

发送	上一状态	源	目的	类型	颜色	时间(秒)	周期	编号
●	成功	PC0	PC1	ICMP		0.000	N	0
●	失败	PC0	PC2	ICMP		0.000	N	1
●	失败	PC0	PC3	ICMP		0.000	N	2
●	失败	PC1	PC2	ICMP		0.000	N	3
●	失败	PC1	PC3	ICMP		0.000	N	4
●	成功	PC2	PC3	ICMP		0.000	N	5

图 9-5　4 台主机发包测试

(4) 开始对三层交换机进行配置,同样需要添加 VLAN10 和 VLAN20,添加完成后在交换机查看 VLAN 的划分情况。

```
1. Switch#show vlan
2.
3. VLAN    Name                  Status    Ports
4. --------------------------------------------------
5. 1       default               active    Fa0/5,Fa0/6,Fa0/7,Fa0/8
6.                                         Fa0/9,Fa0/10,Fa0/11,Fa0/12
7.                                         Fa0/13, Fa0/14, Fa0/15, Fa0/16
8.                                         Fa0/17, Fa0/18, Fa0/19, Fa0/20
9.                                         Fa0/21, Fa0/22, Fa0/23, Fa0/24
10.                                        Gig0/1, Gig0/2
```

```
11. 10          VLAN10                    active    Fa0/1, Fa0/2
12. 20          VLAN20                    active    Fa0/3, Fa0/4
13. 1002        fddi-default              active
14. 1003        token-ring-default        active
15. 1004        fddinet-default           active
16. 1005        trnet-default             active
```

（5）注意，后续需要针对VLAN修改链路模式，所以此处要注意PC与交换机连接的端口，三层交换机与二层交换机通过交叉线连接，并且都是千兆网口。交换机用到的接口如图9-6所示。

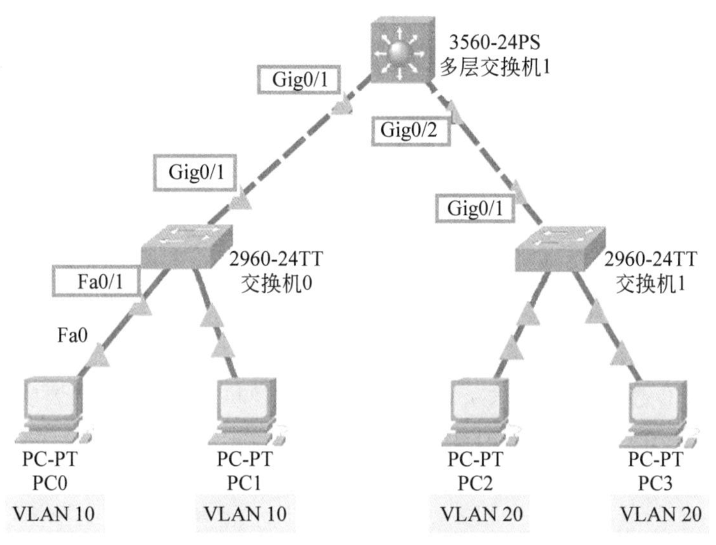

图9-6 交换机用到的接口

（6）修改二层、三层交换机之间的链路为Trunk模式。

```
1. L2-SW-0(config)#interface GigabitEthernet 0/1
2. L2-SW-0(config-if)#switchport mode trunk
3.
4. L2-SW-1(config)#interface GigabitEthernet 0/1
5. L2-SW-1(config-if)#switchport mode trunk
6.
7. L3-SW(config)#interface GigabitEthernet 0/1
8. L3-SW(config-if)#switchport trunk encapsulation dot1q
9. L3-SW(config-if)#switchport mode trunk
10. L3-SW(config)#interface GigabitEthernet 0/2
11. L3-SW(config-if)#switchport trunk encapsulation dot1q
12. L3-SW(config-if)#switchport mode trunk
13.
```

（7）打开三层交换机的路由功能，并配置VLAN的IP地址及掩码。

```
1. L3-SW(config)#ip routing
2.
3. L3-SW(config)#interface vlan 10
4. L3-SW(config-if)#
5. %LINK-5-CHANGED: Interface Vlan10, changed state to up
6.
7. %LINEPROTO-5-UPDOWN: Line protocol on Interface Vlan10, changed state to up
8. L3-SW(config-if)#ip address 192.168.0.254 255.255.255.0
```

```
9. L3-SW(config-if)#no shutdown
10. L3-SW(config-if)#exit
11.
12. L3-SW(config)#interface vlan 20
13. L3-SW(config-if)#
14. %LINK-5-CHANGED: Interface Vlan20, changed state to up
15.
16. L3-SW(config-if)#ip address 192.168.1.254 255.255.255.0
17. L3-SW(config-if)#no shutdown
18. L3-SW(config-if)#exit
```

(8) 同时在主机中设置配置三层交换机时定义的网关地址。

```
PC0 & PC1: 192.168.0.254     PC2 & PC3: 192.168.1.254
```

(9) 测试主机 PC1、PC2、PC3 之间的连通性,记录结果,并与设置链路为 Trunk 模式之前的结果进行对比。

9.5 实验思考题

1. 请查阅相关资料,华为接入层交换机一般最多支持多少个 VLAN?

2. 如果有 4 台主机分别通过两台交换机相连,例如 Host A 和 Host B 连在交换机 A 上,而 Host C 和 Host D 连在交换机 B 上,交换机 A 与交换机 B 相连,如果要将 Host A 和 Host C 划分在同一个 VLAN 中,应该如何配置两台交换机?

3. 试给出一个拓扑结构,并说明什么时候适合采用单臂路由实现 VLAN 之间的互联互通?

4. 构建如图 9-7 所示的企业网络拓扑结构,需要 3 台路由器、4 台交换机和多台 PC。

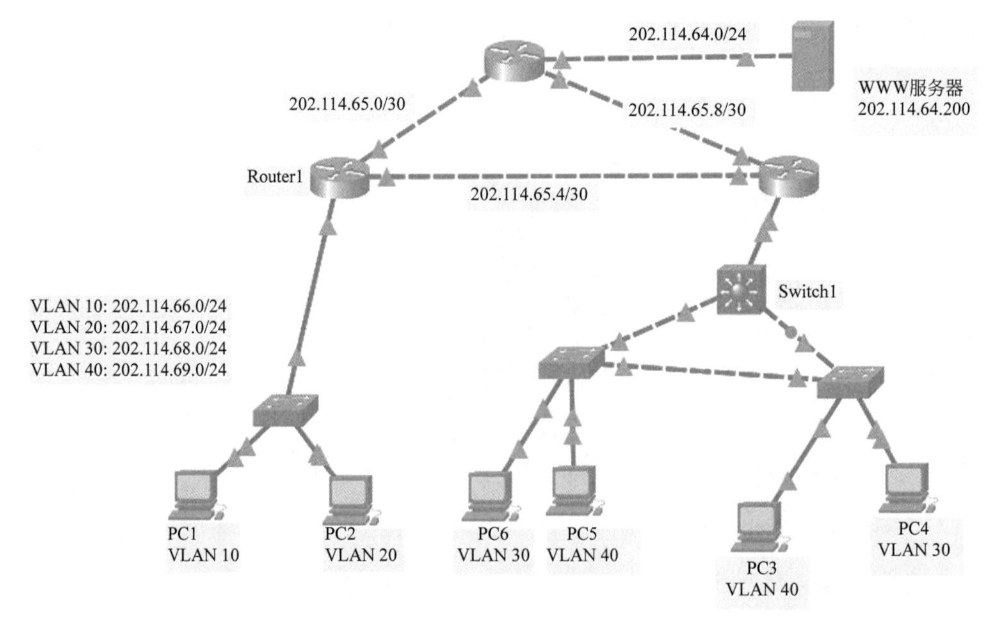

图 9-7　某企业网络拓扑结构

VLAN10 和 VLAN20 之间通过路由器 Router1 实现单臂路由;VLAN30 和 VLAN40 之间通过三层交换机 Switch1 实现路由。整个网络采用 RIPv2 路由协议,VLAN 及地址规划如下所示。试配置整个企业网络,实现互联互通。

```
VLAN 10: 202.114.66.0/24
VLAN 20: 202.114.67.0/24
VLAN 30: 202.114.68.0/24
VLAN 40: 202.114.69.0/24
```

实验 10　端口聚合和生成树实验

10.1　实验目的和内容

1. 实验目的

(1) 理解端口聚合的工作原理,掌握如何在交换机上配置端口聚合。

(2) 掌握生成树协议的配置与原理。

2. 实验内容

(1) 按照指定的实验拓扑图,正确连接网络设备。

(2) 学习使用命令行配置思科交换机。

(3) 在交换机上按照端口划分 VLAN。

(4) 在交换机之间配置 Trunk 链路及端口聚合。

(5) 为交换机配置 MSTP。

(6) 测试机器连通性。

10.2　实验原理

10.2.1　相关理论知识

端口聚合,又称链路聚合,通过将交换机上的多个物理端口连接并逻辑捆绑,形成一个高带宽的端口,以实现负载均衡和提供冗余链路。端口聚合利用 EtherChannel 特性在交换机之间提供冗余且高速的连接方式。

生成树协议(STP)、快速生成树协议(RSTP)和多重生成树协议(MSTP)都是用于解决交换网络中的环路问题,并提供冗余备份链路。这些协议的目的在于构建一个无环的树状拓扑结构,确保数据在网络中正常转发。

生成树协议的工作原理是使用 SPA 算法(生成树算法),通过选举出一个根交换机,确定最短路径,构建一个树状网络,而其他链路则被阻塞形成备份。其特点是选举一个根交换机,通过选择最短路径确定生成树,通常需要约 50s 的收敛时间来适应拓扑变化。

快速生成树协议引入了替换端口(Alternate Port)和备份端口(Backup Port),分别作为根端口(Root Port)和指定端口(Designated Port)的冗余端口,实现在故障发生时快速切换到备份链路,收敛时间小于 1s,相比于生成树协议,它能够快速收敛,通过冗余端口快速切换以保持网络连通性。

多重生成树协议结合 STP 和 RSTP 的优点,提供快速收敛和数据转发的多路径冗余,它将交换网络划分成多个 MST 域,每个域内形成多棵生成树,每棵生成树称为一个多生成树实例(MSTI),实现 VLAN 数据的负载均衡。其特点在于允许网络划分成多个域,每个域内运行独立的生成树实例,优化资源利用和实现快速收敛。

10.2.2 相关配置命令

1. 配置端口聚合 port-group

格式：

```
port-group [port-group-number]
```

功能：将一个物理端口设定为聚合端口(aggregate port)的成员端口。port-group-number 是聚合端口成员端口组的编号，即聚合端口接口号。当其缺省时，表示该交换机端口不是任何聚合端口的成员端口。使用该命令的 no 选项，可以删除该端口的聚合端口成员属性。

2. 开启生成树 spanning-tree

格式：

```
spanning-tree [forward-time seconds | hello-time seconds | max-age seconds ]
```

功能：开启生成树协议，参数可以进行生成树的全局配置。其中，forward-time seconds 表示端口状态改变的时间间隔；hello-time seconds 表示交换机定时发送 BPDU(网桥协议数据单元)报文的时间间隔；max-age seconds 表示 BPDU 报文消息生存的最长时间。

3. 配置生成树模式

格式：

```
spanning-tree mode [ stp | rstp | mstp]
```

功能：配置生成树的模式。其中，stp 为 spanning tree protocol(IEEE 802.1d)；rstp 为 rapid spanning tree protocol(IEEE 802.1w)；mstp 为 multiple spanning tree protocol(IEEE 802.1s)。

4. 进入 mstp 模式

格式：

```
spanning-tree mst configuration
```

功能：配置 MSTP Region，并进入 MST 模式。进入 MST 配置模式后，可以使用以下命令进行配置参数：instance instance-id vlan vlan-range，将 vlan 组添加到 MST instance 中。这里 instance-id 的范围为 0～64，vlan 的范围为 1～4094，vlan-range 可以是一些 vlan 的集合，vlan id 间用逗号隔开，连续的 vlan id 可以使用"-"连接头尾两个 vlan id。例如，"instance 10 vlan 2,3,6-9"定义了将 vlan 2、3、6、7、8、9 添加到 instance 10 中。默认的配置是所有的 VLAN 均在 instance 0 中。

将 VLAN 从 instance 中删除的方法是使用 no 命令：no instance instance-id [vlan vlan-range]，注意 no 命令中 instance 的范围为 1～64。交换机设备在物理内存比较小的情况下(如 64M 内存)，创建 64 个 instance 会造成内存不足的情况，建议在此情况下控制创建的 instance 个数。

10.3 实验环境和设备

10.3.1 实验设备

本实验在 Cisco Packet Tracer 中完成，实验使用的网络设备：两台 Cisco 3560 24PS 三层交换机，两台 Cisco 2960 二层交换机，4 台 PC。

10.3.2 实验环境

本实验拓扑结构如图 10-1 所示。

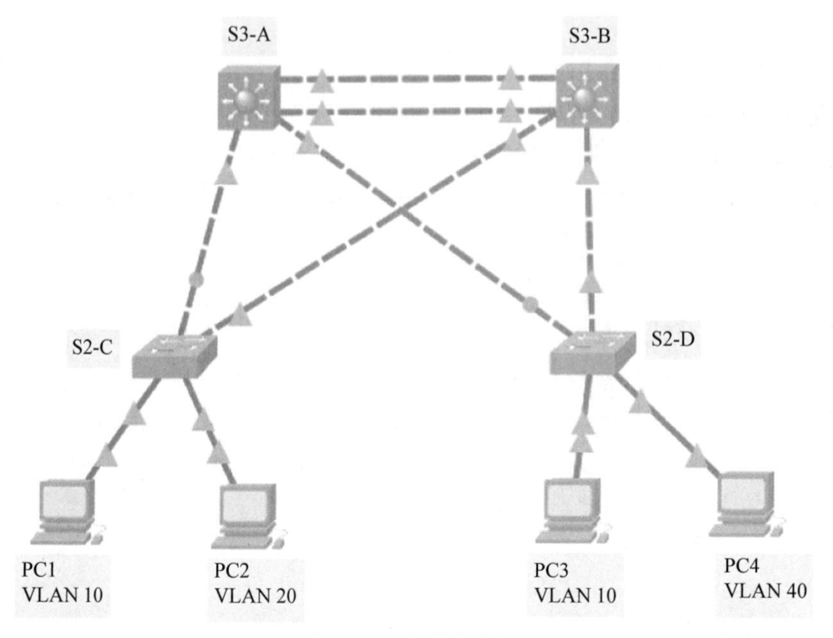

图 10-1 实验拓扑图

图 10-1 中,PC1 与 PC3 同属于 VLAN10,而 PC2 属于 VLAN20,PC4 属于 VLAN40。IP 地址设置如下:

```
Host PC1  IP =202.114.66.11/24      Host PC2  IP =202.114.68.12/24
Host PC3  IP =202.114.66.13/24      Host PC4  IP =202.114.70.14/24
```

实验要求:

(1) 传统的生成树协议是基于整个交换网络产生一个树状拓扑结构,所有的 VLAN 都共享一棵生成树,这种结构不能进行网络流量的负载均衡,使得有些交换设备比较繁忙,而另一些交换设备又很空闲,为了克服这个问题,网络管理员决定采用基于 VLAN 的多生成树协议,现要在交换机上进行适当配置来完成这一任务。

(2) 不同 VLAN 间的路由通过三层交换机实现。

(3) 将 S3-A 和 S3-B 之间的两条链路进行聚合。

10.4 实验步骤

本实验步骤如下:

(1) 分别在 4 台交换机上配置 VLAN,并为三层交换机中的 VLAN 分配 IP 地址,在三层交换机上开启路由功能。

① 配置三层交换机 S3-A。

```
1. Switch>enable
2. Switch#configure terminal
```

```
3. Switch(config)#vlan 10
4. Switch(config)#interface vlan 10
5. Switch(config-vlan)#ip address 202.114.66.1 255.255.255.0
6. Switch(config-vlan)#exit
7. Switch(config)#vlan 20
8. Switch(config)#interface vlan 20
9. Switch(config-vlan)#ip address 202.114.68.1 255.255.255.0
10. Switch(config-vlan)#exit
11. Switch(config)#vlan 40
12. Switch(config)#interface vlan 40
13. Switch(config-vlan)#ip address 202.114.70.1 255.255.255.0
14. Switch(config-vlan)#exit
15. Switch(config)#ip routing
16. Switch(config)#exit
```

② 配置三层交换机 S3-B。

```
1. Switch>enable
2. Switch#configure terminal
3. Switch(config)#vlan 10
4. Switch(config)#interface vlan 10
5. Switch(config-vlan)#ip address 202.114.66.2 255.255.255.0
6. Switch(config-vlan)#exit
7. Switch(config)#vlan 20
8. Switch(config)#interface vlan 20
9. Switch(config-vlan)#ip address 202.114.68.2 255.255.255.0
10. Switch(config-vlan)#exit
11. Switch(config)#vlan 40
12. Switch(config)#interface vlan 40
13. Switch(config-vlan)#ip address 202.114.70.2 255.255.255.0
14. Switch(config-vlan)#exit
15. Switch(config)#ip routing
16. Switch(config)#exit
```

③ 配置二层交换机 S2-C。

```
1. Switch>enable
2. Switch#configure terminal
3. Switch(config)#vlan 10
4. Switch(config-vlan)#exit
5. Switch(config)#vlan 20
6. Switch(config-vlan)#exit
```

④ 配置二层交换机 S2-D。

```
1. Switch>enable
2. Switch#configure terminal
3. Switch(config)#vlan 10
4. Switch(config-vlan)#exit
5. Switch(config)#vlan 40
6. Switch(config-vlan)#exit
```

(2) 分别在 4 台交换机上配置 Trunk 及链路聚合。

① 配置三层交换机 S3-A。

```
1. Switch(config)#interface range fa0/3-4
2. Switch(config-if-range)#switchport trunk encapsulation dot1q
3. Switch(config-if-range)#switchport mode trunk
```

```
4. Switch(config-if-range)#exit
5. Switch(config)#interface range fa0/1-2
6. Switch(config-if-range)#channel-group 1 mode desirable
7. Switch(config-if-range)#switchport trunk encapsulation dot1q
8. Switch(config-if)#switchport mode trunk
9. Switch(config-if)#exit
```

② 配置三层交换机 S3-B。

```
1. Switch(config)#interface range fa0/3-4
2. Switch(config-if-range)#switchport trunk encapsulation dot1q
3. Switch(config-if-range)#switchport mode trunk
4. Switch(config-if-range)#exit
5. Switch(config)#interface range fa0/1-2
6. Switch(config-if-range)#channel-group 1 mode desirable
7. Switch(config-if-range)#switchport trunk encapsulation dot1q
8. Switch(config-if)#switchport mode trunk
9. Switch(config-if)#exit
```

③ 配置二层交换机 S2-C。

```
1. Switch(config)#interface range fa0/1-2
2. Switch(config-if-range)#switchport trunk encapsulation dot1q
3. Switch(config-if-range)#switchport mode trunk
4. Switch(config-if)#exit
5. Switch(config)#interface fa0/3
6. Switch(config-if)#switchport access vlan 10
7. Switch(config-if)#exit
8. Switch(config)#interface fa0/4
9. Switch(config-if)#switchport access vlan 20
10. Switch(config-if)#exit
```

④ 配置二层交换机 S2-D。

```
1. Switch(config)#interface range fa0/1-2
2. Switch(config-if-range)#switchport trunk encapsulation dot1q
3. Switch(config-if-range)#switchport mode trunk
4. Switch(config-if-range)#exit
5. Switch(config)#interface fa0/3
6. Switch(config-if)#switchport access vlan 10
7. Switch(config-if)#exit
8. Switch(config)#interface fa0/4
9. Switch(config-if)#switchport access vlan 40
10. Switch(config-if)#exit
```

(3) 分别在两个三层交换机上配置 MSTP，由于版本原因实验所使用的 Cisco 3560 三层交换机不支持 MSTP 协议，支持 Cisco 特有的 PVST(Per-Vlan spanning tree mode)，实验要求实现基于 VLAN 的多生成树，因此这里采用 PVST 协议。

① 配置三层交换机 S3-A。

```
1. Switch(config)#spanning-tree mode pvst
2. Switch(config)#spanning-tree vlan 10 priority 0
3. Switch(config)#spanning-tree vlan 20 priority 4096
4. Switch(config)#spanning-tree vlan 40 priority 4096
```

② 配置三层交换机 S3-B。

```
1. Switch(config)#spanning-tree mode pvst
2. Switch(config)#spanning-tree vlan 10 priority 4096
```

```
3. Switch(config)#spanning-tree vlan 20 priority 0
4. Switch(config)#spanning-tree vlan 40 priority 0
```

(4) 用 show spanning-tree 命令来查看交换机基于 VLAN 的生成树信息。图 10-2 和图 10-3 分别为三层交换机 S3-A 和三层交换机 S3-B 的部分 PVST 生成树信息。

```
Switch#show spanning-tree
VLAN0001
  Spanning tree enabled protocol ieee
  Root ID      Priority    32769
               Address     0001.96A6.5172
               Cost        38
               Port        3(FastEthernet0/3)
               Hello Time  2 sec  Max Age 20 sec  Forward Delay 15 sec

  Bridge ID    Priority    32769  (priority 32768 sys-id-ext 1)
               Address     0009.7C04.7E36
               Hello Time  2 sec  Max Age 20 sec  Forward Delay 15 sec
               Aging Time  20

Interface        Role Sts Cost      Prio.Nbr Type
---------------- ---- --- --------- -------- --------------------------------
Fa0/2            Desg FWD 19        128.2    P2p
Fa0/1            Desg FWD 19        128.1    P2p
Fa0/3            Root FWD 19        128.3    P2p
Fa0/4            Altn BLK 19        128.4    P2p

VLAN0010
  Spanning tree enabled protocol ieee
  Root ID      Priority    10
               Address     0009.7C04.7E36
               This bridge is the root
               Hello Time  2 sec  Max Age 20 sec  Forward Delay 15 sec

  Bridge ID    Priority    10  (priority 0 sys-id-ext 10)
               Address     0009.7C04.7E36
               Hello Time  2 sec  Max Age 20 sec  Forward Delay 15 sec
               Aging Time  20

Interface        Role Sts Cost      Prio.Nbr Type
---------------- ---- --- --------- -------- --------------------------------
Fa0/2            Desg FWD 19        128.2    P2p
Fa0/1            Desg FWD 19        128.1    P2p
Fa0/3            Desg FWD 19        128.3    P2p
Fa0/4            Desg FWD 19        128.4    P2p

VLAN0020
  Spanning tree enabled protocol ieee
  Root ID      Priority    20
               Address     0001.96A6.5172
               Cost        38
               Port        3(FastEthernet0/3)
               Hello Time  2 sec  Max Age 20 sec  Forward Delay 15 sec

  Bridge ID    Priority    4116  (priority 4096 sys-id-ext 20)
               Address     0009.7C04.7E36
               Hello Time  2 sec  Max Age 20 sec  Forward Delay 15 sec
               Aging Time  20
```

图 10-2　三层交换机 S3-A 的 PVST 生成树信息

(5) 完成交换机的配置后,配置 PC 的 IP 地址与网关,然后可以采用主机之间相互 ping 的形式来测试主机之间的连通性。例如,用 PC1 ping PC2,用 PC1 ping PC4,用 PC2 ping PC4,其结果分别如图 10-4～图 10-6 所示。

```
Switch#show spanning-tree
VLAN0001
  Spanning tree enabled protocol ieee
  Root ID    Priority    32769
             Address     0001.96A6.5172
             This bridge is the root
             Hello Time  2 sec  Max Age 20 sec  Forward Delay 15 sec

  Bridge ID  Priority    32769  (priority 32768 sys-id-ext 1)
             Address     0001.96A6.5172
             Hello Time  2 sec  Max Age 20 sec  Forward Delay 15 sec
             Aging Time  20

Interface        Role Sts Cost      Prio.Nbr Type
---------------- ---- --- --------- -------- --------------------------------
Fa0/3            Desg FWD 19        128.3    P2p
Fa0/4            Desg FWD 19        128.4    P2p

VLAN0010
  Spanning tree enabled protocol ieee
  Root ID    Priority    10
             Address     0009.7C04.7E36
             Cost        38
             Port        3(FastEthernet0/3)
             Hello Time  2 sec  Max Age 20 sec  Forward Delay 15 sec

  Bridge ID  Priority    4106  (priority 4096 sys-id-ext 10)
             Address     0001.96A6.5172
             Hello Time  2 sec  Max Age 20 sec  Forward Delay 15 sec
             Aging Time  20

Interface        Role Sts Cost      Prio.Nbr Type
---------------- ---- --- --------- -------- --------------------------------
Fa0/3            Root FWD 19        128.3    P2p
Fa0/4            Altn BLK 19        128.4    P2p

VLAN0020
  Spanning tree enabled protocol ieee
  Root ID    Priority    20
             Address     0001.96A6.5172
             This bridge is the root
             Hello Time  2 sec  Max Age 20 sec  Forward Delay 15 sec

  Bridge ID  Priority    20  (priority 0 sys-id-ext 20)
             Address     0001.96A6.5172
             Hello Time  2 sec  Max Age 20 sec  Forward Delay 15 sec
             Aging Time  20

Interface        Role Sts Cost      Prio.Nbr Type
---------------- ---- --- --------- -------- --------------------------------
Fa0/3            Desg LSN 19        128.3    P2p
Fa0/4            Desg FWD 19        128.4    P2p
```

图 10-3　三层交换机 S3-B 的 PVST 生成树信息

```
C:\>ping 202.114.68.12

Pinging 202.114.68.12 with 32 bytes of data:

Reply from 202.114.68.12: bytes=32 time<1ms TTL=127
Reply from 202.114.68.12: bytes=32 time<1ms TTL=127
Reply from 202.114.68.12: bytes=32 time=3ms TTL=127
Reply from 202.114.68.12: bytes=32 time<1ms TTL=127

Ping statistics for 202.114.68.12:
    Packets: Sent = 4, Received = 4, Lost = 0 (0% loss),
Approximate round trip times in milli-seconds:
    Minimum = 0ms, Maximum = 3ms, Average = 0ms
```

图 10-4　PC1 ping PC2

```
C:\>ping 202.114.70.14

Pinging 202.114.70.14 with 32 bytes of data:

Reply from 202.114.70.14: bytes=32 time<1ms TTL=127
Reply from 202.114.70.14: bytes=32 time<1ms TTL=127
Reply from 202.114.70.14: bytes=32 time<1ms TTL=127
Reply from 202.114.70.14: bytes=32 time<1ms TTL=127

Ping statistics for 202.114.70.14:
    Packets: Sent = 4, Received = 4, Lost = 0 (0% loss),
Approximate round trip times in milli-seconds:
    Minimum = 0ms, Maximum = 0ms, Average = 0ms
```

图 10-5　PC1 ping PC4

```
C:\>ping 202.114.70.14

Pinging 202.114.70.14 with 32 bytes of data:

Reply from 202.114.70.14: bytes=32 time<1ms TTL=127
Reply from 202.114.70.14: bytes=32 time<1ms TTL=127
Reply from 202.114.70.14: bytes=32 time<1ms TTL=127
Reply from 202.114.70.14: bytes=32 time<1ms TTL=127

Ping statistics for 202.114.70.14:
    Packets: Sent = 4, Received = 4, Lost = 0 (0% loss),
Approximate round trip times in milli-seconds:
    Minimum = 0ms, Maximum = 0ms, Average = 0ms
```

图 10-6　PC2 ping PC4

10.5　实验思考题

1. 若一个端口从 AP(聚合端口)中删除,则该端口的属性将如何变化?
2. 端口聚合有哪些优点?
3. 当 MSTP 和 RSTP 混合使用时,如何选举根桥?

实验 11　VRRP 及路由重发布

11.1　实验目的和内容

1. 实验目的

(1) 了解 VRRP 的概念及内容。

(2) 了解路由重发布的概念及内容。

(3) 掌握 VRRP 和路由重发布的配置方式。

2. 实验内容

(1) 通过 Packet Tracer 搭建小型网络。

(2) 对搭建的小型网络进行 VRRP 规划和配置。

(3) 配置路由重发布。

(4) 调试与分析所搭建的网络。

11.2　实验原理

11.2.1　什么是 VRRP

VRRP(Virtual Router Redundancy Protocol)是一种网络协议,用于提高网络的可靠性和冗余,解决路由配置时出现单点故障的问题。VRRP 允许多个路由器共同工作,形成一个虚拟路由器,其中一个被选为主控路由器,而其他路由器则作为备份路由器。这样,即使主控路由器发生故障,备份路由器也能快速接管,确保网络的连通性。

VRRP 是一种动态路由选择协议,能够将虚拟路由器的责任动态分配给局域网中的一台 VRRP 路由器,同时也是一种路由容错协议,当主机发送数据到外部网络时,报文通过默认路由发送至外部路由器,实现主机与外部网络的通信,若默认路由器失效导致内部主机无法与外部通信,则设置了 VRRP 的路由器会启用备份路由器,确保网络全局通信的稳定性。

以下是与 VRRP 相关的一些重要概念。

(1) VRRP 路由器:指实际参与 VRRP 协议的网络设备,通常是路由器,每个 VRRP 路由器都有一个 VRRP 虚拟路由器接口。

(2) 虚拟路由器:是由一组 VRRP 路由器共同组成的,它们共享一个虚拟 IP 地址和虚拟 MAC 地址,这个虚拟路由器作为默认网关提供服务,以保持网络通信的稳定。

(3) 主控路由器:是 VRRP 路由器中被选为控制虚拟 IP 地址的路由器。主控路由器负责接收和转发流经虚拟路由器的数据流量。

(4) 备份路由器:是 VRRP 路由器中的其他设备,它们在主控路由器失效时接管虚拟 IP 地址并成为新的主控路由器,以确保网络的连通性。

11.2.2 VRRP 的工作流程

VRRP 的工作流程如下：

(1) 备份路由器会通过优先级选出主控路由器。主控路由器会使用虚拟 MAC 发送 ARP 报文，使与之相连的主机或客户端建立与虚拟 MAC 对应的 ARP 映射表，从而承担报文转发的任务。

(2) 主控路由器周期性发布 VRRP 报文，向备份路由器通告其配置信息与工作状态。

(3) 若主控路由器出现故障，则虚拟路由器中的备份路由器会在 MASTER_DOWN_INTERVAL 定时器超时或者其他联动技术检测到主控路由器出现故障时，根据备份路由器组内成员的优先级选举出新的主控路由器。

(4) 新的主控路由器使用虚拟 MAC 地址发送 ARP 报文，以促使当前 VRRP 组内的其他路由器或设备刷新其 ARP 映射表。一旦新的主控路由器开始承担报文转发任务，通信会正常进行。

(5) 若原主控路由器从故障中恢复，且其优先级为 255，则原主控路由器会直接成为新的主控路由器；否则，原主控路由器变为备份路由器。若当前为抢占模式，接收到 VRRP 报文的路由器发现自身优先级更高时，则会直接成为主控路由器；若当前为非抢占模式，当主控路由器出现故障时，会以选举的方式选出新的主控路由器。

在 VRRP 的状态通告中，主控路由器周期性发送 VRRP 报文，向相连的客户端或主机通告其配置信息与工作状态。同时，备份路由器同样接收主控路由器发出的 VRRP 报文，用于监控主控路由器的工作状态。

当主控路由器主动退出 VRRP 组时，会发送优先级为 0 的报文通知所有的备份路由器，备份路由器在接收到报文后会直接切换到主控路由器状态。若备份组内有多台设备，则通过选举算法选出新的主控设备，而不需要等待 MASTER_DOWN_INTERVAL 超时后再进行切换或者选举。当主控设备由于故障不能发送 VRRP 报文时，所有的备份设备都需要等待 MASTER_DOWN_INTERVAL 超时后才会认为主控设备出现故障，之后才进行选举和切换。

在 VRRP 的选举规则中，其通过优先级来确定路由器成为主控路由器或备份路由器。在初始状态时，VRRP 路由器均处于初始状态，若设备优先级为 255，则其直接成为主控路由器，并跳过接下来的选举；否则，当前设备切换为备份路由器。对于处于备份状态的路由器，其通过接收的 VRRP 报文来获知虚拟路由器中其他成员的优先级。

VRRP 中路由器切换为主控路由器或备份路由器的流程如下：

(1) 若 VRRP 报文中主控路由器的优先级高于自身的优先级，则自身保持在备份状态。

(2) 若 VRRP 报文中的主控路由器优先级低于自身的优先级，如果当前为抢占工作方式，则当前路由器抢占成为主控路由器，并周期性发送 VRRP 报文；如果当前为非抢占工作方式，则当前路由器保持为备份路由器状态。

(3) 若同时有多个设备切换到主控路由器，则会互相通过 VRRP 报文确定其优先级，优先级高的则成为主控路由器，若优先级一样，则对比 IP 地址，IP 地址大的则成为主控路由器。

11.2.3 路由重发布的基本概念

在复杂网络环境中，往往会采用多种不同的路由协议来实现网络的路由功能。这种情况下，路由器可以利用路由重发布的机制，将学习到的一种路由协议的路由信息转换并通过另一种路由协议进行广播，从而实现不同路由协议间的路由信息交换和共享。

路由重发布机制使得在同一个互联网络中使用多种路由协议成为可能，进而确保了不同网络间的连通性。通常，执行路由重发布的路由器被称为边界路由器，因为它们位于两个或多个自治域的边界上，负责连接这些自治域并实现跨协议的路由信息传递。这样的边界路由器起到了协调和转换不同路由协议的作用，使得整个网络能够高效地支持多种路由协议，以确保数据的正确传输。

11.3 实验环境与设备

11.3.1 实验设备

本实验在 Cisco Packet Tracer 中完成，实验使用的模拟设备为三台 Cisco 2811 路由器、两台 Cisco 3560-24PS 三层交换机、一台 Cisco 2960-24TT 二层交换机、两台 PC 和一台服务器。

11.3.2 实验环境

本实验的网络拓扑结构如图 11-1 所示。

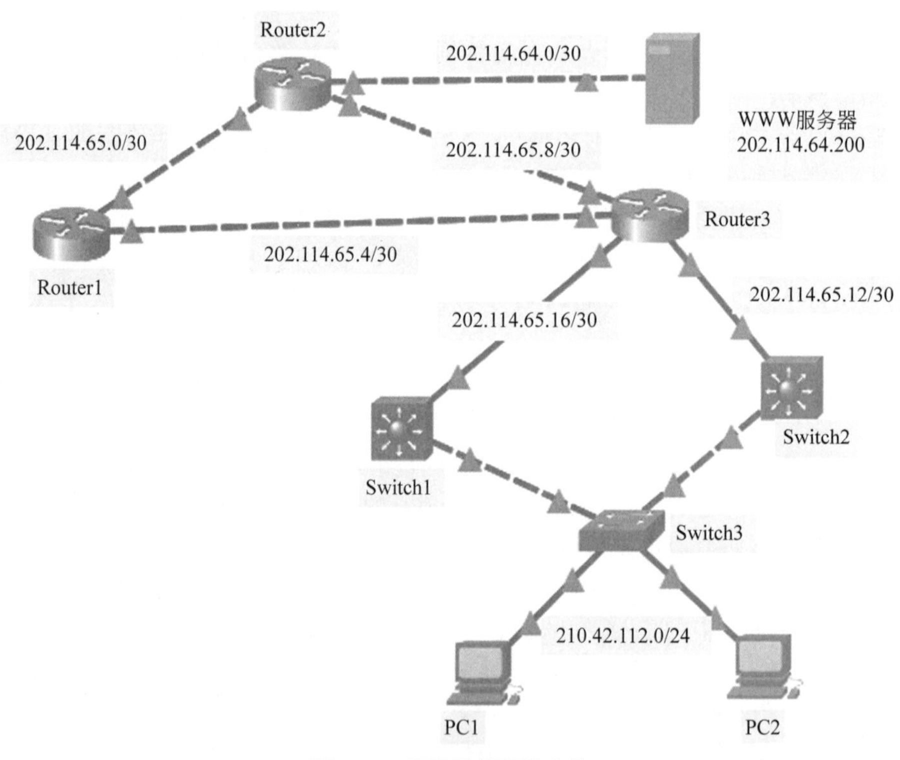

图 11-1 实验网络拓扑结构

三层交换机 Switch1 和 Switch2 连接交换机 Switch3 的端口都属于 210.42.112.0/24 网络。实验需要满足：

(1) 保证核心层网络的稳定可靠性，通过 VRRP 多备份组为 210.42.112.0/24 网络提供可靠路由，避免单点故障。

(2) 配置交换机 Switch2 的 DHCP 服务，为 PC 自动提供 IP 地址、掩码和网关等配置参数。

(3) 三台路由器之间采用 OSPF 路由协议，Router3 和 Switch1、Switch2 之间采用 RIPv2 路由协议，请注意配置路由重发布。

(4) 查看路由器 Router3 的路由协议和路由表。

(5) 查看 Switch1 和 Switch2 交换机中的 VRRP 配置信息和路由表。

(6) 查看 Switch2 交换机中的 DHCP 服务地址分配信息。

11.4 实验步骤

1. 配置网络设备

(1) 配置路由器。

配置路由器时，主要需要配置路由器对应端口的 IP 地址，开启路由协议 OSPF。对于 Router1 和 Router2，仅需要简单配置即可。

Router1：

```
1. Router(config)#interface fa 0/0
2. Router(config-if)#ip address 202.114.65.1 255.255.255.252
3. Router(config-if)#exit
4. Router(config)#interface fa 0/2
5. Router(config-if)#ip address 202.114.65.5 255.255.255.252
6. Router(config-if)#exit
7. Router(contig)#router ospf 10
8. Router(config-router)#network 202.114.65.0 0.0.0.3 area 0
9. Router(config-router)#network 202.114.65.4 0.0.0.3 area 0
10. Router(config-router)#exit
```

Router2：

```
1. Router(config)#interface fa 0/0
2. Router(config-if)#ip address 202.114.64.2 255.255.255.252
3. Router(config-if)#exit
4. Router(config)#interface fa 0/1
5. Router(config-if)#ip address 202.114.65.9 255.255.255.252
6. Router(config-if)#exit
7. Router(config)#interface fa 1/0
8. Router(config-if)#ip address 202.114.64.1 255.255.255.0
9. Router(config-if)#exit
10. Router(contig)#router ospf 10
11. Router(config-router)#network 202.114.65.0 0.0.0.3 area 0
12. Router(config-router)#network 202.114.65.8 0.0.0.3 area 0
13. Router(config-router)#network 202.114.64.0 0.0.0.255 area 0
14. Router(config-router)#exit
```

对于 Router3 来说，首先配置各端口的 IP，然后先后配置 OSPF 和 RIPv2；因为该路由是两个协议的边缘路由，所以需要进行重发布配置。其中，在配置 OSPF 协议时使用 redistribute rip metric 20 subnets 命令，而配置 RIP 协议时使用 redistribute ospf 10 metric 2 命令，其余操作与单独配置 OSPF 或 RIP 时相同。

```
1. Router(config)#interface fa 0/0
2. Router(config-if)#ip address 202.114.65.10 255.255.255.252
3. Router(config-if)#exit
4. Router(config)#interface fa 0/1
5. Router(config-if)#ip address 202.114.65.6 255.255.255.252
6. Router(config-if)#exit
7. Router(config)#interface fa 1/0
8. Router(config-if)#ip address 202.114.65.17 255.255.255.252
9. Router(config-if)#exit
10. Router(config)#interface fa 1/1
11. Router(config-if)#ip address 202.114.65.13 255.255.255.252
12. Router(config-if)#exit
13. Router(contig)#router ospf 10
14. Router(config-router)#redistribute rip metric 20 subnets
15. Router(config-router)#network 202.114.65.8 0.0.0.3 area 0
16. Router(config-router)#network 202.114.65.4 0.0.0.3 area 0
17. Router(config-router)#exit
18. Router(config)#router rip
19. Router(config-router)#version 2
20. Router(config-router)#redistribute ospf 10 metric 2
21. Router(config-router)#network 202.114.65.0
22. Router(config-router)#no auto-summary
```

（2）配置三层交换机。

Switch1 和 Switch2 连接二层交换机 Switch3 的端口都属于 210.42.112.0/24 网络，首先在这两个端口上配置了 VLAN，并分配了 VLAN 10 作为这些端口的 VLAN ID。然后，对于 Switch1，为 VLAN 10 分配了 IP 地址 210.42.112.1/24；对于 Switch2，为 VLAN 10 分配了 IP 地址 210.42.112.2/24。本实验在 Switch2 上配置 DHCP 服务，该服务可以为 PC 自动提供 IP 地址、掩码和网关等配置参数，这里将 IP 地址池指定为 210.42.112.0 网段，并将掩码设置为 255.255.255.0，默认网关的 IP 地址为 Switch2 的 VLAN 10 接口地址 210.42.112.2，DHCP 客户端通过此地址作为默认网关来进行通信。

在 Switch1 和 Switch2 上进行网络配置时，首先要配置相关端口的 Trunk 模式，并配置 VLAN。随后根据实验要求配置 VRRP，配置 VRRP 时将另一个三层交换机的 VLAN 10 接口 IP 配置为备份 IP 地址，最后配置该交换机与路由器相连的端口的 IP 地址，开启三层功能，同时配置 RIPv2 协议。注意，在思科交换机中，没有直接的 vrrp 命令，而是使用 HSRP（热备份）配置，具体的命令是 standby，与其他品牌的设备中的 vrrp 命令相似。

Switch1：

```
1. Switch(config)#FastEthernet0/1
2. Switch (config-if)#no switchport
3. Switch (config-if)#ip address 202.114.65.18 255.255.255.252
4. Switch(config)#exit
5. Switch(config)#interface FastEthernet0/2
6. Switch (config-if)#switchport trunk encapsulation dot1q
7. Switch (config-if)#switchport mode trunk
8. Switch(config)#interface vlan10
9. Switch (config-if)#ip address 210.42.112.1 255.255.255.0
10. Switch (config-if)#exit
11. Switch (config)#standby 10 ip 210.42.112.1
12. Switch (config)#standby 10 priority 120
13. Switch (config)#standby 11 ip 210.42.112.2
```

```
14. Switch (config)#standby 11 priority 210
15. Switch(config)#router rip
16. Switch (config-router)#version 2
17. Switch (config-router)#network 202.114.65.0
18. Switch (config-router)#network 210.42.112.0
19. Switch (config-router)#no auto-summary
20. Switch (config-router)#exit
```

在配置 Switch2 时,首先配置相关端口的 Trunk 模式,并配置 VLAN。随后配置 VRRP,将该交换机作为 VRRP 11 的主路由和 VRRP 10 的备份路由。最后配置该交换机端口 1 的 IP 地址,开启三层功能,并配置 RIPv2 协议即可。

```
1. Switch(config)#FastEthernet0/1
2. Switch (config-if)#no switchport
3. Switch (config-if)#ip address 202.114.65.14 255.255.255.252
4. Switch(config)#exit
5. Switch(config)#interface FastEthernet0/2
6. Switch (config-if)#switchport trunk encapsulation dot1q
7. Switch (config-if)#switchport mode trunk
8. Switch(config)#interface vlan10
9. Switch (config-if)#ip address 210.42.112.2 255.255.255.0
10. Switch (config-if)#exit
11. Switch (config)#standby 10 ip 210.42.112.1
12. Switch (config)#standby 10 priority 210
13. Switch (config)#standby 11 ip 210.42.112.2
14. Switch (config)#standby 11 priority 120
15. Switch(config)#router rip
16. Switch (config-router)#version 2
17. Switch (config-router)#network 202.114.65.0
18. Switch (config-router)#network 210.42.112.0
19. Switch (config-router)#no auto-summary
20. Switch (config-router)#exit
21. Switch(config)#ip dhcp pool vlan10
22. Switch(config)#network 210.42.112.0 255.255.255.0
23. Switch(config)#default-router 210.42.112.2
24. Switch(config)#exit
```

(3) 配置二层交换机。

二层交换机为图 11-1 中的 Switch3。在配置时,需要配置其所处的 VLAN 信息,即将 Switch3 与 Switch1 和 Switch2 相连的端口配置为 Trunk 模式,将 Switch3 与 PC1 和 PC2 相连的端口配置为同一 VLAN 下(本示例为 VLAN 10)。

```
1. Switch(config)#FastEthernet0/1
2. Switch (config-if)#switchport access vlan 10
3. Switch (config-if)#switchport mode trunk
4. Switch(config)#exit
5. Switch(config)#interface FastEthernet0/2
6. Switch (config-if)#switchport access vlan 10
7. Switch (config-if)#switchport mode trunk
8. Switch (config-if)#exit
9. Switch(config)#interface FastEthernet0/3
10. Switch (config-if)#switchport access vlan 10
11. Switch (config-if)#exit
12. Switch(config)#interface FastEthernet0/4
13. Switch (config-if)#switchport access vlan 10
14. Switch (config-if)#exit
```

(4) 配置 WWW 服务器以及 PC1 和 PC2。

在网络适配器中配置 WWW 服务器(即 PC3)的 IP 地址和默认网关,IP 地址是 202.114.64.200,默认网关是 202.114.64.1。在网络适配器中将 PC1 和 PC2 设置为"自动获得 IP 地址"。

2. 实验结果

(1) Switch2 交换机中的 DHCP 服务地址分配信息。

在 Switch2 上配置了 DHCP 服务,在将交换机、路由器和 PC 等连好线后,等待一段时间,然后在 Switch2 的控制台上输入命令 show ip dhcp binding,即可看到地址分配信息。由图 11-2 可知,DHCP 服务分配的两个地址是 210.42.112.3 和 210.42.112.4。

```
Switch#show ip dhcp binding
IP address        Client-ID/              Lease expiration        Type
                  Hardware address
210.42.112.3      0090.2B40.5C81           --                     Automatic
210.42.112.4      000C.CFBE.D1E5           --                     Automatic
```

图 11-2　Switch2 DHCP 地址信息

(2) PC1 和 PC2 获得的 IP 地址。

在 PC1 或 PC2 的终端上输入命令 ipconfig /all,即可得到 PC1 或 PC2 的 IP 地址,如图 11-3 和图 11-4 所示。

```
C:\>ipconfig /all

FastEthernet0 Connection:(default port)

   Connection-specific DNS Suffix..:
   Physical Address................: 000C.CFBE.D1E5
   Link-local IPv6 Address.........: FE80::20C:CFFF:FEBE:D1E5
   IPv6 Address....................: ::
   IPv4 Address....................: 210.42.112.4
   Subnet Mask.....................: 255.255.255.0
   Default Gateway.................: ::
                                     210.42.112.2
   DHCP Servers....................: 210.42.112.2
   DHCPv6 IAID.....................:
   DHCPv6 Client DUID..............: 00-01-00-01-9E-E3-6E-55-00-0C-CF-BE-D1-E5
   DNS Servers.....................: ::
                                     0.0.0.0

Bluetooth Connection:

   Connection-specific DNS Suffix..:
   Physical Address................: 0001.43E3.0D1E
   Link-local IPv6 Address.........: ::
 --More--
```

图 11-3　PC1 地址信息

(3) Switch2 交换机中的 VRRP 配置信息和路由表。

使用 show standby brief 命令可得到 HSRP 配置信息,使用 show ip route 命令可查看路由表。由图 11-5 和图 11-6 可知,Active 状态下的设备是当前的活跃(主控)路由器,在组 10 中,本地设备是活跃的;而在组 11 中,210.42.112.1 是活跃的,Standby 状态下的设备是备份路由器。在组 10 中,210.42.112.1 是备份路由器;而在组 11 中,本地设备是备份路由器。

```
C:\>ipconfig /al
Invalid Command.

C:\>ipconfig /all

FastEthernet0 Connection:(default port)

   Connection-specific DNS Suffix..:
   Physical Address................: 0090.2B40.5C81
   Link-local IPv6 Address.........: FE80::290:2BFF:FE40:5C81
   IPv6 Address....................: ::
   IPv4 Address....................: 210.42.112.3
   Subnet Mask.....................: 255.255.255.0
   Default Gateway.................: ::
                                     210.42.112.2
   DHCP Servers....................: 210.42.112.2
   DHCPv6 IAID.....................:
   DHCPv6 Client DUID..............: 00-01-00-01-DE-9D-A7-51-00-90-2B-40-5C-81
   DNS Servers.....................: ::
                                     0.0.0.0

Bluetooth Connection:

   Connection-specific DNS Suffix..:
   Physical Address................: 0003.E44B.B2D3
   Link-local IPv6 Address.........: ::
 --More--
```

图 11-4　PC2 地址信息

```
Switch#show standby brief
                     P indicates configured to preempt.
                     |
Interface   Grp  Pri P State    Active          Standby         Virtual IP
Vl10        10   210   Active   local           210.42.112.1    210.42.112.1
Vl10        11   120   Standby  210.42.112.1    local           210.42.112.2
```

图 11-5　Switch2 hsrp 配置信息

```
Switch#show ip route
Codes: C - connected, S - static, I - IGRP, R - RIP, M - mobile, B - BGP
       D - EIGRP, EX - EIGRP external, O - OSPF, IA - OSPF inter area
       N1 - OSPF NSSA external type 1, N2 - OSPF NSSA external type 2
       E1 - OSPF external type 1, E2 - OSPF external type 2, E - EGP
       i - IS-IS, L1 - IS-IS level-1, L2 - IS-IS level-2, ia - IS-IS inter area
       * - candidate default, U - per-user static route, o - ODR
       P - periodic downloaded static route

Gateway of last resort is not set

R    202.114.64.0/24 [120/2] via 202.114.65.13, 00:00:02, FastEthernet0/1
     202.114.65.0/30 is subnetted, 5 subnets
R       202.114.65.0 [120/2] via 202.114.65.13, 00:00:02, FastEthernet0/1
R       202.114.65.4 [120/1] via 202.114.65.13, 00:00:02, FastEthernet0/1
R       202.114.65.8 [120/1] via 202.114.65.13, 00:00:02, FastEthernet0/1
C       202.114.65.12 is directly connected, FastEthernet0/1
R       202.114.65.16 [120/1] via 202.114.65.13, 00:00:02, FastEthernet0/1
                      [120/1] via 210.42.112.1, 00:00:03, Vlan10
C    210.42.112.0/24 is directly connected, Vlan10
```

图 11-6　Switch2 路由表

(4) 路由器 Router1 的路由协议及路由表。

在 Router 上使用 show ip route 命令,即可得到路由信息,如图 11-7 所示。

```
Router#show ip route
Codes: L - local, C - connected, S - static, R - RIP, M - mobile, B - BGP
       D - EIGRP, EX - EIGRP external, O - OSPF, IA - OSPF inter area
       N1 - OSPF NSSA external type 1, N2 - OSPF NSSA external type 2
       E1 - OSPF external type 1, E2 - OSPF external type 2, E - EGP
       i - IS-IS, L1 - IS-IS level-1, L2 - IS-IS level-2, ia - IS-IS inter area
       * - candidate default, U - per-user static route, o - ODR
       P - periodic downloaded static route

Gateway of last resort is not set

O    202.114.64.0/24 [110/2] via 202.114.65.2, 01:47:37, FastEthernet0/0
     202.114.65.0/24 is variably subnetted, 7 subnets, 2 masks
C       202.114.65.0/30 is directly connected, FastEthernet0/0
L       202.114.65.1/32 is directly connected, FastEthernet0/0
C       202.114.65.4/30 is directly connected, FastEthernet0/1
L       202.114.65.5/32 is directly connected, FastEthernet0/1
O       202.114.65.8/30 [110/2] via 202.114.65.2, 01:47:37, FastEthernet0/0
                        [110/2] via 202.114.65.6, 01:47:37, FastEthernet0/1
O E2    202.114.65.12/30 [110/20] via 202.114.65.6, 01:47:47, FastEthernet0/1
O E2    202.114.65.16/30 [110/20] via 202.114.65.6, 01:47:47, FastEthernet0/1
O E2 210.42.112.0/24 [110/20] via 202.114.65.6, 01:47:47, FastEthernet0/1
```

图 11-7 Router1 路由信息

（5）测试网络连通性。

WWW 服务器的 IP 地址是 202.114.64.200。图 11-8 使用 ping 命令测试了 PC1 和 WWW 服务器的连通性。

```
C:\>ping 202.114.64.200

Pinging 202.114.64.200 with 32 bytes of data:

Reply from 202.114.64.200: bytes=32 time<1ms TTL=125
Reply from 202.114.64.200: bytes=32 time<1ms TTL=125
Reply from 202.114.64.200: bytes=32 time=4ms TTL=125
Reply from 202.114.64.200: bytes=32 time<1ms TTL=125

Ping statistics for 202.114.64.200:
    Packets: Sent = 4, Received = 4, Lost = 0 (0% loss),
Approximate round trip times in milli-seconds:
    Minimum = 0ms, Maximum = 4ms, Average = 1ms
```

图 11-8 PC1 和 WWW 服务器连通性

Router1 端口 2 的 IP 地址是 202.114.65.5。图 11-9 使用 ping 命令测试了 PC2 和 Router1 的连通性。

```
C:\>ping 202.114.65.5

Pinging 202.114.65.5 with 32 bytes of data:

Reply from 202.114.65.5: bytes=32 time=1ms TTL=253
Reply from 202.114.65.5: bytes=32 time<1ms TTL=253
Reply from 202.114.65.5: bytes=32 time<1ms TTL=253
Reply from 202.114.65.5: bytes=32 time=11ms TTL=253

Ping statistics for 202.114.65.5:
    Packets: Sent = 4, Received = 4, Lost = 0 (0% loss),
Approximate round trip times in milli-seconds:
    Minimum = 0ms, Maximum = 11ms, Average = 3ms
```

图 11-9 PC2 和 Router1 服务器连通性

11.5 实验思考题

1. 简述 VRRP 的工作原理。

2. 简述路由重发布的工作原理。

3. 试着构建一个更复杂的网络拓扑,并在其中配置 VRRP,观察当主路由器失效后路由表的变化。

实验 12　网络地址转换 NAT

12.1　实验目的和内容

1. 实验目的

(1) 掌握 NAT 的原理及配置。

(2) 掌握 NAT 源地址转换和目的地址转换的区别，掌握如何向外网发布内网的服务器。

2. 实验内容

(1) 按照指定的实验拓扑图，正确连接网络设备。

(2) 配置 PC 的 IP 地址和子网掩码。

(3) 完成 IP 地址池和 NAT 的配置。

(4) 测试网络连通性。

(5) 查看路由器中的 NAT 转换表。

12.2　实验原理

12.2.1　相关理论知识

NAT(Network Address Translation，网络地址转换或网络地址翻译)是一种网络通信技术，用于将网络内部的私有 IP 地址转换成外部网络(互联网)的合法公共 IP 地址。NAT 技术允许多个设备在内部网络中共享一个或多个全局 IP 地址，从而缓解了公网 IP 地址不足的问题。

NAT 将网络划分为两部分：内部网络和外部网络。内部网络指私有局域网中的设备，外部网络指互联网。当局域网内部的设备需要访问外部网络时，NAT 会将设备的内部局域网地址转换为一个全局 IP 地址，这个全局 IP 地址是可以在互联网上公开访问的。NAT 的类型有 NAT 和 NAPT(Network Address Port Translation)。NAT 实现一对一的地址转换，即一个本地 IP 地址对应一个全局地址；NAPT 实现多对一的地址转换，多个本地 IP 地址共享一个全局 IP 地址，通过端口号来区分不同的内部设备。大多数情况下，局域网中存在多台主机，但可用的公网 IP 地址有限，因此，通常使用动态 NAPT，允许多台局域网主机共用少数公网 IP 地址访问互联网。

通过 NAT，内部网络的设备可以访问外部网络，并通过转换后的地址与外部网络通信。这种技术也有一定的安全性，因为它隐藏了内部网络的真实结构，使外部网络无法直接访问内部设备。同时，NAT 也有助于缓解 IPv4 地址枯竭的问题，为网络提供了更好的扩展性。

12.2.2 相关配置命令

1. NAT 地址池配置

格式：

```
ip nat pool pool-name start-ip end-ip { netmask netmask | prefix-length prefix-length } [ type rotary ]
ip nat pool pool-name { netmask netmask | prefix-length prefix-length } [ type rotary ]
no ip nat pool pool-name
```

功能：定义 NAT 地址池，该命令的 no 形式可以删除地址池。

参数说明如表 12-1 所示。

表 12-1 NAT 地址池配置参数说明

参 数	描 述
pool-name	NAT 地址池名字
start-ip	NAT 地址池的起始 IP 地址
end-ip	NAT 地址池的结束 IP 地址
netmask	NAT 地址池的地址网络掩码
prefix-length	NAT 地址池的地址网络掩码长度
type	NAT 地址池的类型，rotary 为轮转型，每个地址分配的概率相等

2. 配置 NAT 转换

命令：

```
ip nat { inside | outside }
no ip nat { inside | outside }
```

功能：用于配置网络地址转换(NAT)的命令，可以指定接口的 NAT 类型，这些命令控制哪些接口将执行 NAT，并且在进行网络地址转换时指定数据包的流向。ip nat inside 命令用于配置一个接口为内部接口，表示该接口上的地址将被转换，内部接口通常是指连接到内部局域网的接口。ip nat outside 命令用于配置一个接口为外部接口，表示该接口上的地址将用于转换，外部接口通常是指连接到外部网络(如互联网)的接口。使用 no ip nat inside/outside 命令将取消对接口的 ip nat inside/outside 配置。

NAT 转换配置参数说明见表 12-2。

表 12-2 NAT 转换配置参数说明

参 数	描 述
inside	表示该接口连接内部网络
outside	表示该接口连接外部网络

3. 配置 NAT 应用层网关

命令：

```
ip nat translation { dns [ttl] | ftp [port] | h323 | mms | pptp | rtsp | sip [media_proxy] | tftp }
no ip nat translation [ dns | ftp | h323 | mms | pptp | rtsp | sip [media_proxy] | tftp ]
```

功能：配置 NAT 应用层网关。在 NAT 中，数据包的地址和端口发生了改变，而某些特殊协议的 IP 地址和端口包含在应用层有效数据载荷中，为了能够顺利对这些特殊协议进行网络地址转换，需要开启特殊协议网关。

NAT 应用层网关配置参数说明见表 12-3。

表 12-3　NAT 应用层网关配置参数说明

参　数	描　　述
dns [ttl]	dns 协议，可以设置 dns alg 修改 dns 后的 ttl 参数。默认情况下，ttl 为 1
ftp [port]	ftp 协议，可以指定 ftp 服务端口。FTP 协议默认端口为 20 和 21
H323	H323 协议
mms	mms 协议
pptp	pptp 协议
rtsp	rtsp 协议
sip [media_proxy]	sip 协议，可以开启支持媒体服务器场景；在多服务器的 sip alg 场景下，建议开启 media_proxy 命令
tftp	tftp 协议

4. 查看 NAT 转换记录

命令：

```
show ip nat statistics rule [nouse | syn]
```

功能：该命令可以显示 IP NAT 转换规则的详细信息，如规则命中计数，还可以过滤显示当前并未使用的 NAT 规则。

注意，RSR77 是分布式设备，所有线卡默认情况下不会同步，通过 syn 选项可以单独同步，其他情况显示命令的同时会去各个线卡收集信息，可能出现信息不准确的情况。建议显示前使用 syn 命令同步计数。

NAT 转换记录参数说明见表 12-4。

表 12-4　NAT 转换记录参数说明表

参　　数	描　　述
nouse	显示未命中的 NAT 规则
syn	RSR77 独有命令，从线卡同步记录信息

12.3　实验环境与设备

12.3.1　实验设备

本次实验使用 Cisco Packet Tracer 模拟器，使用模拟设备为三台 Cisco 2811 路由器、两台 Cisco 2960-24TT 二层交换机、4 台 PC 和两台 WWW 服务器。

12.3.2 实验环境

NAT 实验拓扑结构如图 12-1 所示。

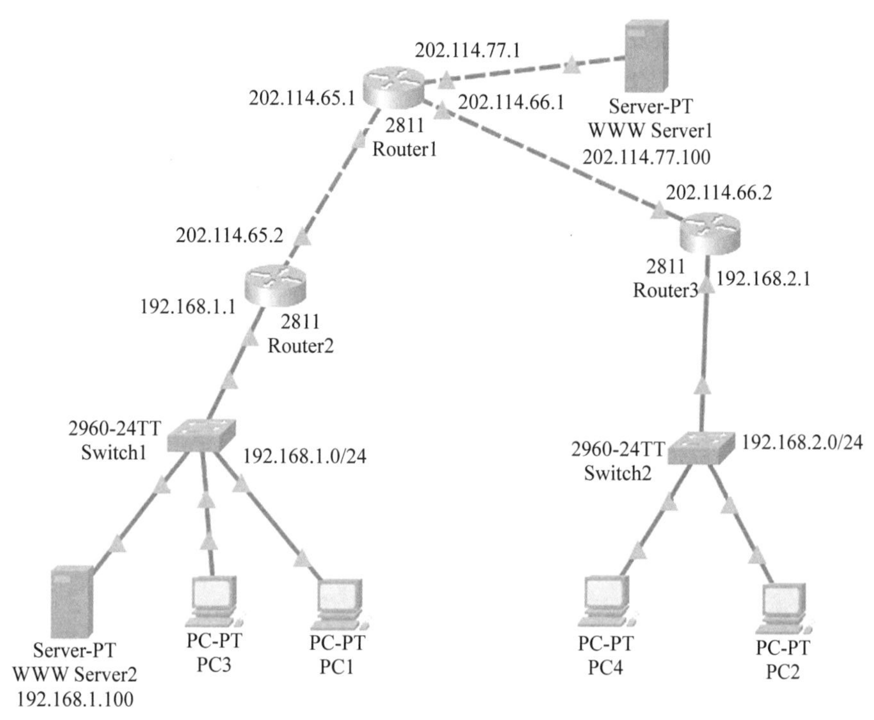

图 12-1 NAT 实验拓扑图

实验要求如下：

(1) 通过配置 NAT，实现 192.168.2.0 网络中的计算机共享 IP 地址 202.114.66.2 上网。

(2) 通过配置 NAT，192.168.1.0 网络中的计算机通过 IP 地址池 202.114.65.5～202.114.65.12 上网。

(3) 配置 NAT，通过 202.114.65.100:80 访问内网中的 WWW2 服务器。

(4) 路由器之间采用静态路由协议。

12.4 实验步骤

1. 搭建实验环境

按照给出的网络拓扑搭建实验环境。

2. 配置各设备的 IP 地址、路由表以及 NAT

路由器 1 需要配置各接口的 IP 地址以及静态路由表。具体指令如下：

```
1. Router(config)#interface FastEthernet0/0
2. Router(config-if)#ip address 202.114.65.1 255.255.255.0
3. Router(config-if)#exit
4. Router(config)#interface FastEthernet0/1
5. Router(config-if)#ip address 202.114.66.1 255.255.255.252
6. Router(config-if)#exit
```

```
7. Router(config)#interface FastEthernet1/0
8. Router(config-if)#ip address 202.114.77.1 255.255.255.0
9. Router(config-if)#exit
```

请思考是否需要配置去 192.168.1.0 网络的静态路由？请思考是否需要配置缺省路由？

对于路由器 2，首先配置路由器 2 的各接口 IP，然后定义 IP 地址池和访问控制列表，并定义 NAT 的内网和外网位置，使用访问控制列表将内网网段映射到 IP 地址池的外网网段。配置只有 192.168.1.0 网段的计算机通过 IP NAT 进行地址转换，通过 ip nat inside source static tcp 命令将 WWW Server 2 的内网地址（及端口）映射为外网地址（及端口），最后设置默认路由即可。具体指令如下：

```
1. Router(config)#interface FastEthernet0/0
2. Router(config-if)#ip address 202.114.65.2 255.255.255.0
3. Router(config-if)#ip nat outside
4. Router(config-if)#exit
5. Router(config)#interface FastEthernet0/1
6. Router(config-if)#ip address 192.168.1.1 255.255.255.0
7. Router(config-if)#ip nat inside
8. Router(config-if)#exit
9. Router(config)#access-list 2 permit 192.168.1.0 0.0.0.255
10. Router(config)#ip nat pool ourpool 202.114.65.5 202.114.65.12 netmask 255.255.255.0
11. Router(config)#ip nat inside source list 2 pool ourpool
12. Router(config)#ip nat inside source static tcp 192.168.1.100 80 202.114.65.100 80
13. Router(config)#ip route 0.0.0.0 0.0.0.0 202.114.65.1
14. Router(config)#exit
```

可以使用命令 show ip nat statistics 查看路由器 2 的 NAT 统计信息，如图 12-2 所示。

```
Router#show ip nat statistics
Total translations: 2 (1 static, 1 dynamic, 2 extended)
Outside Interfaces: FastEthernet0/0
Inside Interfaces: FastEthernet0/1
Hits: 8  Misses: 1
Expired translations: 0
Dynamic mappings:
-- Inside Source
access-list 2 pool ourpool refCount 0
 pool ourpool: netmask 255.255.255.0
       start 202.114.65.5 end 202.114.65.12
       type generic, total addresses 8 , allocated 0 (0%), misses 0
```

图 12-2　路由器 2 NAT 统计

对于路由器 3，首先配置各接口 IP 地址，实验要求 PC4 和 PC2 使用外部 IP 地址：202.114.66.2，即路由器的外部接口，这里同样需要创建一个访问控制列表，利用它来进行网络地址映射，对应的指令为 ip nat inside source list 2 interface FastEthernet0/0 overload，具体的指令如下：

```
1. Router(config)#interface FastEthernet0/0
2. Router(config-if)#ip address 202.114.66.2 255.255.255.252
3. Router(config-if)#ip nat outside
4. Router(config-if)#exit
5. Router(config)#interface FastEthernet0/1
6. Router(config-if)#ip address 192.168.2.1 255.255.255.0
7. Router(config-if)#ip nat inside
```

```
8. Router(config-if)#exit
9. Router(config)#access-list 2 permit 192.168.2.0 0.0.0.255
10. Router(config)#ip nat inside source list 2 interface FastEthernet0/0 overload
11. Router(config)#ip nat inside source static tcp 192.168.1.100 80 202.114.65.100 80
12. Router(config)#ip route 0.0.0.0 0.0.0.0 202.114.66.1
13. Router(config)#exit
```

同样使用命令 show ip nat statistics 查看路由器 3 的 NAT 统计信息，如图 12-3 所示。

```
Router#show ip nat statistics
Total translations: 1 (0 static, 1 dynamic, 1 extended)
Outside Interfaces: FastEthernet0/0
Inside Interfaces: FastEthernet0/1
Hits: 16  Misses: 12
Expired translations: 11
Dynamic mappings:
```

图 12-3 路由器 3 NAT 统计

3. 配置主机和服务器的 IP 地址及默认网关

本实验使用 4 台 PC，2 台 WWW 服务器，这里展示 WWW Server2 的 IP 地址以及网关配置结果，其他设备配置同理，如图 12-4 所示。

Physical Config Services Desktop Programming Attributes

IP Configuration

IP Configuration

○ DHCP	● Static
IPv4 Address	192.168.1.100
Subnet Mask	255.255.255.0
Default Gateway	192.168.1.1
DNS Server	0.0.0.0

图 12-4 WWW Server2 IP 地址和默认网关配置

4. 查看路由器的配置信息

以 Router1 为例，使用 show ip route 命令查看路由协议和路由表，如图 12-5 所示。

```
Router#show ip route
Codes: L - local, C - connected, S - static, R - RIP, M - mobile, B - BGP
       D - EIGRP, EX - EIGRP external, O - OSPF, IA - OSPF inter area
       N1 - OSPF NSSA external type 1, N2 - OSPF NSSA external type 2
       E1 - OSPF external type 1, E2 - OSPF external type 2, E - EGP
       i - IS-IS, L1 - IS-IS level-1, L2 - IS-IS level-2, ia - IS-IS inter area
       * - candidate default, U - per-user static route, o - ODR
       P - periodic downloaded static route

Gateway of last resort is not set

     202.114.65.0/24 is variably subnetted, 2 subnets, 2 masks
C       202.114.65.0/24 is directly connected, FastEthernet0/0
L       202.114.65.1/32 is directly connected, FastEthernet0/0
     202.114.66.0/24 is variably subnetted, 2 subnets, 2 masks
C       202.114.66.0/30 is directly connected, FastEthernet0/1
L       202.114.66.1/32 is directly connected, FastEthernet0/1
     202.114.77.0/24 is variably subnetted, 2 subnets, 2 masks
C       202.114.77.0/24 is directly connected, FastEthernet1/0
L       202.114.77.1/32 is directly connected, FastEthernet1/0
```

图 12-5 Router1 路由协议和路由表信息

5. 连通性测试

(1) PC1 ping WWW1 服务器。

WWW1 服务器的 IP 地址是 202.114.77.100。在 PC1 上使用命令 ping 202.114.77.100 即可,如图 12-6 所示。

```
C:\>ping 202.114.77.100

Pinging 202.114.77.100 with 32 bytes of data:

Reply from 202.114.77.100: bytes=32 time<1ms TTL=126
Reply from 202.114.77.100: bytes=32 time=22ms TTL=126
Reply from 202.114.77.100: bytes=32 time<1ms TTL=126
Reply from 202.114.77.100: bytes=32 time=5ms TTL=126

Ping statistics for 202.114.77.100:
    Packets: Sent = 4, Received = 4, Lost = 0 (0% loss),
Approximate round trip times in milli-seconds:
    Minimum = 0ms, Maximum = 22ms, Average = 6ms
```

图 12-6　PC1 ping WWW1 服务器

(2) PC2 ping WWW1 服务器。

WWW1 服务器的 IP 地址是 202.114.77.100,在 PC2 上使用命令 ping 202.114.77.100 即可,如图 12-7 所示。

```
C:\>ping 202.114.77.100

Pinging 202.114.77.100 with 32 bytes of data:

Reply from 202.114.77.100: bytes=32 time<1ms TTL=126
Reply from 202.114.77.100: bytes=32 time=1ms TTL=126
Reply from 202.114.77.100: bytes=32 time=20ms TTL=126
Reply from 202.114.77.100: bytes=32 time<1ms TTL=126

Ping statistics for 202.114.77.100:
    Packets: Sent = 4, Received = 4, Lost = 0 (0% loss),
Approximate round trip times in milli-seconds:
    Minimum = 0ms, Maximum = 20ms, Average = 5ms
```

图 12-7　PC2 ping WWW1 服务器

(3) PC4 访问 WWW2 服务器。

WWW2 服务器的内网地址是 192.168.1.100,由于从 PC4 到 WWW2 服务器要经过外网,所以不能直接访问 192.168.1.100 地址,而只能访问其对应的 202.114.65.100:80,在 PC4 上打开 Web 浏览器,然后输入地址 202.114.65.100 即可访问内网 WWW2 服务器,如图 12-8 所示。

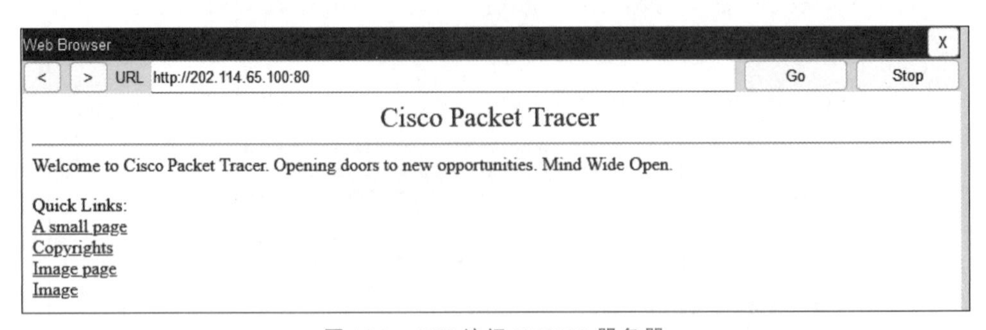

图 12-8　PC4 访问 WWW2 服务器

12.5 实验思考题

1. 简述 NAT 的原理和应用场景。
2. 如何定位 NAT 后的真实内网 IP?
3. 有了 IPv6 是否还需要 NAT?
4. A 公司的企业网络拓扑结构如图 12-9 所示,由三台路由器和两台二层交换机构成。现要求网络管理员进行如下配置:

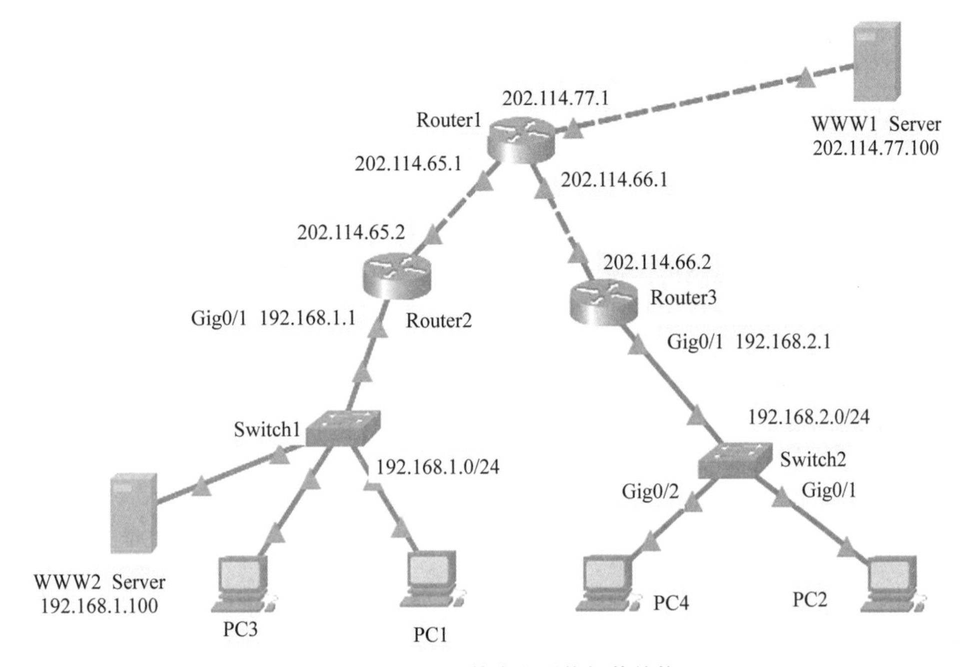

图 12-9 A 公司的企业网络拓扑结构

(1) 通过配置 NAT,实现 192.168.2.0 网络中的计算机共享 IP 地址 202.114.66.2 上网。

(2) 通过配置 NAT,192.168.1.0 网络中的计算机通过 IP 地址池 202.114.65.5～202.114.65.12 上网。

(3) 配置 NAT,通过 202.114.65.100:80 访问内网中的 WWW2 服务器。

(4) 在交换机 Switch2 中配置端口安全,设置 Gig0/1 端口只允许 PC2 使用 192.168.2.100 访问,设置 Gig0/2 端口只允许 PC4 等至多 4 台机器访问。

(5) 路由器之间采用动态路由协议。试着完成地址规划及网络配置,并调通 A 公司的网络。

5. 比较 NAT 与 NAPT 在地址转换方面的主要区别,在什么情况下会优先使用 NAT? 在什么情况下会优先使用 NAPT?

实验13 端口安全及访问控制列表

13.1 实验目的和内容

1. 实验目的

(1) 掌握交换机的端口安全功能，控制用户的安全接入。

(2) 了解高级访问控制列表的原理和配置方法。

2. 实验内容

(1) 按照指定的实验拓扑图，正确连接网络设备。

(2) 为各个路由器配置端口的 IP 地址。

(3) 为各个路由器配置路由交换协议 RIPv2 和访问控制列表。

(4) 在交换机上配置端口安全功能。

(5) 测试机器连通性。

13.2 实验原理

13.2.1 相关理论知识

访问控制列表(ACL)是用于控制网络设备(如路由器、交换机)上流经或者进出接口的数据流的一种技术。ACL 可以基于源地址、目标地址、服务类型等条件，对数据包进行过滤和控制，以实现网络安全和资源访问的限制。ACL 规则分为允许(permit)和拒绝(deny)两种类型，根据匹配条件对数据包进行相应的处理。

标准 ACL 基于源 IP 地址进行匹配，只能过滤源 IP 地址，无法指定目标地址或端口号等，标准 ACL 一般用于简单网络，只需要基于源 IP 地址进行控制的情况。扩展 ACL 可以基于源 IP 地址、目标 IP 地址、协议、端口号等多种条件进行匹配，具有更广泛的应用范围，可以根据网络需求配置复杂的规则，一般适用于需要更精细控制的网络环境，可以指定具体的协议、端口等。

交换机的端口安全功能是指通过对交换机端口的安全属性进行配置，以实现对用户接入的严格控制，确保网络的安全，防止潜在的攻击。这种控制可以基于两个主要方面进行配置：

一是限制最大连接数，通过限制交换机端口的最大连接数，可以控制允许连接到该端口的设备数量，这类控制可以防止未经授权的设备过多地连接到网络，避免可能的网络拥塞或滥用；

二是 MAC 地址、IP 地址绑定，通过针对交换机端口进行 MAC 地址和 IP 地址的绑定，可以确保只有预先授权的设备才能通过该端口访问网络，这种绑定可以灵活地选择绑定 MAC 地址、IP 地址或两者的组合，实现了对用户的严格控制，只有事先绑定的 MAC 地址或 IP 地址的设备才能通过交换机端口进行网络访问。

13.2.2 相关配置命令

1. 创建一条 IP 标准 ACL，并往该 ACL 中添加一条 ACL 规则

格式：

```
access-list id { deny | permit } { source source-wildcard | host source | any } [ time-range tm-range-name] [ log ]
```

2. 创建一条 IP 扩展 ACL，并往该 ACL 中添加一条 ACL 规则

格式：

```
access-list id { deny | permit } protocol { source source-wildcard | host source | any } { destination destination-wildcard | host destination | any } [precedence precedence ] [ tos tos ] [ fragment ] [ range lower upper ] [ time-range time-range-name ] [ log ]
```

3. 创建一条 MAC 扩展 ACL，并往该 ACL 中添加一条 ACL 规则

格式：

```
access-list id { deny | permit } { any | host source-mac-address | src-mac-addr mask } { any | host destination-mac-address | dst-mac-addr mask } [ ethernet-type ] [ cos [ out ] [ inner in ] ]
```

4. 创建一条专家级扩展 ACL，并往该 ACL 中添加一条 ACL 规则

格式：

```
access-list id { deny | permit } [ protocol | [ ethernet-type ] [ cos [ out ] [ inner in ] ] ] [VID [ out ] [ inner in ] ]{ source source-wildcard | host source | any } { host source-mac-address | any } { destination destination-wildcard | host destination | any } { host destination-mac-address | any } ] [ precedence precedence ] [ tos tos ] [ fragment ] [ range lower upper ] [ time-range time-range-name ]
```

访问控制列表命令中各参数及其含义如表 13-1 所示。

表 13-1 访问控制列表命令中各参数及其含义

参 数	含 义
id	ACL 编号，可配范围： • IP 标准 ACL(1～99,1300～1999) • IP 扩展 ACL(100～199,2700～2899) • MAC 扩展 ACL(700～799) • 专家级扩展 ACL(2000～2699)
deny|permit	允许或拒绝指定的流量
source	报文源地址(主机地址或网络地址)
source-wildcard	源地址通配符，可以是不连续的，如 0.255.0.32
protocol	协议编号，可以是 EIGRP、GRE、IPINIP、IGMP、NOS、OSPF、ICMP、UDP、TCP、IP 中的一个，也可以是代表协议的 0～255 编号。一些重要的协议如 ICMP/TCP/UDP 等单独列出进行说明
destination	报文目标地址(主机地址或网络地址)
destination-wildcard	目标地址通配符，可以不连续
fragment	报文分片的过滤
precedence	报文的优先级别

续表

参　数	含　义
precedence	报文的优先级别(0～7)
range	报文的四层端口号范围
lower	四层端口号范围的下限
upper	四层端口号范围的上限
time-range	报文过滤的时间区
time-range-name	报文过滤的时间区名称
tos	报文的服务类型
icmp-type	ICMP 报文的消息类型(0～255)
icmp-code	ICMP 报文的消息类型代码(0～255)
icmp-message	ICMP 报文的消息类型名称
host source-mac-address	源主机的物理地址
host destination-mac-address	目的主机的物理地址
VID vid	对指定的 vid 进行匹配
ethernet-type	以太网协议类型

5. 配置端口安全

格式：

```
switchport port-security [ violation { protect | restrict | shutdown } ]
```

功能：用于配置交换机端口的安全特性，通常用于限制允许接入该端口的设备数量以及绑定设备的 MAC 地址。其中，protect 表示当违反端口安全规则时，不采取特殊措施，不会关闭端口或影响通信，但是记录违规的事件到日志中；restrict 表示当违反端口安全规则时，会丢弃违规的数据包，同时也会记录到日志中，并且发送 trap；shutdown 表示发现违例，端口将被禁用，并且发送 trap，不再允许任何数据传输。

格式：

```
switchport port-security aging { static | time time }
```

功能：配置交换机端口安全功能中与 MAC 地址学习和老化相关的设置。此命令用于确定交换机在多长时间内将学习到的 MAC 地址保留在端口安全表中。其中，static 表示将 MAC 地址配置为静态地址，即手动配置的 MAC 地址，这些地址将不会过期，即使超过指定的老化时间也不会被移除；time 用于指定 MAC 地址在端口安全表中保留的时间，以秒为单位，如果没有配置静态 MAC 地址，这个时间段到期后，MAC 地址将被自动删除。

格式：

```
switchport port-security binding [ mac-address vlan vlan_id ] { ipv4-address | ipv6-address }
```

功能：手工配置安全地址绑定，对安全地址进行源 IP 地址和源 MAC 绑定，绑定之后，必须是符合绑定的安全地址的报文才可以进入交换机,不符合绑定的报文将被丢弃。其中,mac-address 为绑定的源 MAC 地址;vlan_id 绑定源 MAC 的 VID;ipv4-address 绑定 IPv4 的 IP 地址;ipv6-address 绑定 IPv6 的 IP 地址。

格式:

```
switchport port-security interface interface-id binding [ mac-address vlan vlan_id ] {ipv4-address | ipv6-address }
```

功能:手工配置安全地址绑定,对安全地址进行源 IP 地址和源 MAC 绑定,绑定之后,必须是符合绑定的安全地址的报文才可以进入交换机,不符合绑定的报文将被丢弃。其中,interface-id 表示绑定的接口 ID;mac-address 表示绑定的源 MAC 地址;vlan_id 表示绑定源 MAC 的 VID;ipv4-address 表示绑定 IPv4 的 IP 地址;ipv6-address 表示绑定 IPv6 的 IP 地址。

格式:

```
switchport port-security mac-address mac-address [ vlan vlan-id ]
```

功能:手工配置静态安全地址。其中,mac-address 表示静态安全地址;vlan-id 表示 MAC 地址绑定的 VID。

格式:

```
switchport port-security interface interface-id mac-address mac-address [ vlan vlan-id ]
```

功能:手工配置静态安全地址。其中,interface-id 表示接口 ID;mac-address 表示静态安全地址;vlan-id 表示 MAC 地址绑定的 VID,取值范围为 1~4094。

格式:

```
switchport port-security maximum value
```

功能:设置端口最大安全地址个数,安全地址个数为 1~128。

13.3 实验环境和设备

13.3.1 实验设备

本次实验在锐捷与 Cisco Packet Tracer 中完成,在思科模拟器中用到的模拟设备包括:三台 Cisco 2811 路由器、三台 Cisco 2960-24TT 二层交换机,5 台 PC 以及一台 WWW 服务器;在锐捷实验平台中使用 6 台 PC,其中一台作为 WWW 服务器。

13.3.2 实验环境

端口安全及访问控制列表实验拓扑图如图 13-1 所示。

实验配置要求如下:

(1) 进行 IP 地址规划,然后配置 IP 地址和动态路由,实现企业网络的互联互通。

(2) 配置标准 ACL。210.42.112.0 网络中的 PC2 不能访问 210.42.113.0 网络,其他 PC 可以访问。

(3) 配置标准 ACL。210.42.112.0 网络中的 PC1 可以 Telnet 到 Router2,其他 PC 不行。

(4) 配置扩展 ACL。210.42.113.0 网络中的计算机可以访问 Server 中的 WWW 服务,其

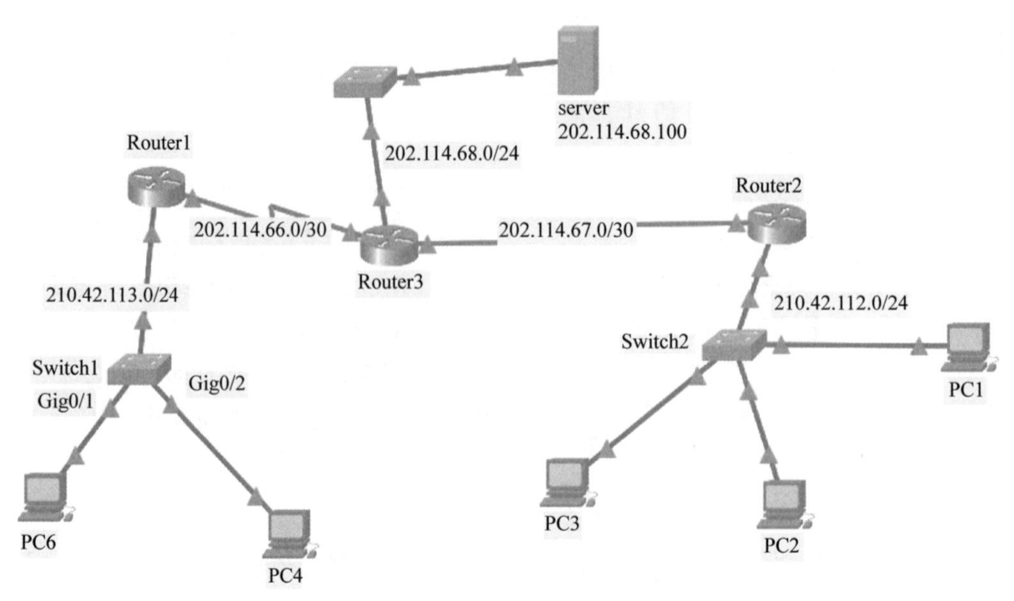

图 13-1 端口安全及访问控制列表实验拓扑图

他网络中的 PC 不能访问。

(5) 在交换机 Switch1 中配置端口安全,设置与 PC6 相连的端口只允许 PC6 使用 192.168.2.100 地址接入交换机,设置与 PC4 相连的端口只允许 PC4 等至多 4 台机器接入交换机。

13.4 实验步骤(锐捷实验平台)

1. 为各路由器分配 IP 地址以及配置路由协议

配置路由器 Router1:

```
1. Ruijie>enable
2. Ruijie#configure terminal
3. Ruijie(config)#interface gig 0/0
4. Ruijie(config-if)#ip address 202.114.66.1 255.255.255.252
5. Ruijie(config-if)#exit
6. Ruijie(config)#interface gig 0/1
7. Ruijie(config-if)#ip address 210.42.113.254 255.255.255.0
8. Ruijie(config-if)#exit
9. Ruijie(config)#rout ospf 1
10. Ruijie(config-router)#network 202.114.66.0 255.255.255.252 area 0
11. Ruijie(config-router)#network 210.42.113.0 255.255.255.0 area 0
12. Ruijie(config-router)#exit
```

配置路由器 Router2:

```
1. Ruijie>enable
2. Ruijie#configure terminal
3. Ruijie(config)#interface gig 0/0
4. Ruijie(config-if)#ip address 202.114.67.1 255.255.255.252
5. Ruijie(config-if)#exit
6. Ruijie(config)#interface gig 0/1
7. Ruijie(config-if)#ip address 210.42.112.254 255.255.255.0
8. Ruijie(config-if)#exit
9. Ruijie(config)#rout ospf 1
```

```
10. Ruijie(config-router)#network 202.114.67.0 255.255.255.252 area 0
11. Ruijie(config-router)#network 210.42.112.0 255.255.255.0 area 0
12. Ruijie(config-router)#exit
```

配置路由器 Router3：

```
1. Ruijie>enable
2. Ruijie#configure terminal
3. Ruijie(config)#interface gig 0/0
4. Ruijie(config-if)#ip address 202.114.66.2 255.255.255.252
5. Ruijie(config-if)#exit
6. Ruijie(config)#interface gig 0/1
7. Ruijie(config-if)#ip address 202.114.67.2 255.255.255.252
8. Ruijie(config-if)#exit
9. Ruijie(config)#interface gig 0/2
10. Ruijie(config-if)#ip address 202.114.68.254 5.255.255.0
11. Ruijie(config-if)#exit
12. Ruijie(config)#rout ospf 1
13. Ruijie(config-router)#network 202.114.66.0 255.255.255.252 area 0
14. Ruijie(config-router)#network 202.114.67.0 255.255.255.252 area 0
15. Ruijie(config-router)#network 202.114.68.254 5.255.255.0 area 0
16. Ruijie(config-router)#exit
```

2. 为各路由器配置访问控制列表

配置路由器 Router1，配置拒绝 PC2 访问 210.42.113.0 网络的标准 ACL。

```
1. Ruijie>enable
2. Ruijie#configure terminal
3. Ruijie(config)#access-list 1 deny host 210.42.112.2
4. Ruijie(config)#access-list 1 permit any
5. Ruijie(config)#interface gig 0/0
6. Ruijie(config-if)#ip access-group 1 in
7. Ruijie(config-if)#exit
```

配置路由器 Router2，配置只有 PC1 能够 Telnet 到 Router2 的标准 ACL。注意，需要配置 Telnet 和启用 Telnet 服务，并将 ACL 应用于 Telnet 服务(VTY line)上。

```
1. Ruijie>enable
2. Ruijie#configure terminal
3. Ruijie(config)#enable password ruijie
4. Ruijie(config)#line vty 0 4
5. Ruijie(config-line)#login local
6. Ruijie(config-line)#exit
7. Ruijie(config)#ip access-list standard 1
8. Ruijie(config-std-nacl)#10 permit host 210.42.112.1
9. Ruijie(config-std-nacl)#20 deny any
10. Ruijie(config-std-nacl)#exit
11. Ruijie(config)#line vty 0 4
12. Ruijie(config-line)#access-class 1 in
13. Ruijie(config-line)#exit
```

配置路由器 Router3，配置只有 210.42.113.0 网络中的计算机可以访问 Server 中的 WWW 服务的扩展 ACL。

```
1. Ruijie>enable
2. Ruijie#configure terminal
3. Ruijie(config)#ip access-list extended 100
```

```
4. Ruijie(config)#10 permit tcp 210.42.113.0 0.0.0.255 host 202.114.68.100 eq www
5. Ruijie(config)#deny any
6. Ruijie(config)#interface gig 0/2
7. Ruijie(config-if)#access-group 100 out
8. Ruijie(config-if)#exit
```

3. 为交换机 switch1 配置端口安全

设置与 PC6 相连的端口只允许 PC6 使用 192.168.2.100 地址接入交换机，设置与 PC4 相连的端口只允许 PC4 等至多 4 台机器接入交换机。

```
1. Switch>enable
2. Switch#configure terminal
3. Switch(config)#vlan 10
4. Switch(config)#interface gig 0/1
5. Switch(config-if)#switchport access vlan 10
6. Switch(config-if)#switchport port-security binding 192.168.2.100
7. Switch(config-if)#exit
8. Switch(config)#interface gig 0/2
9. Switch(config-if)#switchport port-security maximum 4
10. Switch(config-if)#exit
```

4. 查看设备的访问控制列表与端口安全配置

采用 show access-list 命令分别查看 Router1、Router2 和 Router3 的访问控制列表信息，其访问控制列表信息分别如图 13-2、图 13-3 和图 13-4 所示。

```
R1(config)#show access-lists

ip access-list standard 1
 10 deny host 210.42.112.2
 20 permit any
```

图 13-2　Router1 的访问控制列表信息

```
R2(config)#show access-lists

ip access-list standard 1
 10 permit host 210.42.112.1
 20 deny any
```

图 13-3　Router2 的访问控制列表信息

```
R3(config)#show access-lists

ip access-list extended 100
 10 permit tcp 210.42.113.0 0.0.0.255 host 202.114.68.100 eq www
```

图 13-4　Router3 的访问控制列表信息

采用 show port-security 命令查看交换机 Switch1 的端口安全配置信息，如图 13-5 所示。

```
Ruijie(config)#show port-security
NO.  SecurePort MaxSecureAddr CurrentAddr CurrentIpBind CurrentIpMacBind SecurityAction AgingTime
                   (Count)      (Count)      (Count)        (Count)                      (min)
---- ---------- ------------- ----------- ------------- ---------------- -------------- ---------
1    Gi0/1      1             1           1             1                protect        0
2    Gi0/2      4             1           0             0                protect        0
-------------------------------------------------------------------------------------------------
Total secure addresses in System : 2
Total secure bindings  in System : 2
```

图 13-5　交换机 Switch1 的端口安全配置信息

5. 测试并验证主机和服务器的连通性

分别为主机和服务器分配正确的 IP 地址，然后使用 ping 命令验证连通性，其结果分别如图 13-6、图 13-7 和图 13-8 所示。

```
以太网适配器 以太网 5:

   连接特定的 DNS 后缀 . . . . . . . :
   本地链接 IPv6 地址. . . . . . . . : fe80::e12c:ad8c:8cd6:7e34%19
   IPv4 地址 . . . . . . . . . . . . : 210.42.112.1
   子网掩码 . . . . . . . . . . . . : 255.255.255.0
   默认网关. . . . . . . . . . . . . : 210.42.112.254

C:\Users\Administrator>ping 210.42.113.1

正在 Ping 210.42.113.1 具有 32 字节的数据:
来自 210.42.113.1 的回复: 字节=32 时间=1ms TTL=125
来自 210.42.113.1 的回复: 字节=32 时间=1ms TTL=125
来自 210.42.113.1 的回复: 字节=32 时间=1ms TTL=125
来自 210.42.113.1 的回复: 字节=32 时间=1ms TTL=125

210.42.113.1 的 Ping 统计信息:
    数据包: 已发送 = 4, 已接收 = 4, 丢失 = 0 (0% 丢失),
往返行程的估计时间(以毫秒为单位):
    最短 = 1ms, 最长 = 1ms, 平均 = 1ms
```

图 13-6 PC1 ping PC4 的结果

```
以太网适配器 以太网 5:

   连接特定的 DNS 后缀 . . . . . . . :
   本地链接 IPv6 地址. . . . . . . . : fe80::d917:d286:b52:fb70%19
   IPv4 地址 . . . . . . . . . . . . : 210.42.112.2
   子网掩码 . . . . . . . . . . . . : 255.255.255.0
   默认网关. . . . . . . . . . . . . : 210.42.112.254

C:\Users\Administrator>ping 210.42.113.1

正在 Ping 210.42.113.1 具有 32 字节的数据:
请求超时。
请求超时。
请求超时。
请求超时。

210.42.113.1 的 Ping 统计信息:
    数据包: 已发送 = 4, 已接收 = 0, 丢失 = 4 (100% 丢失),

C:\Users\Administrator>telnet 202.114.68.100 80
正在连接202.114.68.100...无法打开到主机的连接。 在端口 80: 连接失败
```

图 13-7 PC2 ping PC4、访问服务器的 WWW 服务结果

```
以太网适配器 以太网 5:

   连接特定的 DNS 后缀 . . . . . . . :
   本地链接 IPv6 地址. . . . . . . . : fe80::d5f0:e601:3c55:71a0%19
   IPv4 地址 . . . . . . . . . . . . : 210.42.113.1
   子网掩码 . . . . . . . . . . . . : 255.255.255.0
   默认网关. . . . . . . . . . . . . : 210.42.113.254

C:\Users\Administrator>telnet 202.114.68.100 21
正在连接202.114.68.100...无法打开到主机的连接。 在端口 21: 连接失败
```

图 13-8 PC 访问服务器的 Telnet 服务结果

13.5 实验步骤(Cisco Packet Tracer)

1. 为各路由器分配 IP 地址以及配置路由协议

配置路由器 Router1：

```
1. router>enable
2. router#configure terminal
3. router(config)#interface FastEthernet0/0
4. router(config-if)#ip address 202.114.66.1 255.255.255.252
```

```
5. router(config-if)#no shutdown
6. router(config-if)#exit
7. router(config)#interface FastEthernet0/1
8. router(config-if)#ip address 210.42.113.254 255.255.255.0
9. router(config-if)#no shutdown
10. router(config-if)#exit
11. router(config)#rout ospf 1
12. router(config-router)#network 202.114.66.0 255.255.255.252 area 0
13. router(config-router)#network 210.42.113.0 255.255.255.0 area 0
14. router(config-router)#exit
```

配置路由器 Router2：

```
1. router#configure terminal
2. router(config)#interface FastEthernet0/0
3. router(config-if)#ip address 202.114.67.1 255.255.255.252
4. router(config-if)#no shutdown
5. router(config-if)#exit
6. router(config)#interface FastEthernet0/1
7. router(config-if)#ip address 210.42.112.254 255.255.255.0
8. router(config-if)#no shutdown
9. router(config-if)#exit
10. router(config)#rout ospf 1
11. router(config-router)#network 202.114.67.0 255.255.255.252 area 0
12. router(config-router)#network 210.42.112.0 255.255.255.0 area 0
13. router(config-router)#exit
```

配置路由器 Router3：

```
1. router#configure terminal
2. router(config)#interface FastEthernet0/0
3. router(config-if)#ip address 202.114.66.2 255.255.255.252
4. router(config-if)#no shutdown
5. router(config-if)#exit
6. router(config)#interface FastEthernet0/1
7. router(config-if)#ip address 202.114.67.2 255.255.255.252
8. router(config-if)#no shutdown
9. router(config-if)#exit
10. router(config)#interface FastEthernet1/0
11. router(config-if)#ip address 202.114.68.254 5.255.255.0
12. router(config-if)#no shutdown
13. router(config-if)#exit
14. router(config)#rout ospf 1
15. router(config-router)#network 202.114.66.0 255.255.255.252 area 0
16. router(config-router)#network 202.114.67.0 255.255.255.252 area 0
17. router(config-router)#network 202.114.68.254 255.255.255.0 area 0
18. router(config-router)#exit
```

2. 为各路由器配置访问控制列表

配置路由器 Router1。注意，这里访问控制列表在 Router1 连接 Router3 的端口处设置，应用于数据包进入方向(in)。

```
1. router#configure terminal
2. router(config)#access-list 1 deny host 210.42.112.2
3. router(config)#access-list 1 permit any
4. router(config)#interface gig 0/0/0
5. router(config-if)#ip access-group 1 in
6. router(config-if)#exit
```

配置路由器 Router2。注意，这里访问控制列表在路由器 2 连接路由器 3 的端口设置，应用于数据包进入方向(in)，要求 210.42.112.0 网络中的 PC1 可以 Telnet 到 Router2，其他 PC

不行，这里创建标准访问控制列表，然后应用于VTY中。同时，还需要在Router2上启用telnet服务，需要设置密码等操作。

```
1. Router(config)#access-list 10 permit host 210.42.112.1
2. Router(config)#access-list 10 deny any
3. Router(config)#line vty 0 4
4. Router(config-line)#access-class 10 in
5. transport input telnet
6. password cisco
```

配置路由器Router3。注意，这里配置扩展ACL实现210.42.113.0网络中的计算机可以访问Server中的WWW服务，其他网络中的PC不能访问。

```
1. router#configure terminal
2. router(config)#ip access-list extended 100
3. router(config)#permit tcp 210.42.113.0 0.0.0.255 host 202.114.68.100 eq www
4. router(config)#interface gig 0/2
5. router(config-if)#ip access-group 1 out
6. router(config-if)#exit
```

3. 为交换机switch1配置端口安全

这里使用的思科2960-24TT二层交换机的端口安全只支持MAC地址的绑定，没有直接支持IP地址绑定，如图13-9所示。因此我们在这里演示MAC地址绑定的端口安全，即实现设置与PC6连接的端口只允许PC6使用其MAC地址(为0090.0C3D.BAD5)访问，设置与PC4连接的端口只允许PC4等至多4台机器访问。

```
Switch(config-if)#switchport port-security ?
  aging         Port-security aging commands
  mac-address   Secure mac address
  maximum       Max secure addresses
  violation     Security violation mode
  <cr>
```

图13-9　Cisco 2960-24TT二层交换机端口安全命令

```
1. Switch#enable
2. Switch#configure terminal
3. Switch(config)#vlan 10
4. Switch(config)#interface fa 0/1
5. Switch(config-if)#switchport mode access
6. Switch(config-if)#switchport port-security
7. Switch(config-if)#switchport port-security mac-address 0090.0C3D.BAD5
8. Switch(config-if)#switchport port-security violation restrict
9. Switch(config-if)#exit
10. Switch(config)#interface fa 0/2
11. Switch(config-if)#switchport port-security maximum 4
12. Switch(config-if)#switchport port-security violation protect
13. Switch(config-if)#exit
```

4. 查看设备的访问控制列表信息与端口安全配置

采用show access-list命令分别查看Router1、Router2和Router3的访问控制列表信息，其访问控制列表信息分别如图13-10、图13-11和图13-12所示，交换机的端口安全配置如图13-13所示。

```
Router#show ac
Standard IP access list 1
    10 deny host 210.42.112.2
    20 permit any (712 match(es))
```

图13-10　Router1的访问控制列表信息

```
Router#show ac
Standard IP access list 10
    10 permit host 210.42.112.1
    20 deny any
```

图 13-11　Router2 的访问控制列表信息

```
Router#show ac
Extended IP access list 100
    10 permit tcp 210.42.113.0 0.0.0.255 host 202.114.68.100 eq www
```

图 13-12　Router3 的访问控制列表信息

```
Switch#show port-security
Secure Port MaxSecureAddr CurrentAddr SecurityViolation Security Action
               (Count)        (Count)         (Count)
--------------------------------------------------------------------
       Fa0/1        1           1                 0         Restrict
       Fa0/2        4           0                 0          Protect
----------------------------------------------------------------------
```

图 13-13　交换机 1 的端口安全配置

5. 测试并验证主机和服务器的连通性

分别为主机和服务器分配正确的 IP 地址，然后验证各个主机之间的连通性、访问 WWW 服务器和 Telnet 的连接情况结果如图 13-14、图 13-15 和图 13-16 所示。

```
Cisco Packet Tracer PC Command Line 1.0
C:\>ping 210.42.113.2

Pinging 210.42.113.2 with 32 bytes of data:

Reply from 202.114.66.1: Destination host unreachable.
Reply from 202.114.66.1: Destination host unreachable.
Reply from 202.114.66.1: Destination host unreachable.
Reply from 202.114.66.1: Destination host unreachable.

Ping statistics for 210.42.113.2:
    Packets: Sent = 4, Received = 0, Lost = 4 (100% loss),
```

```
C:\>ping 210.42.113.2

Pinging 210.42.113.2 with 32 bytes of data:

Reply from 210.42.113.2: bytes=32 time<1ms TTL=128
Reply from 210.42.113.2: bytes=32 time<1ms TTL=128
Reply from 210.42.113.2: bytes=32 time<1ms TTL=128
Reply from 210.42.113.2: bytes=32 time<1ms TTL=128

Ping statistics for 210.42.113.2:
    Packets: Sent = 4, Received = 4, Lost = 0 (0% loss),
Approximate round trip times in milli-seconds:
    Minimum = 0ms, Maximum = 0ms, Average = 0ms
```

图 13-14　PC2 ping PC4 结果，PC1 ping PC4 结果

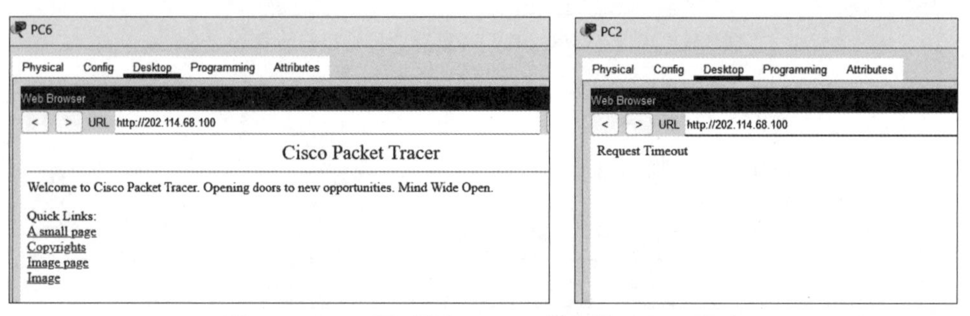

图 13-15　PC6 可以访问 WWW 服务器，PC2 不可以

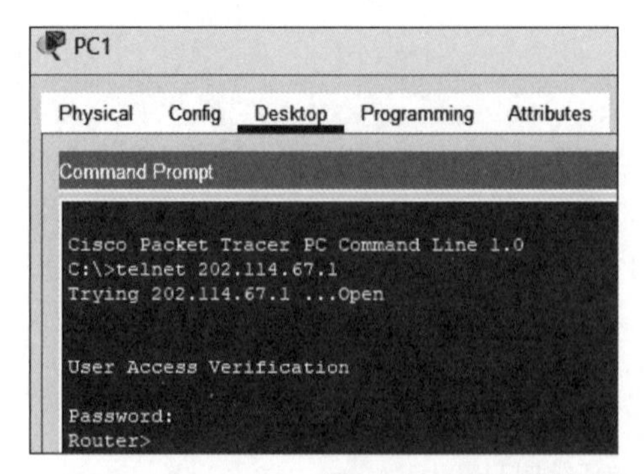

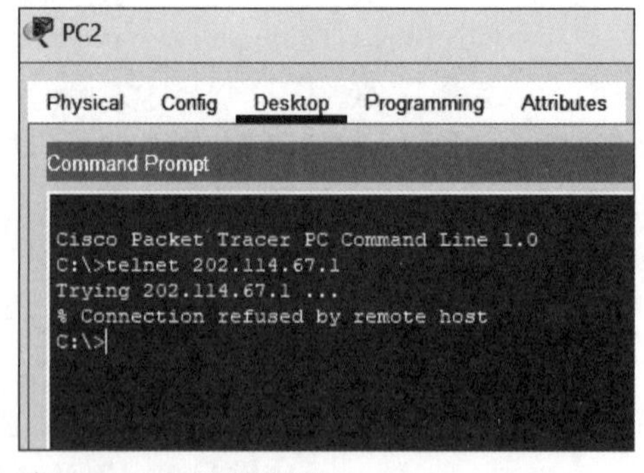

图 13-16　PC1 可以 Telnet 到 Router2，PC2 不可以

13.6 实验思考题

1. 标准 ACL 及扩展 ACL 一般应该配置在网络中的什么位置?
2. 路由器能否通过 ACL 过滤自己产生的数据包?
3. 基于端口安全的网络流量控制和基于 ACL 的网络流量控制有什么差异?

实验 14 组建无线局域网

14.1 实验目的和内容

1. 实验目的

(1) 认识无线局域网及有关设备。

(2) 掌握无线局域网基本配置方法。

(3) 通过实验理解 WLAN 基本工作原理及应用场景。

(4) 掌握漫游基本原理和配置。

2. 实验内容

在一些中型以上网络中,无线覆盖区域很大,在同一个区域部署了很多 AP,但其用户都在同一 WLAN 中,为了保障网络的稳定性,需要用户的笔记本电脑及其他移动设备在办公区内移动时不会造成网络中断。

所谓漫游就是从原有 AP 断开后连接到另一个 AP 的过程,一般要求在连接过程中不能断网。此次实验主要讨论的 AP 属于同一 AC 且 AP 上用户属于同一 VLAN 的无线局域网。

14.2 实验原理

1. 什么是无线局域网

无线局域网(Wireless LAN,WLAN)是一种通过利用电磁波而不是物理电缆来传输数据的技术,是对有线联网方式的一种补充和扩展。现在的 WiFi 6 支持的最高速率为 9.6Gb/s,并且可以提供更高的传输效率和更大的网络流量。

2. WLAN 的优点

与有线网络相比,WLAN 具有以下优点。

(1) 安装便捷:有线网络在网络建设过程中施工周期较长、网络布线对周边环境影响较大,往往需要破墙掘地、穿线架管等复杂工作。而 WLAN 的最大优势在于它减少或消除了这些烦琐的网络布线任务。通常情况下,只需安装一个或多个接入点(Access Point)设备,就可以建立覆盖整个建筑或园区的局域网络。

(2) 使用灵活:在无线网络的信号覆盖区域内,任何一个位置都可以接入网络进行通信。这意味着无需固定在特定位置使用网络,而是可以在覆盖范围内自由移动并保持连接。而在传统的有线网络中,网络设备的位置通常受限于网络信息点的位置。

(3) 经济节约:传统的有线网络在规划时需要提前考虑未来的扩展需求,因此通常会部署大量信息点。同时,当网络需求超出最初的设计范围,就可能需要昂贵的网络改建。而 WLAN 因其灵活性,无需大规模的物理基础设施改动,避免或减轻了以上情况的发生。

(4) 易于扩展:WLAN 具有多种配置选项,可以是只有几个用户的小型局域网也可以是上千用户的大型网络。用户可根据实际需求灵活定制。WLAN 还提供了一些有线网络无法提供的特性，例如，支持漫游（roaming）功能。

WLAN 发展迅速，已经广泛应用于医院、商店、机场、火车站及学校等人员流动性大的场所。

3. 无线局域网的组建技术

目前存在红外、蓝牙、802.11b/a/g、802.11n、802.11ac、802.11ax 等多种无线局域网技术。就传输速率和传输距离而言，红外、蓝牙及 WiFi 的传输速率和传输距离等性能参数对比如表 14-1 所示。可以看到，802.11n/802.11ax 可以满足用户运行大量占用带宽的网络操作，比较适合用在园区构建的企业无线网络或校园无线网络。

表 14-1 三种无线局域网组件技术的传输参数对比

技术类别	最高传输速率	传输距离
红外	4Mb/s	1m 左右
蓝牙 4.0	24Mb/s	10m 左右
802.11n	600Mb/s	100m 左右
802.11ax	9.6Gb/s	100m 左右

就成本而言，802.11n/802.11ax 技术也相对经济实惠。目前大多数笔记本电脑都内置了 802.11n/802.11ax 无线网卡，用户只需要购买一个无线 AP，就能轻松地建立无线网络。根据蓝牙技术的点对点和点对多点的无线连接概念，即在有效的通信范围内，所有设备都具有平等的地位，蓝牙技术更适合家庭环境，用于构建小范围的无线局域网。

4. 漫游工作原理

在无线网络中，由于单个 AP（Access Point，无线访问接入点）设备的信号覆盖范围有限，终端用户在移动过程中往往需要在不同的 AP 之间切换。为了保证在不同 AP 间切换时，网络通信不会中断，需要“无线漫游”技术支持。

无线漫游是指无线工作站在移动到两个无线访问接入点覆盖范围的临界区域时，无线工作站与新的 AP 进行关联并与原有 AP 断开关联，而且在此过程中保持不间断的网络连接。

对于用户来说，漫游是一种无感知的过程，用户在漫游过程中不会感知到切换，就像手机在移动通话中自动切换基站一样。WLAN 漫游过程中，无线工作站的 IP 地址始终保持不变。

5. 漫游基本概念

（1）漫出 AC：也称 HA（Home-AC），一个无线终端首次向漫游组内的某个无线控制器进行关联，该无线控制器即为该无线终端的漫出 AC。

（2）漫入 AC：也称 FA（Foreign-AC），与无线终端正在连接，而且不是漫出 AC 的无线控制器，该无线控制器即为该无线终端的漫入 AC。

（3）AC 内漫游：一个无线终端在同一个无线控制器内从一个无线访问点切换到另一个无线访问点的过程。

（4）AC 间漫游：一个无线终端从一个无线控制器的一个无线访问点切换到另一个无线控制器的一个无线访问点的过程。

14.3 实验环境与设备

CII 云教学平台和机架设备包括一台三层交换机、一台二层交换机、两台无线控制器和两个无线接入点，以及一台笔记本电脑。

14.4 实验步骤

1. IP 及 VLAN 规划

本实验模拟单核心二层结构网络无线部署环境，AC 通过两条链路连到核心交换机 SW2，AP 连接在接入层交换机 SW1 上，AP 通过 DHCP 获取地址，DHCP 服务器部署在核心交换机 SW2 上，下面是具体的 IP 及 VLAN 的规划。

AP1 的 VLAN：11，IP 网络是 172.16.11.0/24，网关是 172.16.11.254（网关部署在 SW2 上）。

AP2 的 VLAN：12，IP 网络是 172.16.12.0/24，网关是 172.16.12.254（网关部署在 SW2 上）。

无线用户 VLAN：20，IP 网络是 172.16.20.0/24，网关是 172.16.20.254（无线用户通过 DHCP 获得 IP 参数，DHCP 服务器和网关都部署在 SW2 上）。

SW1 的管理 VLAN：100，IP 地址是 172.16.100.1/24，网关是 172.16.100.254（网关部署在 SW2 上）。

本实验的网络拓扑结构如图 14-1 所示，各实验设备的连接情况如图 14-2 所示。

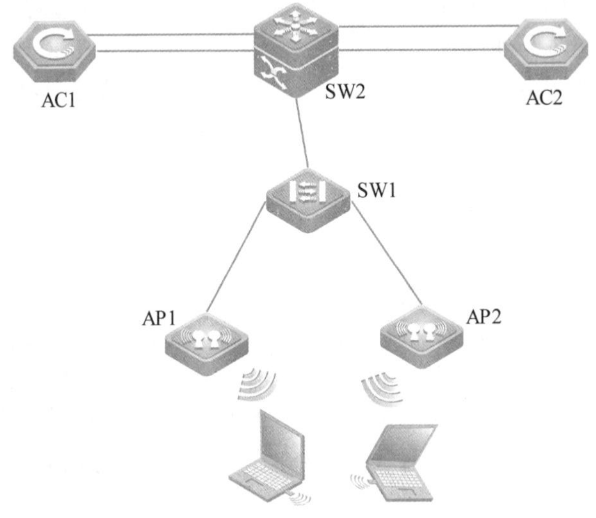

图 14-1 实验网络拓扑结构

锐捷 AP 瘦模式登录密码为：ruijie。enable 特权用户密码为：apdebug。

锐捷 AP 胖模式登录密码为：admin。瘦 AP 模式切换为胖 AP 模式，需要进入特权用户后输入命令 ap-mode fat 进行切换；反之，需要输入 ap-mode fit 切换为瘦 AP 模式。

2. 核心交换机配置

核心交换机是一台三层交换机，在本实验中使用 SW2 作为核心交换机。其配置基本信息如图 14-3 所示。然后配置 DHCP 服务，需要配置 AP 和无线用户两个地址池，接着配置路由，如图 14-4 所示。

接下来可以选择性地进行管理信息的配置。

3. 配置接入交换机 SW1

本实验中选择了二层交换机 SW1 作为接入交换机。首先进行基本信息的配置，如图 14-5 所示。

接下来可以选择性地配置管理信息。

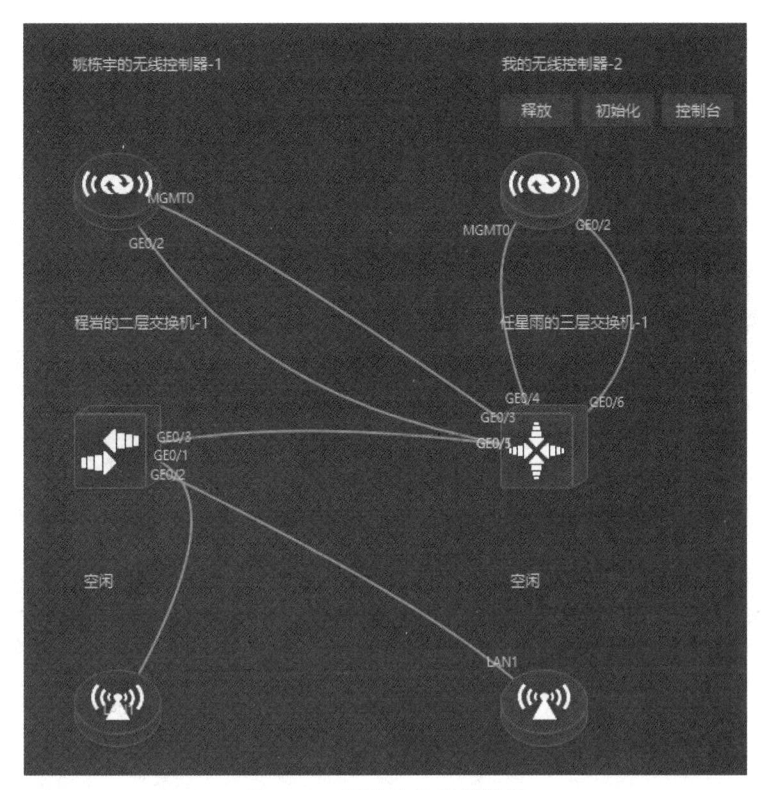

图 14-2　实验设备连接情况

```
Ruijie>enable
Ruijie#configure terminal
*May 18 19:49:35: %ZAM-6-EVENT: zam status changes to IDLE for entering config mode
Enter configuration commands, one per line.  End with CNTL/Z.
Ruijie(config)#hostname SW2
SW2(config)#vlan 11
SW2(config-vlan)#name ap1
SW2(config-vlan)#exit
SW2(config)#vlan 12
SW2(config-vlan)#name ap2
SW2(config-vlan)#exit
SW2(config)#vlan 20
SW2(config-vlan)#name yonghu
SW2(config-vlan)#exit
SW2(config)#vlan 100
SW2(config-vlan)#name guanli
SW2(config-vlan)#exit
SW2(config)#interface vlan 11
SW2(config-if-VLAN 11)#ip address 172.16.11.254 255.255.255.0
SW2(config-if-VLAN 11)#exit
SW2(config)#interface vlan 12
SW2(config-if-VLAN 12)#ip address 172.16.12.254 255.255.255.0
SW2(config-if-VLAN 12)#exit
SW2(config)#interface vlan 20
SW2(config-if-VLAN 20)#ip address 172.16.20.254 255.255.255.0
SW2(config-if-VLAN 20)#exit
```

图 14-3　配置基本信息

```
SW2(config)#interface vlan 100
SW2(config-if-VLAN 100)#ip address 172.16.100.254 255.255.255.0
SW2(config-if-VLAN 100)#exit
SW2(config)#interface gigabitEthernet 0/1
SW2(config-if-GigabitEthernet 0/1)#switchport mode trunk
SW2(config-if-GigabitEthernet 0/1)#description TO-[SW1]-G0/3
SW2(config-if-GigabitEthernet 0/1)#exit
SW2(config)#interface gigabitEthernet 0/3
SW2(config-if-GigabitEthernet 0/3)#no switchport
SW2(config-if-GigabitEthernet 0/3)#ip address 172.16.200.1 255.255.255.252
SW2(config-if-GigabitEthernet 0/3)#description TO-[AP1]-G0/1
SW2(config-if-GigabitEthernet 0/3)#exit
SW2(config)#interface gigabitEthernet 0/5
SW2(config-if-GigabitEthernet 0/5)#switchport mode trunk
SW2(config-if-GigabitEthernet 0/5)#description TO-[AC1]-G0/2
SW2(config-if-GigabitEthernet 0/5)#exit
```

```
SW2(config)#interface gigabitEthernet 0/4
SW2(config-if-GigabitEthernet 0/4)#no switchport
SW2(config-if-GigabitEthernet 0/4)#ip address 172.16.200.5 255.255.255.252
SW2(config-if-GigabitEthernet 0/4)#description TO-[AC2]-G0/1
SW2(config-if-GigabitEthernet 0/4)#exit
SW2(config)#interface gigabitEthernet 0/6
SW2(config-if-GigabitEthernet 0/6)#switchport mode trunk
SW2(config-if-GigabitEthernet 0/6)#description TO-[AC2]-G0/2
SW2(config-if-GigabitEthernet 0/6)#exit
```

图 14-3 （续）

```
SW2(config)#service dhcp
SW2(config)#ip dhcp pool ap1
SW2(dhcp-config)#network 172.16.11.0 255.255.255.0
SW2(dhcp-config)#default-router 172.16.11.254
SW2(dhcp-config)#option 138 ip 1.1.1.1
SW2(dhcp-config)#exit
SW2(config)#ip dhcp pool ap2
SW2(dhcp-config)#network 172.16.12.0 255.255.255.0
SW2(dhcp-config)#default-router 172.16.12.254
SW2(dhcp-config)#option 138 ip 1.1.1.2
SW2(dhcp-config)#exit
SW2(config)#ip dhcp pool yonghu
SW2(dhcp-config)#network 172.16.20.0 255.255.255.0
SW2(dhcp-config)#default-router 172.16.20.254
SW2(dhcp-config)#exit
```

```
SW2(config)#ip route 1.1.1.1 255.255.255.255 172.16.200.2
SW2(config)#ip route 1.1.1.2 255.255.255.255 172.16.200.6
```

图 14-4 配置 DHCP 服务和路由

```
Ruijie(config)#hostname SW1
SW1(config)#vlan 11
SW1(config-vlan)#name ap1
SW1(config-vlan)#exit
SW1(config)#vlan 12
SW1(config-vlan)#
SW1(config-vlan)#name ap2
SW1(config-vlan)#exit
SW1(config)#vlan 100
SW1(config-vlan)#name guanli
SW1(config-vlan)#exit
SW1(config)#interface GigabitRthernet 0/1
SW1(config)#interface GigabitEthernet 0/1
SW1(config-if-GigabitEthernet 0/1)#switchport access vlan 11
SW1(config-if-GigabitEthernet 0/1)#description TO-[AP1]-G0/1
SW1(config-if-GigabitEthernet 0/1)#exit
SW1(config)#interface GigabitEthernet 0/2
SW1(config-if-GigabitEthernet 0/2)#switchport access vlan 12
SW1(config-if-GigabitEthernet 0/2)#description TO-[AP2]-G0/1
SW1(config-if-GigabitEthernet 0/2)#exit
SW1(config)#interface GigabitEthernet 0/3
SW1(config-if-GigabitEthernet 0/3)#switchport mode trunk
SW1(config-if-GigabitEthernet 0/3)#description TO-[SW2]-F0/1
SW1(config-if-GigabitEthernet 0/3)#exit
```

图 14-5 交换机基本信息配置

4. 配置 AC 基本信息

本实验中选择了无线控制器-1 和无线控制器-2 作为 AC1 和 AC2。首先配置基本信息，这里只介绍 AC1 的配置方法(见图 14-6),AC2 同理进行配置。

```
Ruijie>en
Ruijie#conf t
Enter configuration commands, one per line.  End with CNTL/Z.
Ruijie(config)#hostname AC1
AC1(config)#*May 18 19:46:55: %CAPWAP-4-NO_IP_ADDR: Please config the IP address for capwap.
interface loopback 0
*May 18 19:47:04: %LINK-3-UPDOWN: Interface Loopback 0, changed state to up.
*May 18 19:47:04: %LINEPROTO-5-UPDOWN: Line protocol on Interface Loopback 0, changed state to up.
AC1(config-if-Loopback 0)#ip address 1.1.1.1 255.255.255.255
AC1(config-if-Loopback 0)#*May 18 19:47:19: %CAPWAP-5-ADDRESS_CHANGE: Get new address [1.1.1.1] with interface
Loopback 0] now.
exit
AC1(config)#interface gig 0*May 18 19:47:26: %CAPWAP-6-HEALTH: Local dev health is 0.
/1
AC1(config-if-GigabitEthernet 0/1)#no switchp*May 18 19:47:31: %CAPWAP-6-HEALTH: Local dev health is 0.
ort
AC1(config-if-GigabitEthernet 0/1)#ip addre*May 18 19:47:36: %CAPWAP-6-HEALTH: Local dev health is 0.
ss 172.16.200.2 255.255.255.252
AC1(config-if-GigabitEthernet 0/1)#description TO-[SW2]-F0/21
AC1(config-if-GigabitEthernet 0/1)#exit
AC1(config)#interface gig 0/2
AC1(config-if-GigabitEthernet 0/2)#switchport mode trunk
AC1(config-if-GigabitEthernet 0/2)#description TO-[SW2]-F0/22
AC1(config-if-GigabitEthernet 0/2)#exit
AC1(config)#ip route 0.0.0.0 0.0.0.0 172.16.200.1
AC1(config)#
```

图 14-6 AC1 基本信息配置

5. AC WLAN 基本信息配置

这个步骤需要在 AC 中进行 WLAN 的配置，然后创建用户 VLAN，接下来创建用户 ap-group 关联 WLAN 和 VLAN，同样这里只介绍 AC1 的配置方法，AC2 同理进行配置。

(1) 配置 WLAN，如图 14-7(a)所示。

(2) 创建用户 VLAN，如图 14-7(b)所示。

```
AC1>enable
AC1#configure terminal
Enter configuration commands, one per line.  End with CNTL/Z.
AC1(config)#wlan-config 1 test ruijie-test
AC1(config-wlan)#enable-broad-ssid
AC1(config-wlan)#exit
```

(a)

```
AC1(config)#vlan 20
AC1(config-vlan)#name yonghu
AC1(config-vlan)#exit
AC1(config)#interface vlan 20
AC1(config-if-VLAN 20)#exit*May 18 20:06:25: %LINEPROTO-5-UPDOWN: Line protocol on Interface VLAN 20, changed st
ate to up.
```

(b)

```
AC1(config)#ap-group ap1
AC1(config-group)#interface-mapping 1 20
AC1(config-group)#exit
```

(c)

```
AC1(config)#ap-group ap1
AC1(config-group)#interface-mapping 1 20
AC1(config-group)#exit
AC1(config)#show ap-config summary
========== show ap status ==========
Radio: Radio ID or Band: 2.4G = 1#, 5G = 2#
       E = enabled, D = disabled, N = Not exist, V = Virtual AP
       Current Sta number
       Channel: * = Global
       Power Level = Percent

Online AP number: 1
Offline AP number: 0

AP Name                                  IP Address      Mac Address    Radio                Radio
Up/Off time    State
---------------------------------------- --------------- -------------- -------------------- --------------------
-------------- -----
ap01                                     172.16.11.1     300d.9eaf.8368 1  E    0     6*  100 2  E    0  153*   100
   0:00:05:12 Run
```

(d)

```
AC1(config)#ap-config ap1
You are going to config AP(ap1), which is not online now.
AC1(config-ap)#ap-group ap1
AC1(config-ap)#exit
```

(e)

图 14-7　AC WLAN 配置

(3) 创建用户 ap-group 关联 WLAN 和 VLAN,如图 14-7(c)所示。

(4) 查看 AP 名称,如图 14-7(d)所示。

(5) 将 AP 加入 ap-group,如图 14-7(e)所示。

6. 漫游信息配置

在 AC1 和 AC2 上分别配置漫游组,然后进行查看。

(1) AC1 漫游信息配置,如图 14-8(a)所示。

```
AC1(config)#mobility-group ruijie
AC1(config-mobility)#mobility-fast
AC1(config-mobility)#member 1.1.1.2
AC1(config-mobility)#exit
```

(a)

图 14-8　漫游信息配置

```
AC1(config)#show mobility summary
Mobility Group ruijie
Mobility Keepalive Interval...................... 10
Mobility Keepalive Count......................... 4
Mobility Group Status............................ Fast Mode
Mobility Members:
IP Address                         Client/Server    Data Tunnel    Ctrl Tunnel
1.1.1.2                            Server           OK             OK
Mobility List Members:
IP Address                         Client/Server    Data Tunnel    Ctrl Tunnel

AC1(config)#
```

(b)

```
AC2(config)#show mobility summary
Mobility Group ruijie
Mobility Keepalive Interval...................... 10
Mobility Keepalive Count......................... 4
Mobility Group Status............................ Fast Mode
Mobility Members:
IP Address                         Client/Server    Data Tunnel    Ctrl Tunnel
1.1.1.1                            Client           OK             OK
Mobility List Members:
IP Address                         Client/Server    Data Tunnel    Ctrl Tunnel
```

(c)

图 14-8 （续）

(2) 查看 AC1 漫游组信息，如图 14-8(b)所示。

(3) 查看 AC2 漫游组信息，如图 14-8(c)所示。

7. 测试验证

(1) 连接到 ruijie-test 网络。

在笔记本电脑上可以搜索并连接到 ruijie-test 网络上，如图 14-9 所示。

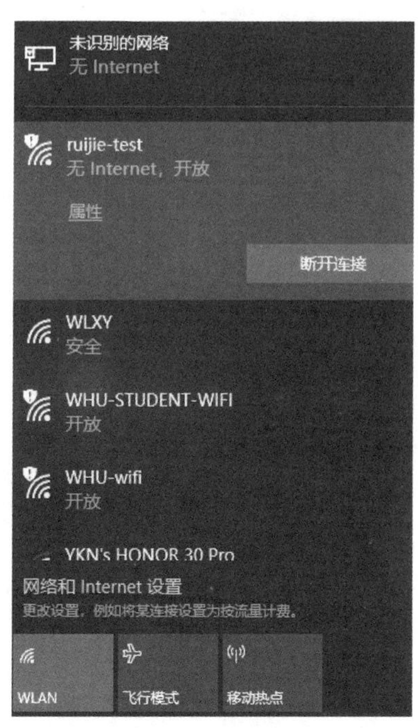

图 14-9 连接网络

(2) 在 AC1 查看笔记本电脑所连接 AP,如图 14-10 所示。

```
Ruijie#show ac-config client by-ap-name
========= show sta status =========
AP     : ap name/radio id
Status: Speed/Power Save/Work Mode/Roaming State/MU MIMO, E = enable power save, D = disable power save
        BACKUP = STA is on peer AC

Total Sta Num : 3
Backup Sta Num : 0
STA MAC        IP Address                   AP                                        Wlan Vlan Status            A
so Auth       Net Auth       Up time
-------------- ---------------------------- ----------------------------------------- ---- ---- ----------------- -
------------- -------------- ------------
001e.6553.94c6 172.16.20.4                  ap1/1                                     1    20    117.0M/D/bgn      O
EN            OPEN             0:00:03:39
001e.658f.91ac 172.16.20.3                  ap1/1                                     1    20    117.0M/D/bgn      O
EN            OPEN             0:00:05:57
0021.5d2d.a929 172.16.20.5                  ap1/1                                     1    20    104.0M/D/bgn      O
EN            OPEN             0:00:00:57
```

图 14-10　查看所连接 AP

可以发现此次用户所连接的是 AP1,关联 AC1。而 AC2 处是没有相关信息的。

(3) 关闭 AP1 查看用户是否能正常切换到 AP2。

接下来关闭 AP1,如图 14-11 所示。

```
Ruijie(config)#ap-config ap1
You are going to config AP(ap1), which is online now.
Ruijie(config-ap)#no ap-group ap1
This AP is not attach to this AP group!
Ruijie(config-ap)#exit
```

图 14-11　关闭 AP1

查看用户是否能正常切换到 AP2,在切换过程中不间断 ping 用户网关,测试丢包数量,会出现一段请求连接的丢包,这是切换时被断开无线网络导致的,如图 14-12 所示。

```
来自 172.16.20.254 的回复: 字节=32 时间=4ms TTL=64
来自 172.16.20.254 的回复: 字节=32 时间=7ms TTL=64
来自 172.16.20.254 的回复: 字节=32 时间=6ms TTL=64
来自 172.16.20.254 的回复: 字节=32 时间=3ms TTL=64
来自 172.16.20.254 的回复: 字节=32 时间=5ms TTL=64
请求超时。
来自 172.16.20.254 的回复: 字节=32 时间=6ms TTL=64
来自 172.16.20.254 的回复: 字节=32 时间=3ms TTL=64
来自 172.16.20.254 的回复: 字节=32 时间=6ms TTL=64
来自 172.16.20.254 的回复: 字节=32 时间=4ms TTL=64
来自 172.16.20.254 的回复: 字节=32 时间=6ms TTL=64
来自 172.16.20.254 的回复: 字节=32 时间=3ms TTL=64
来自 172.16.20.254 的回复: 字节=32 时间=6ms TTL=64
```

```
Ruijie#show ac-config client by-ap-name
========= show sta status =========
AP     : ap name/radio id
Status: Speed/Power Save/Work Mode/Roaming State/MU MIMO, E = enable power save, D = disable power save
        BACKUP = STA is on peer AC

Total Sta Num : 4
Backup Sta Num : 0
STA MAC        IP Address                   AP                                        Wlan Vlan Status
    Asso Auth      Net Auth       Up time
-------------- ---------------------------- ----------------------------------------- ---- ---- ---------------
--- -------------- -------------- ------------
001e.6553.94c6 172.16.20.4                  ap2/1                                     1    20    144.0M/D/bgn
    OPEN           OPEN             0:00:04:22
001e.658f.91ac 172.16.20.3                  ap2/1                                     1    20     78.0M/D/bgn
    OPEN           OPEN             0:00:04:22
0021.5d2d.49ae 172.16.20.6                  ap2/1                                     1    20    104.0M/D/bgn
    OPEN           OPEN             0:00:09:24
c4d0.e357.9fb3 172.16.20.8                  ap2/2                                     1    20    173.0M/D/ac/m
    OPEN           OPEN             0:00:03:06
```

图 14-12　查看 AP 切换情况

14.5 实验思考题

1. 常见的无线局域网设备有哪些?
2. WiFi 5 标准与 WiFi 6 标准的主要差别是什么?
3. 现有的无线局域网安全技术有哪些?
4. 如何组建蓝牙无线局域网?

实验 15　IPv6 实验

15.1　实验目的和内容

1. 实验目的

（1）了解 IPv6 的地址构成。

（2）掌握 Windows 系统中 IPv6 地址的配置方法。

（3）掌握配置 IPv6 地址的计算机网络测试其连通性的方法。

2. 实验内容

（1）了解 IPv6 地址的表达方式、地址结构。

（2）配置 PC 的 IPv6 基本参数。

（3）测试配置 IPv6 地址后机器的连通性。

（4）掌握使用无状态自动配置 IPv6 地址。

（5）掌握配置 IPv6 路由协议之 OSPFv3。

15.2　实验原理

15.2.1　相关理论知识

1. IPv6 地址格式

IPv6 共有 128 位地址，分为 8 个字段，每个字段都由 16 位二进制数组成，最大值为 65535，在书写时往往用 4 位的十六进制数字表示，并且字段与字段之间用冒号“:”隔开，而不是原来 IPv4 中的“.”。

IPv6 的地址如图 15-1 所示，其各组成部分介绍如下：

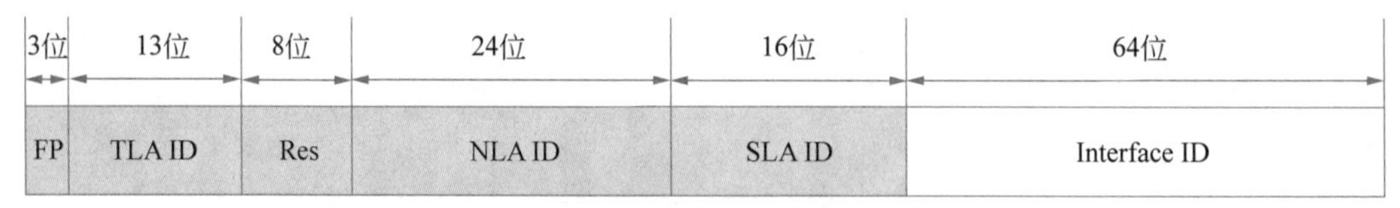

图 15-1　IPv6 地址结构

（1）FP 是地址前缀，又称格式前缀，3 位，用于区别其他地址类型。

（2）TLAID 是顶级聚集体 ID 号，13 位。

（3）Res 是保留位，8 位，在 TLA 与 NLA 中间，以备将来 TLA 或 NLA 扩充之用。

（4）NLAID 是次级聚集体 ID 号，24 位。

（5）SLAID 是节点 ID 号，16 位。

（6）InterfaceID 是主机接口 ID 号，64 位。

2. IPv6 地址分类

IPv6 定义了三种不同的地址类型，分别为单点传送地址、多点传送地址和任意点传送地址。所有类型的 IPv6 地址都是接口的地址，而不是节点的地址。一个节点可以有多个接口，但一个接口只能属于某一个特定的节点，因此，节点的任意一个接口的单点传送地址都可以用来表示该节点。

IPv6 中的单点传送地址是指一个标识符仅标识一个接口；多点传送地址是指一个地址标识符对应多个接口(通常属于不同节点)；任意点传送地址也是一个标识符对应多个接口的情况，但如果一个报文要求被传送到一个任意点传送地址，那么它将被传送到由该地址所包含的接口中的最近一个。图 15-2 显示了 RFC 2373 定义的 IPv6 地址空间的分配情况，其对于多点传送地址进行了较为详细的说明，并给出了一系列预先定义的多点传送地址。

分配	前缀（二进制）	占地址空间的百分率
保留	0000 0000	1/256
未分配	0000 0001	1/256
为NSAP分配保留	0000 001	1/128
为IPX分配保留	0000 010	1/128
未分配	0000 011	1/128
未分配	0000 1	1/32
未分配	0000	1/16
可集聚全球单波地址	001	1/8
未分配	010	1/8
未分配	011	1/8
未分配	100	1/8
未分配	101	1/8
未分配	110	1/8
未分配	1110	1/16
未分配	1111 0	1/32
未分配	1111 10	1/64
未分配	1111 110	1/128
未分配	1111 1110 0	1/512
链路本地单播地址	1111 1110 10	1/1024
站点本地单播地址	1111 1110 11	1/1024
组播地址	1111 1111	1/256

图 15-2 RFC 2373 定义的 IPv6 地址空间的分配

3. IPv6 地址表达方式

IPv6 地址长度是 IPv4 地址长度的 4 倍。IPv6 地址的标准表达方式是 X:X:X:X:X:X:X:X，其中 X 代表一个 4 位十六进制整数(16 位)。每个数字由 4 个二进制位组成，每个整数包含 4 个数字，每个 IPv6 地址包括 8 个整数，总共有 128 位。以下给出一些合法的 IPv6 地址示例：

```
E10D:910A:2842:54A8:8275:1011:3800:2028
203E:0:0:0:C9A4:F012:4DAA:1728
```

```
FFED:0:0:0:0:0:0:1
```

在 IPv6 地址中，采用十六进制表示法，可以省略前导的 0。标准允许使用“::”来表示一长串的 0。也就是说，当一个 16 位组全部为 0 时，可以用两个冒号代替，但是一个 IPv6 地址中只能有一个“::”出现。例如，地址 FFED:0:0:0:0:0:0:1 可以简化为 FFED::1。如果有多个连续的 16 位组都是 0，则只能使用一个“::”，不能写成::BA98:7654::。

在混合 IPv4 和 IPv6 环境中，IPv6 地址的低 32 位可以表示 IPv4 地址，形式为 X:X:X:X:X:X:d.d.d.d，其中 X 表示 16 位整数，d 表示 8 位十进制整数。

4. 报头简化

IPv6 报头经过精简可以降低处理器负担，并且节省网络带宽。IPv6 报头包括一个固定长度的基本报头(40 字节)，其中包含路由器需要处理的所有信息。这种设计有助于提高路由效率。与 IPv4 的 15 个字段相比，IPv6 只有 8 个字段，报头长度固定为 40 字节，而 IPv4 的报头长度由 IHL 字段指定。这使得路由器在处理 IPv6 报头时更加高效。

IPv6 还引入了多种扩展报头，增加了协议的灵活性，可以支持各种应用需求。这些扩展报头位于 IPv6 基本报头和上层报头之间，每个扩展报头通过唯一的“下一报头”字段值进行识别。IPv6 包括逐跳路由选项报头、目标选项、路由、分段、身份认证、有效载荷安全封装和最终目的等多种扩展报头。

5. 安全特性

安全问题一直是互联网的重要问题。最初设计 IP 协议时，因未充分考虑安全性，导致早期的互联网经常发生企业或机构网络遭受攻击、机密数据被窃取的情况。为提高互联网的安全性，自 1995 年起，互联网工程任务组开始研究制定 IP 通信保护的 IP 安全(IPSec)协议。IPSec 是 IPv4 的可选扩展协议，而对于 IPv6 来说，它是必要的部分。

IPv6 内置了标准化的安全机制，IPSec 的主要目标是在网络层提供数据传输的安全性。IPSec 提供了两种主要的安全机制：认证和加密。认证机制允许通信双方确认对方的身份以及数据在传输过程中是否被篡改。加密机制对数据进行加密以保护其机密性，以免未经授权用户访问或篡改数据。

15.2.2 Windows 下 IPv6 的相关配置

微软官方文档中有如下描述：Internet 协议版本 6 (IPv6) 是 Windows Vista 和 Windows Server 2008 及更高版本的必需部分。如今使用的操作系统基本都在 Windows 10 及以上，IPv6 已经成为默认启用的协议，同时，IPv6 命令在 cmd 中已经不可用。目前留存的有以下两条可以用来检测 IPv6 协议相关的命令：

(1) 命令格式：ping -6 <addresss> (对方设备)。

功能：检查能否到达对方设备。

(2) 命令格式：tracert -6 <addresss> (对方设备)。

功能：到达对方设备经过的路径。

15.3 实验环境与设备

实验设备：两台二层交换机(Cisco WS-C2960-24TT-L 或锐捷 RG-S2910-24GT4XS-E)，两台路由器(Cisco ISR4331 或锐捷 RG-RSR20-X-28)，PC 4 台。

15.3.1 实验网路拓扑

IPv6 实验拓扑图如图 15-3 所示。

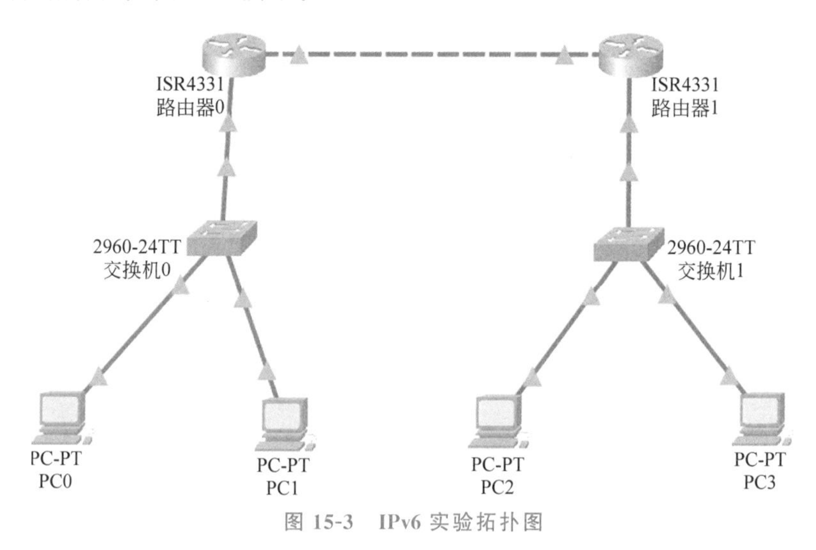

图 15-3 IPv6 实验拓扑图

15.3.2 ping IPv6 测试

分别查看 PC1 和 PC2 的本地 IPv6 地址，然后使用 PC0 去 ping 上述两者，发现 PC0→PC1 连通，而 PC0→PC2 不连通。

1. 查看 PC1 的本地 IPv6 地址

查看 PC1 的本地 IPv6 地址，结果如图 15-4 所示。

```
1.C:\>ipconfig
```

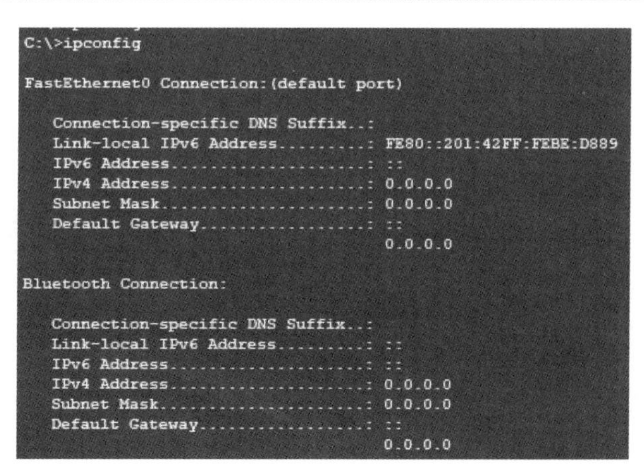

```
C:\>ipconfig

FastEthernet0 Connection:(default port)

   Connection-specific DNS Suffix..:
   Link-local IPv6 Address.........: FE80::201:42FF:FEBE:D889
   IPv6 Address....................: ::
   IPv4 Address....................: 0.0.0.0
   Subnet Mask.....................: 0.0.0.0
   Default Gateway.................: ::
                                     0.0.0.0

Bluetooth Connection:

   Connection-specific DNS Suffix..:
   Link-local IPv6 Address.........: ::
   IPv6 Address....................: ::
   IPv4 Address....................: 0.0.0.0
   Subnet Mask.....................: 0.0.0.0
   Default Gateway.................: ::
                                     0.0.0.0
```

图 15-4 查看 PC1 的本地 IPv6 地址

2. 查看 PC2 的本地 IPv6 地址

查看 PC2 的本地 IPv6 地址，结果如图 15-5 所示。

```
2. C:\>ipconfig
```

```
C:\>ipconfig

FastEthernet0 Connection:(default port)

   Connection-specific DNS Suffix..:
   Link-local IPv6 Address.........: FE80::2E0:F9FF:FECA:8783
   IPv6 Address....................: ::
   IPv4 Address....................: 0.0.0.0
   Subnet Mask.....................: 0.0.0.0
   Default Gateway.................: ::
                                     0.0.0.0

Bluetooth Connection:

   Connection-specific DNS Suffix..:
   Link-local IPv6 Address.........: ::
   IPv6 Address....................: ::
   IPv4 Address....................: 0.0.0.0
   Subnet Mask.....................: 0.0.0.0
   Default Gateway.................: ::
                                     0.0.0.0
```

图 15-5　查看 PC2 的本地 IPv6 地址

3. PC0 ping PC1

PC0 ping PC1，结果如图 15-6 所示。

```
3. C:\>ping FE80::201:42FF:FEBE:D889
```

```
C:\>ping FE80::201:42FF:FEBE:D889

Pinging FE80::201:42FF:FEBE:D889 with 32 bytes of data:

Reply from FE80::201:42FF:FEBE:D889: bytes=32 time<1ms TTL=128
Reply from FE80::201:42FF:FEBE:D889: bytes=32 time<1ms TTL=128
Reply from FE80::201:42FF:FEBE:D889: bytes=32 time<1ms TTL=128
Reply from FE80::201:42FF:FEBE:D889: bytes=32 time<1ms TTL=128

Ping statistics for FE80::201:42FF:FEBE:D889:
    Packets: Sent = 4, Received = 4, Lost = 0 (0% loss),
Approximate round trip times in milli-seconds:
    Minimum = 0ms, Maximum = 0ms, Average = 0ms
```

图 15-6　PC0 ping PC1 的结果

4. PC0 ping PC2

PC0 ping PC2，结果如图 15-7 所示。

```
4. C:\>ping FE80::2E0:F9FF:FECA:8783
```

```
C:\>ping FE80::2E0:F9FF:FECA:8783

Pinging FE80::2E0:F9FF:FECA:8783 with 32 bytes of data:

Request timed out.
Request timed out.
Request timed out.
Request timed out.

Ping statistics for FE80::2E0:F9FF:FECA:8783:
    Packets: Sent = 4, Received = 0, Lost = 4 (100% loss),
```

图 15-7　PC0 ping PC2 的结果

15.4　实验步骤

本实验步骤如下：

（1）配置路由器 0，并为两个端口配置 IPv6 地址。

```
1. Router>enable
2. Router#configure terminal
3. Enter configuration commands, one per line. End with CNTL/Z.
4. Router(config)#hostname R0
5. R0(config)#interface g0/0/0
6. R0(config-if)#ipv6 address 2001:db8:acad:12::1/64
7. R0(config-if)#no shutdown
8. R0(config-if)#exit
9.
10. R0(config)#interface g0/0/1
11. R0(config-if)#ipv6 address 2001:db8:acad:a::1/64
12. R0(config-if)#no shutdown
13. R0(config-if)#exit
14. R0(config)#exit
15. #查看配置结果
16. R0#show ipv6 route
```

在路由器 0 上使用命令 show ipv6 route，显示的结果如图 15-8 所示。

```
R0#show ipv6 route
IPv6 Routing Table - 3 entries
Codes: C - Connected, L - Local, S - Static, R - RIP, B - BGP
       U - Per-user Static route, M - MIPv6
       I1 - ISIS L1, I2 - ISIS L2, IA - ISIS interarea, IS - ISIS
summary
       ND - ND Default, NDp - ND Prefix, DCE - Destination, NDr -
Redirect
       O - OSPF intra, OI - OSPF inter, OE1 - OSPF ext 1, OE2 - OSPF
ext 2
       ON1 - OSPF NSSA ext 1, ON2 - OSPF NSSA ext 2
       D - EIGRP, EX - EIGRP external
C   2001:DB8:ACAD:A::/64 [0/0]
     via GigabitEthernet0/0/1, directly connected
L   2001:DB8:ACAD:A::1/128 [0/0]
     via GigabitEthernet0/0/1, receive
L   FF00::/8 [0/0]
     via Null0, receive
```

图 15-8　路由器 0 show ipv6 route 的结果

（2）配置 PC0 的 IPv6 地址和默认网关，在 GUI 配置即可，如图 15-9 所示。

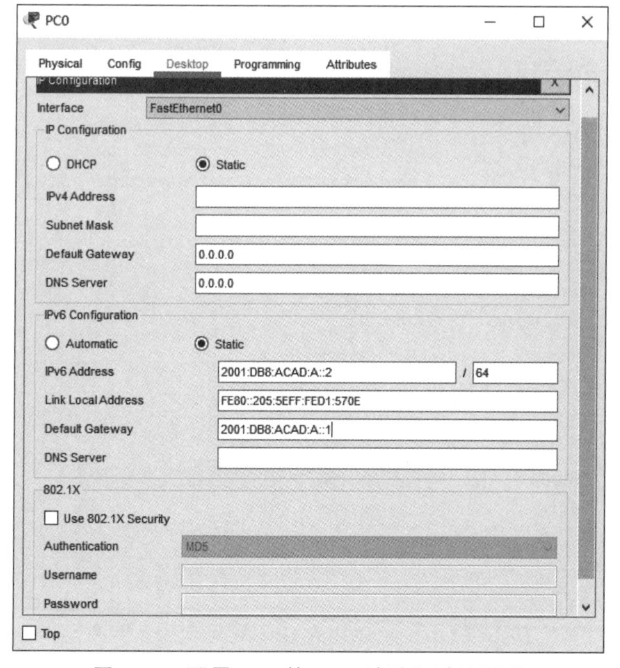

图 15-9　配置 PC0 的 IPv6 地址和默认网关

(3) 测试 PC0 是否能 ping 通路由器 R0,结果如图 15-10 所示。

```
C:\>ping 2001:db8:acad:A::1

Pinging 2001:db8:acad:A::1 with 32 bytes of data:

Reply from 2001:DB8:ACAD:A::1: bytes=32 time<1ms TTL=255
Reply from 2001:DB8:ACAD:A::1: bytes=32 time<1ms TTL=255
Reply from 2001:DB8:ACAD:A::1: bytes=32 time<1ms TTL=255
Reply from 2001:DB8:ACAD:A::1: bytes=32 time<1ms TTL=255

Ping statistics for 2001:DB8:ACAD:A::1:
    Packets: Sent = 4, Received = 4, Lost = 0 (0% loss),
Approximate round trip times in milli-seconds:
    Minimum = 0ms, Maximum = 0ms, Average = 0ms
```

图 15-10 PC0 ping R0 的结果

(4) 同样需要配置路由器 1,为两个端口分配 IPv6 地址。

```
1. Router>enable
2. Router#configure terminal
3. Enter configuration commands, one per line. End with CNTL/Z.
4. Router(config)#hostname R1
5. R1(config)#interface g0/0/0
6. R1(config-if)#ipv6 address 2001:db8:acad:12::2/64
7. R1(config-if)#no shutdown
8. R1(config-if)#exit
9.
10. R1(config)#interface g0/0/1
11. R1(config-if)#ipv6 address 2001:db8:acad:b::1/64
12. R1(config-if)#no shutdown
13. R1(config-if)#exit
```

(5) 配置 PC3,在 GUI 配置即可,如图 15-11 所示。

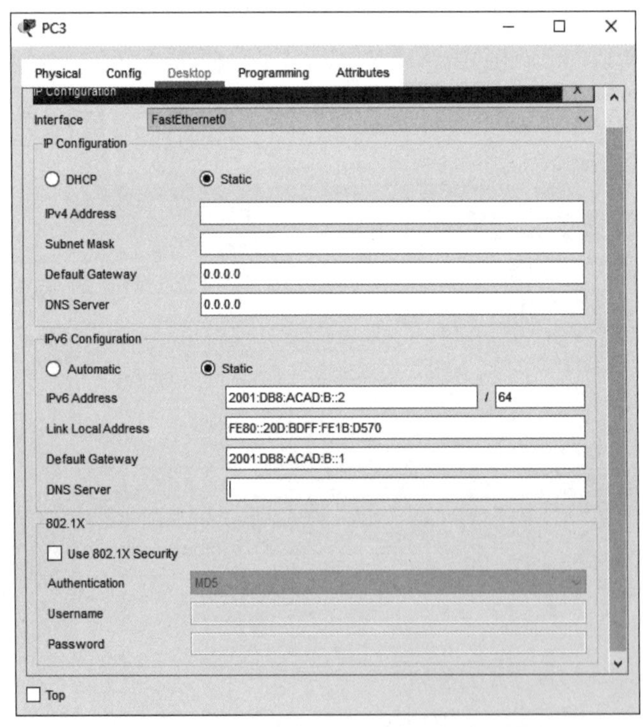

图 15-11 配置 PC3 的 IPv6 地址和默认网关

(6) 测试 PC3 是否能 ping 通路由器 R1,结果如图 15-12 所示。

```
C:\>ping 2001:db8:acad:b::1

Pinging 2001:db8:acad:b::1 with 32 bytes of data:

Reply from 2001:DB8:ACAD:B::1: bytes=32 time<1ms TTL=255
Reply from 2001:DB8:ACAD:B::1: bytes=32 time=7ms TTL=255
Reply from 2001:DB8:ACAD:B::1: bytes=32 time<1ms TTL=255
Reply from 2001:DB8:ACAD:B::1: bytes=32 time<1ms TTL=255

Ping statistics for 2001:DB8:ACAD:B::1:
    Packets: Sent = 4, Received = 4, Lost = 0 (0% loss),
Approximate round trip times in milli-seconds:
    Minimum = 0ms, Maximum = 7ms, Average = 1ms
```

图 15-12 PC3 ping R1 的结果

(7) 测试 PC0 与 PC3 连通性,并记录结果(可以使用 Packet Tracer 的 Simulation 功能排查问题)。

PC3 ping PC0 的结果如图 15-13 所示。

```
C:\>ping 2001:DB8:ACAD:A::2

Pinging 2001:DB8:ACAD:A::2 with 32 bytes of data:

Request timed out.
Request timed out.
Request timed out.
Request timed out.

Ping statistics for 2001:DB8:ACAD:A::2:
    Packets: Sent = 4, Received = 0, Lost = 4 (100% loss),
```

图 15-13 PC3 ping PC0 的结果

(8) 路由器 R0 和 R1 都需要开启 IPv6 单播路由器功能,使路由器能够进行 IPv6 网络的路由选择和转发;接下来还需要给 R0 和 R1 配置静态路由,如下所示。

```
1. R0(config)#ipv6 unicast-routing
2. R0(config)#ipv6 route 2001:db8:acad:b::/64 G0/0/0 2001:db8:acad:12::2
3.
4. R1(config)#ipv6 unicast-routing
5. R1(config)#ipv6 route 2001:db8:acad:a::/64 G0/0/0 2001:db8:acad:12::1
```

(9) 再次测试 PC0 与 PC3 连通性,结果如图 15-14 所示。

```
C:\>ping 2001:DB8:ACAD:B::2

Pinging 2001:DB8:ACAD:B::2 with 32 bytes of data:

Reply from 2001:DB8:ACAD:B::2: bytes=32 time<1ms TTL=126
Reply from 2001:DB8:ACAD:B::2: bytes=32 time<1ms TTL=126
Reply from 2001:DB8:ACAD:B::2: bytes=32 time<1ms TTL=126
Reply from 2001:DB8:ACAD:B::2: bytes=32 time<1ms TTL=126

Ping statistics for 2001:DB8:ACAD:B::2:
    Packets: Sent = 4, Received = 4, Lost = 0 (0% loss),
Approximate round trip times in milli-seconds:
    Minimum = 0ms, Maximum = 0ms, Average = 0ms
```

图 15-14 PC3 再次 ping PC0 的结果

此时 PC0 与 PC3 之间的路径已经连通,IPv6 路由配置原理与 IPv4 类似,只不过配置方法稍有区别。

请尝试结合 DHCP 和动态路由功能，实现上述网络的互联互通。

15.5 实验思考题

1. IPv6 地址的简单表示方式要注意哪些问题？
2. IPv6 地址分为哪几种类型？每种类型有何作用？
3. 服务器能否同时配置 IPv6 和 IPv4 地址？DHCPv6 协议具有哪些优点？
4. 全局 IPv6 地址与本地 IPv6 地址有什么区别？

实验 16　Web 服务器安装和配置

16.1　实验目的和内容

1. 实验目的

(1) 学会在 Windows 操作系统中构建 Web 服务器。

(2) 掌握 Web 服务器的配置。

2. 实验内容

(1) 安装 Windows 10 和 IIS 或 Windows Server 2022 和 IIS。

(2) 配置 Web 服务器。

(3) 安装 Apache 和配置 Apache。

16.2　实验原理

1. Web 服务器

Web 服务器也称为 HTTP 服务器,它响应来自浏览器的请求,并且发送保存在服务器上的网页给客户端。当访问者在浏览器的地址文本框中输入一个 URL,或者单击浏览器中网页的某个链接时,便生成一个 HTTP 请求。

常见的 Web 服务器如下:

(1) Microsoft Internet Information Server(IIS)。

(2) Apache HTTP Server。

(3) Netscape Enterprise Server。

(4) Sun ONE Web Server。

2. Internet 信息服务(IIS)

IIS 是 ASP.NET 的运行后台,也是服务器的运行软件。Microsoft Windows 10 中的 Internet 信息服务 (IIS)在 Windows 中增加了强大的 Web 计算功能。通过 IIS,可以轻松地共享文件和打印机,或者创建应用程序以在网站上安全地发布信息,从而改善共享信息的方式。由于 Windows 不自动安装 IIS,所以需要手工安装,ASP.NET 软件会随着 IIS 自动安装,运行 ASP.NET 的应用程序服务器会随着 Web 服务器的建立而自动地建立。

3. Web 服务器软件 Apache

Apache 是开放源代码的 Web 服务器软件,是最常用的 Web 服务器。Apache 常用在 UNIX 系统,也有 Windows 平台的版本。下面以 Windows 平台为例,介绍 Apache 的安装和配置方法。

16.3 实验环境与设备

本次实验设备：Windows 10 操作系统安装盘，Web 服务器软件 Apache，一台 PC。

16.4 实验步骤

1. IIS 的安装步骤

(1) 按下键盘上的“Windows”键进入“开始”菜单，选择“Windows 系统”里的“控制面板”选项，打开“控制面板”页面。

(2) 在“控制面板”页面中单击“程序”选项，进入程序对话框，如图 16-1 所示。

图 16-1 在“控制面板”页面选中“程序”选项

(3) 在“程序”页面中单击“启用或关闭 Windows 功能”，可以启用或关闭 Windows 功能，如图 16-2 所示。

图 16-2 在“程序”页面选中“启用或关闭 Windows 功能”选项

(4) 在"Windows 功能"对话框里选中 Internet Information Services 选项,在 Internet Information Services 功能展开选择框里选择所需要的功能,如图 16-3 所示。

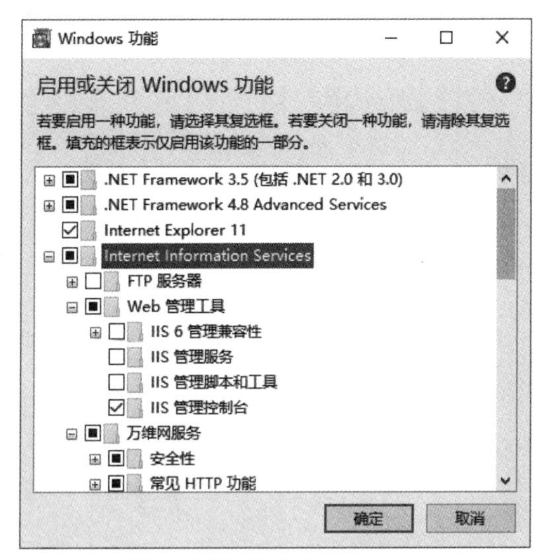

图 16-3 在"Windows 功能"对话框中选中 Internet Information Services 选项

(5) 选择需要的 Windows 功能选项后,开始下载 Windows 功能组件,并且安装所需要的功能程序,直到出现"Windows 已完成请求的更改"提示信息,如图 16-4 所示。

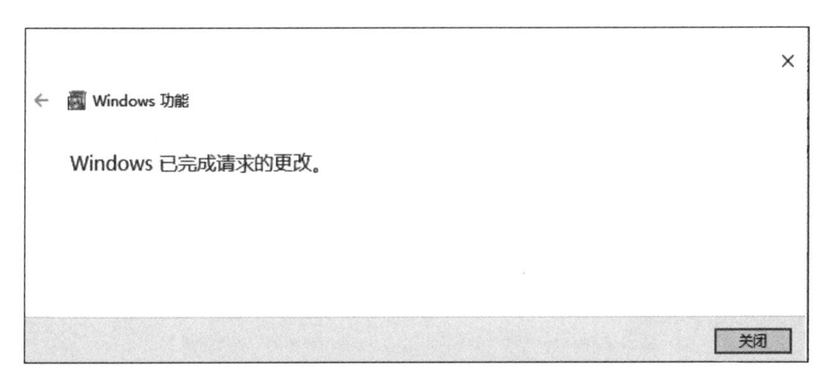

图 16-4 下载并安装所需 Windows 功能的程序

(6) 启动浏览器,输入地址 http://localhost,若显示网页,则表示 IIS 正常安装完成,如图 16-5 所示。

2. 设置网站主目录(根文件夹)

(1) 右击"此电脑",选择"管理"菜单项,在出现的"计算机管理"页面中依次选择"服务和应用程序"→Internet Information Service→"管理工具" →"Internet 信息服务",展开"本地计算机"列表,展开"网站"文件夹,如图 16-6 所示。

(2) 在"操作"窗口中右击"添加网站",在出现的"添加网站"对话框中输入默认网站 IP 地址,填写网站名称和物理路径等信息,并设置 IP 地址,如图 16-7 所示。

(3) 单击"确定"按钮,便完成了 Web 服务器的安装和配置,它将根据浏览器的请求,提供 Web 站点中的网页。

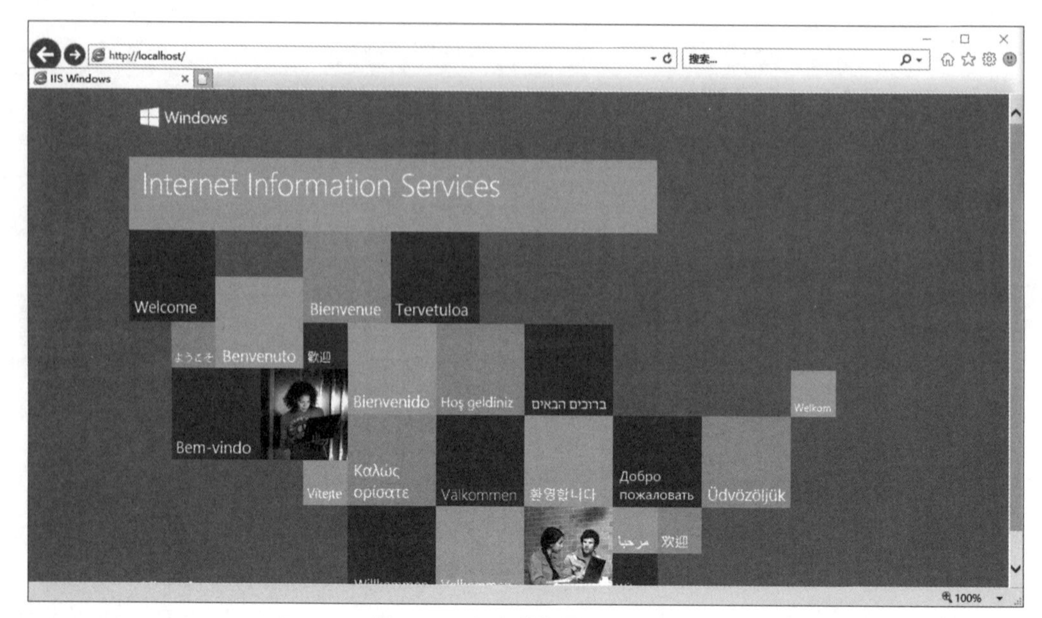

图 16-5　启动浏览器显示网页

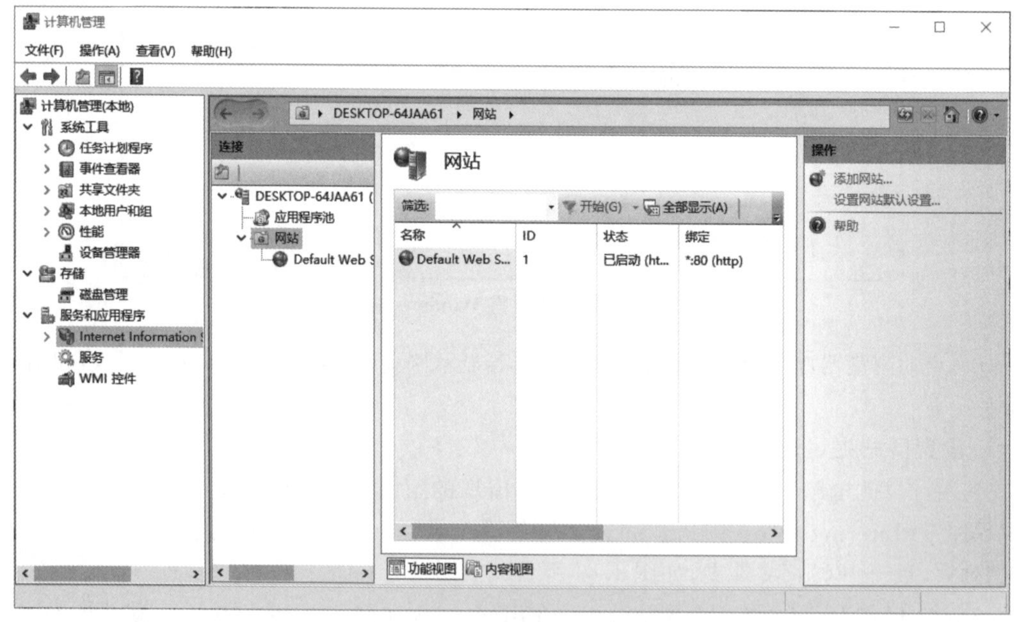

图 16-6　展开"网站"文件夹

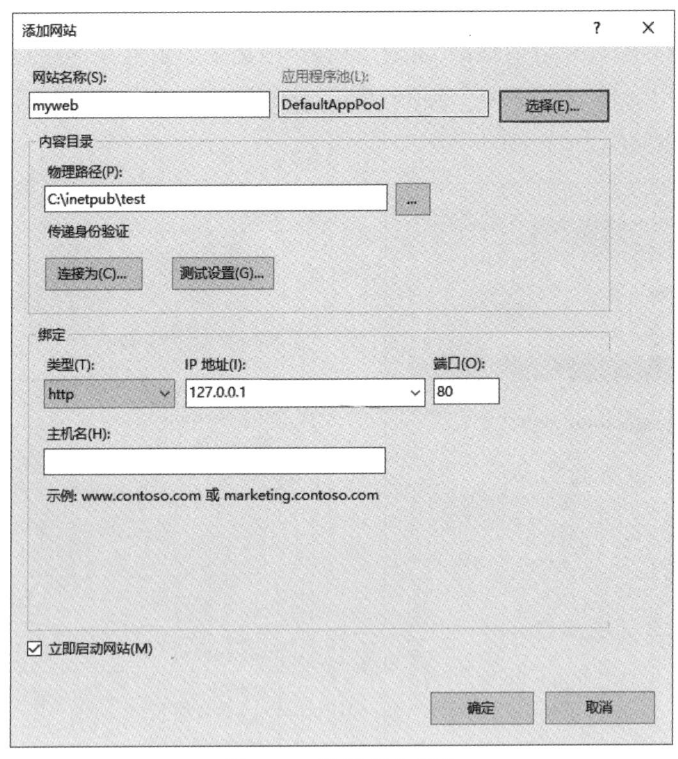

图 16-7 设置网站信息

3. 测试

(1) 修改当前登录用户对 test 文件夹的权限为“完全控制”。

① 依次选择“计算机管理”→“服务和应用程序”→Internet Information Service→“管理工具”→“Internet 信息服务”，右击 myweb，选择“编辑权限”，如图 16-8 所示。

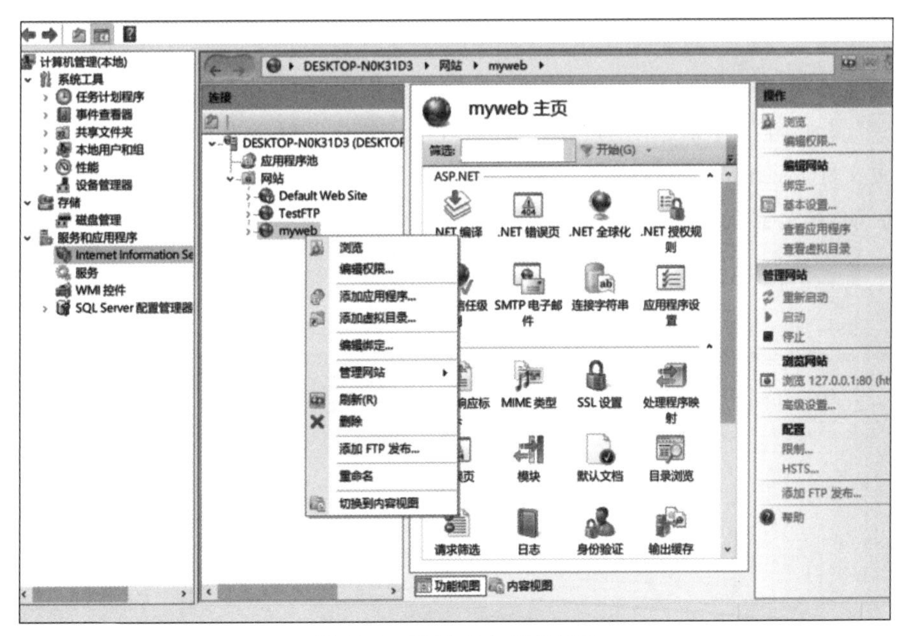

图 16-8 编辑 Web 服务权限

② 在出现的“test 属性”对话框中的“安全”选项卡中单击“编辑”按钮，如图 16-9 所示。

③ 在出现的“test 权限”对话框的“组或用户名”中选中当前登录的用户名，在该对话框下方“Users 的权限”中选择“完全控制”选项后单击“应用”按钮，再单击“确定”按钮，则将用户权限修改为完全控制，如图 16-10 所示。

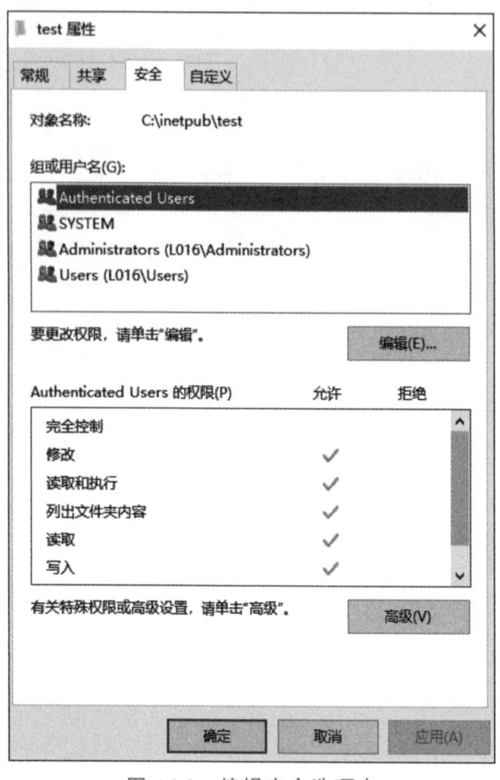

图 16-9　编辑安全选项卡

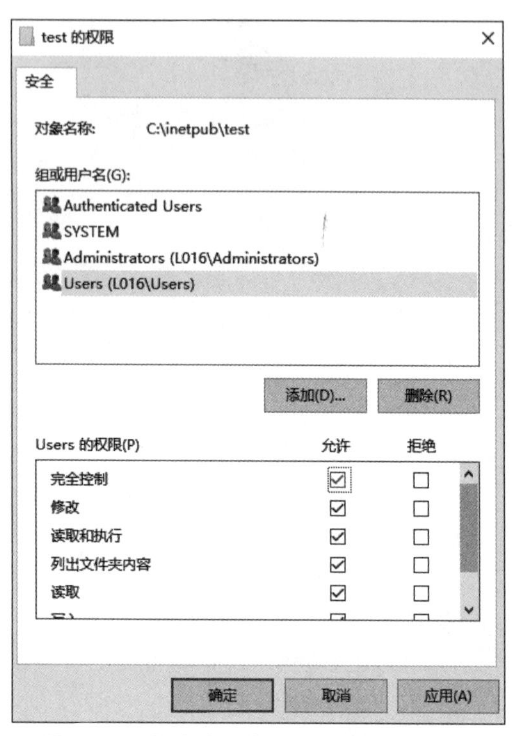

图 16-10　将当前用户权限修改为完全控制

（2）创建测试网页。

启动 Word 或 Dreamweaver 软件，输入一部分文字，例如输入文字“这是一个测试服务器的网页文件”或内容自定，将文字的格式设置为“红色＋斜体”，保存为网页文件 index.htm。再创建一个网页文件 test.htm（内容自定），并将这两个网页文件都存放在 C:\Inetpub\test 目录下。

（3）启动“浏览器”。

在地址栏中输入 http://127.0.0.1/test.htm，将显示网页文件 test.htm 的内容，如图 16-11 所示。

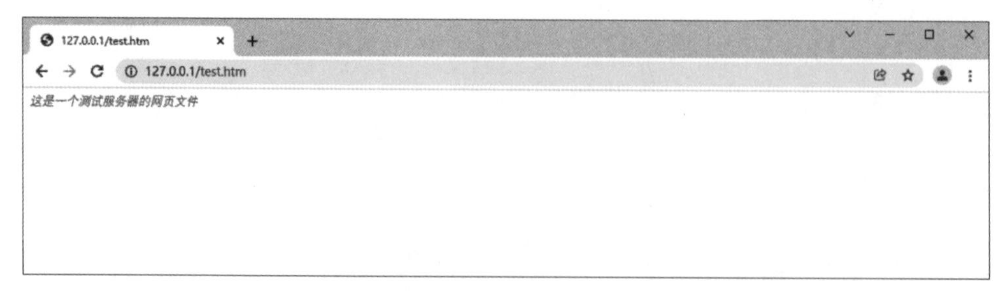

图 16-11　浏览器显示网页文件 test.htm 内容的页面

4. 卸载 IIS

在“控制面板”页面中选择“卸载程序”中的“启用或关闭 Windows 功能”，去掉“Internet 信息服务”左边的对勾“√”后单击“确定”按钮，即可卸载 IIS。

5. 安装 Apache

(1) 在网上搜索 Apache，并下载 Apache 软件，其官方网站为 http://www.Apache.org。

(2) 解压压缩包，得到如图 16-12 所示的文件。

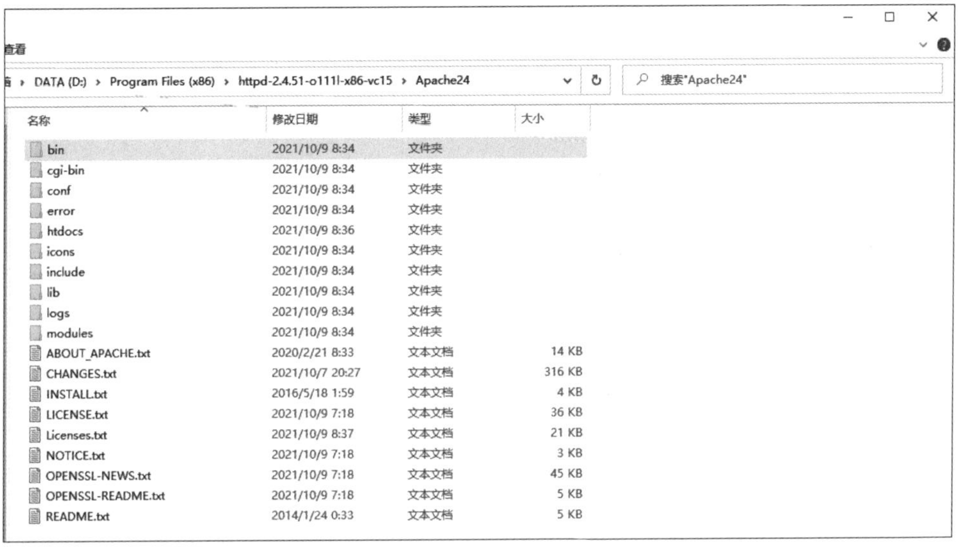

查看

DATA (D:) › Program Files (x86) › httpd-2.4.51-o111l-x86-vc15 › Apache24　　搜索"Apache24"

名称	修改日期	类型	大小
bin	2021/10/9 8:34	文件夹	
cgi-bin	2021/10/9 8:34	文件夹	
conf	2021/10/9 8:34	文件夹	
error	2021/10/9 8:34	文件夹	
htdocs	2021/10/9 8:36	文件夹	
icons	2021/10/9 8:34	文件夹	
include	2021/10/9 8:34	文件夹	
lib	2021/10/9 8:34	文件夹	
logs	2021/10/9 8:34	文件夹	
modules	2021/10/9 8:34	文件夹	
ABOUT_APACHE.txt	2020/2/21 8:33	文本文档	14 KB
CHANGES.txt	2021/10/7 20:27	文本文档	316 KB
INSTALL.txt	2016/5/18 1:59	文本文档	4 KB
LICENSE.txt	2021/10/9 7:18	文本文档	36 KB
Licenses.txt	2021/10/9 8:37	文本文档	21 KB
NOTICE.txt	2021/10/9 7:18	文本文档	3 KB
OPENSSL-NEWS.txt	2021/10/9 7:18	文本文档	45 KB
OPENSSL-README.txt	2021/10/9 7:18	文本文档	5 KB
README.txt	2014/1/24 0:33	文本文档	5 KB

图 16-12　文件夹显示情况

(3) 配置 Apache。Apache 是一个后台运行的程序。所有的配置都包含在配置文件里。主配置文件是 Apache24\conf\httpd.conf，如果要修改 Apache 的配置，可以用任何一个文本编辑工具(如记事本)编辑这个配置文件。在配置文件里，以#号开头的行是注释行。选择 Apache24\conf，双击文件 httpd.conf，即可打开配置文件，如图 16-13 所示。找到 Define SRVROOT "/Apache24"用#注释，并添加一行 Define SRVROOT " D:\Program Files (x86)\httpd-2.4.51-o111l-x86-vc15\Apache24 "，即把 ServerRoot 路径修改正确，该示例中 Apache 目录是 D:\Program Files (x86)\httpd-2.4.51-o111l-x86-vc15\Apache24。具体修改如图 16-13 所示。

(4) 修改端口号，找到以下内容，将 80 修改为 8080。

```
Listen 12.34.56.78:80 → Listen 12.34.56.78:8080
Listen 80 → Listen 8080
```

(5) 用管理员权限打开 CMD 命令窗口，进入 Apache24\bin，执行安装命令 httpd -k install，命令执行完成之后提示安装成功，如图 16-14 所示。

(6) 在 Windows 10 系统里，用默认选项安装的 Apache，除了在“开始”→“程序”里增加一个 Apache HTTP Server 组外，还会在系统的服务里增加一个 Apache 服务，该服务被设置为系统启动时自动运行。

(7) 启动 Apache，输入 httpd -k start，效果如图 16-15 所示。

(8) 打开浏览器，输入 http://localhost:8080/，会显示如图 16-16 所示的网站页面。

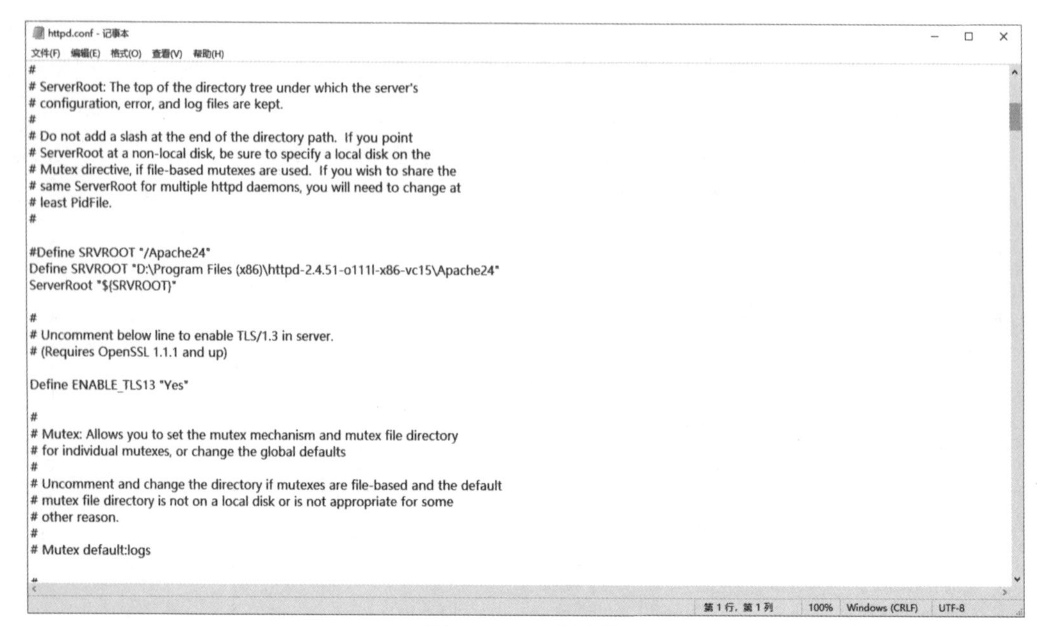

图 16-13　配置文件

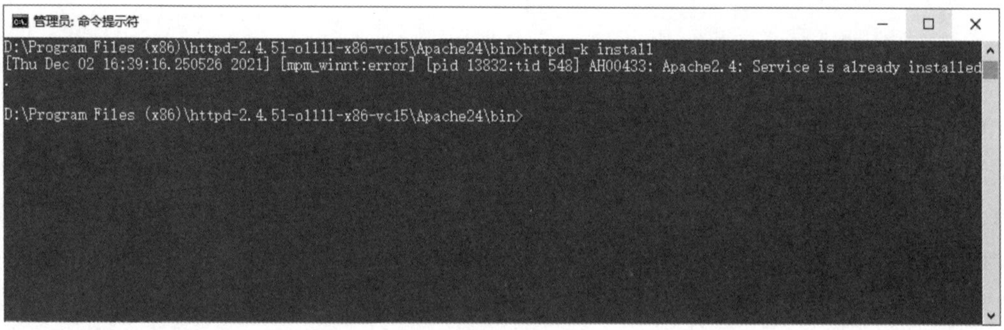

```
管理员: 命令提示符
D:\Program Files (x86)\httpd-2.4.51-o1111-x86-vc15\Apache24\bin>httpd -k install
[Thu Dec 02 16:39:16.250526 2021] [mpm_winnt:error] [pid 13832:tid 548] AH00433: Apache2.4: Service is already installed
.

D:\Program Files (x86)\httpd-2.4.51-o1111-x86-vc15\Apache24\bin>
```

图 16-14　安装成功

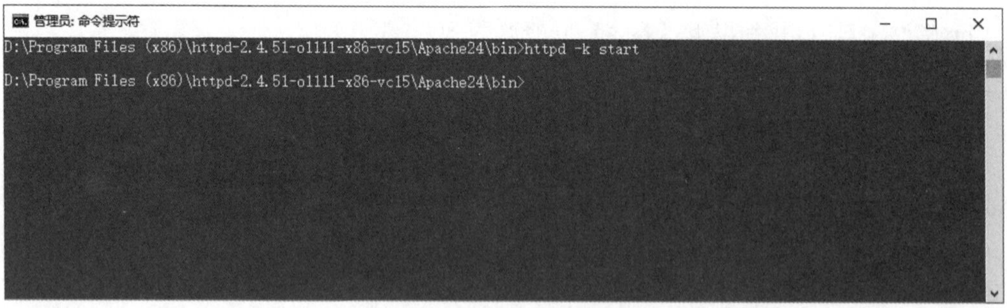

```
管理员: 命令提示符
D:\Program Files (x86)\httpd-2.4.51-o1111-x86-vc15\Apache24\bin>httpd -k start

D:\Program Files (x86)\httpd-2.4.51-o1111-x86-vc15\Apache24\bin>
```

图 16-15　启动 Apache

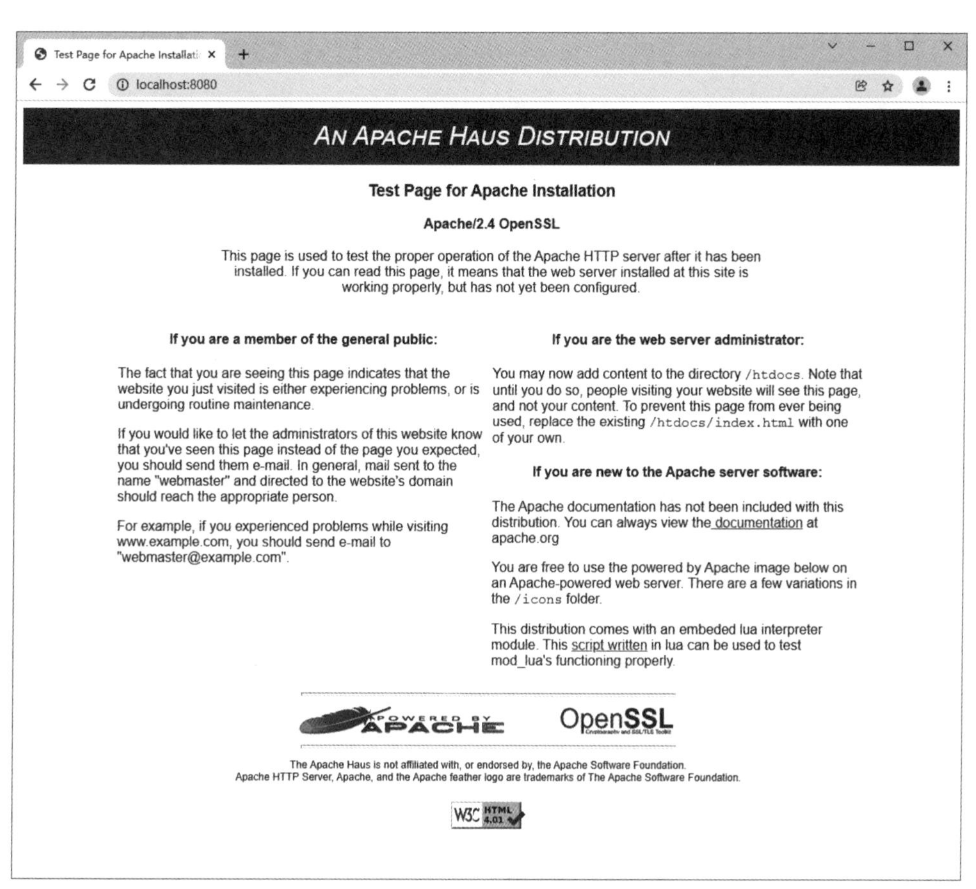

图 16-16　配置成功

16.5　实验思考题

1. 如何创建虚拟目录？虚拟目录和实际物理目录的关系是怎样的？
2. 当配置文件更改后，是否需要重新启动 Apache，配置文件才会生效？
3. 如果网站用到了 ASP.NET 技术，是安装 IIS 好还是安装 Apache 好？
4. 请总结在实验配置过程中遇到的问题及其解决方法。

实验 17　FTP 服务器的安装与配置

17.1　实验目的和内容

1. 实验目的

（1）了解 FTP 的基本概念。

（2）学习 FTP 服务器的安装与配置方法。

2. 实验内容

（1）安装 Windows FTP 服务器。

（2）配置 Windows FTP 服务器。

（3）安装和配置 Serv-U 服务器。

17.2　实验原理

FTP 服务是 Internet 网络上常用的服务，是用于文件传输的 Internet 标准。

FTP 是 Internet 上使用最广泛、信息传输量最大的应用之一。FTP 可以在不同的系统间传输文件，用户可以从授权的异地计算机上获取所需文件，也可把本地文件传送到其他计算机上实现资源共享。FTP 服务是一种实时的联机服务，在进行工作时先要登录到对方的计算机上，用户在登录后可以进行文件搜索和文件传输。使用 FTP 可以传输文本文件和二进制文件，例如图像、声音、压缩文件、可执行文件、电子表格等。

17.3　实验环境与设备

每组实验设备：4 台 PC（安装 Windows 10 系统，其中一台作为 FTP 服务器，其他三台作为 FTP 客户机），局域网交换机一台。

本实验拓扑结构如图 17-1 所示。

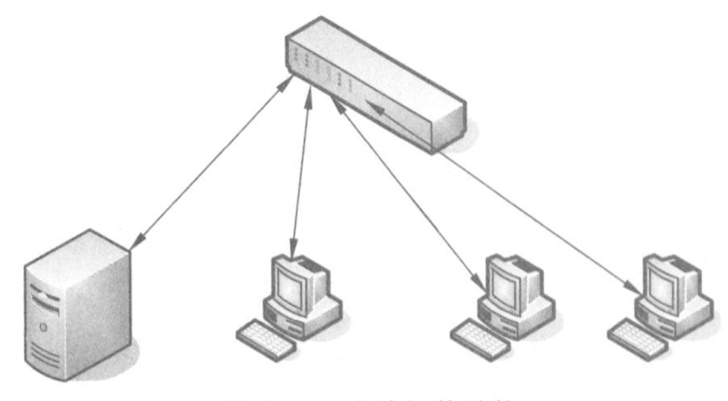

图 17-1　实验拓扑结构

FTP 服务器的 IP 地址为 192.168.1.2/24。

FTP 客户机的 IP 地址分别为 192.168.1.11/24、192.168.1.12/24、192.168.1.13/24。

17.4 实验步骤

1. 安装 Windows FTP 服务器

默认情况下，Windows 10 中没有启用 FTP 服务，要把一台主机配置成 FTP 服务器，必须先启用 FTP 服务。具体方法如下：

（1）打开控制面板，依次选择“程序”→“启用或关闭 Windows 功能”，打开“启用或关闭 Windows 功能”对话框，如图 17-2 所示。

（2）在“启用或关闭 Windows 功能”对话框里选中 Internet Information Services 选项，单击“确定”按钮启用 IIS 服务，如图 17-3 所示。

图 17-2　启用或关闭 Windows 功能

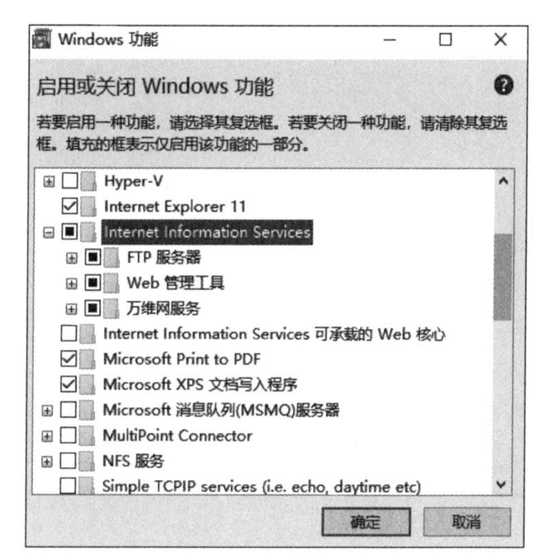

图 17-3　启用 IIS 服务

（3）等待系统自动配置安装，单击“关闭”按钮，完成 FTP 服务的安装和启用，如图 17-4 所示。

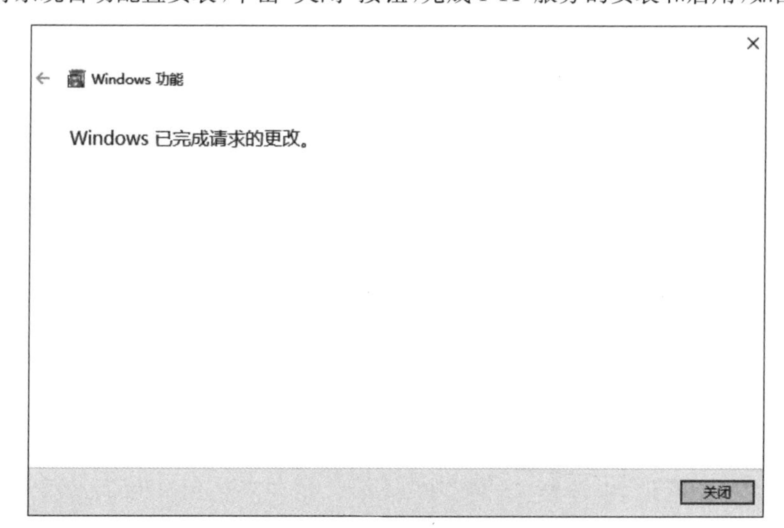

图 17-4　完成 FTP 的安装和启用

2. 创建 FTP 站点

(1) 打开“Internet 信息服务(IIS)管理器”,右击“网站”,选择“添加 FTP 站点”,出现“添加 FTP 站点”对话框,如图 17-5 所示。

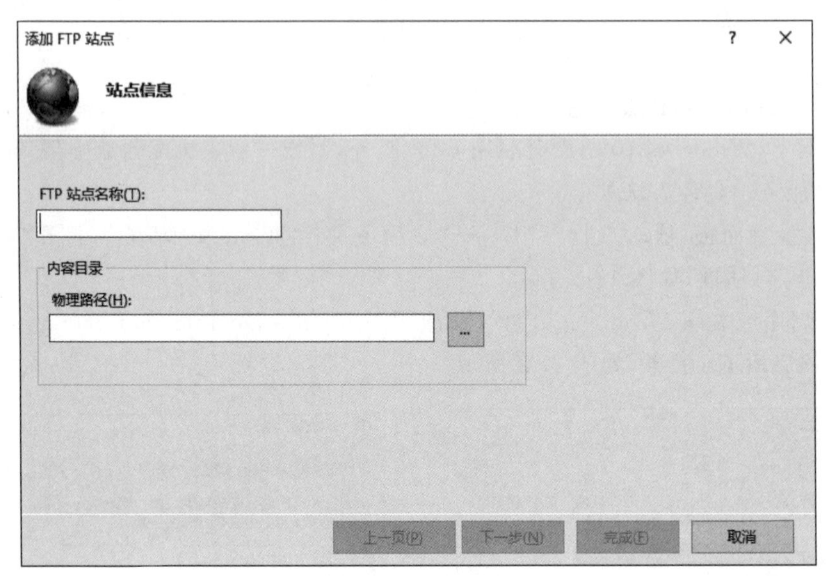

图 17-5 添加 FTP 站点

(2) 为 FTP 站点取一个名字,便于区分和管理。通过浏览“…”按钮,或者直接在文本框中输入目录名,确定 FTP 站点根目录的物理路径,如图 17-6 所示。单击“下一步”按钮。

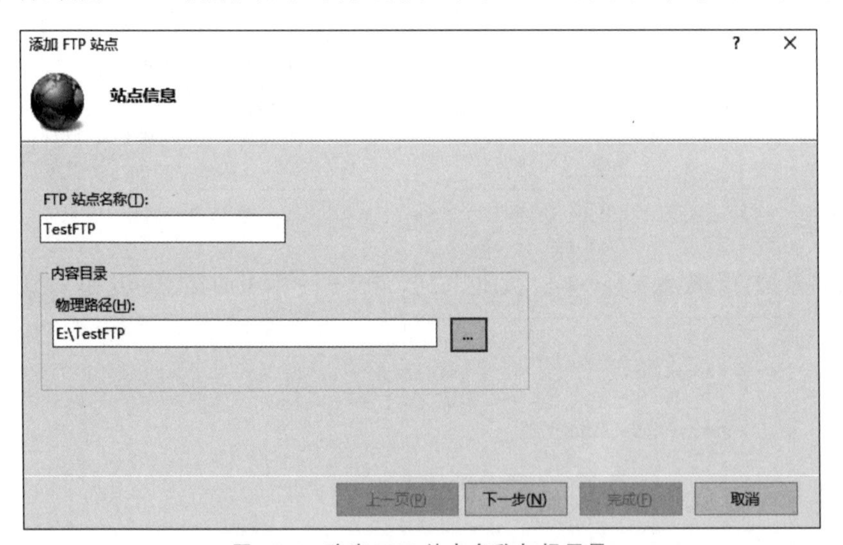

图 17-6 确定 FTP 站点名称与根目录

(3) 在出现的“绑定和 SSL 设置”对话框中可以设置 FTP 服务器的 IP 地址、所使用的默认端口号以及 SSL 配置。如图 17-7 所示,选择绑定的本机 IP 地址、默认 21 端口,选择“无 SSL”单选项。单击“下一步”按钮。

(4) 在出现的“FTP 身份验证与授权信息”对话框中可以设置身份认证和授权信息。如图 17-8 所示,在“身份验证”中选择“匿名”和“基本”,允许匿名用户和基本用户使用 FTP 服务;在“授权”中选择“所有用户”,授权所有用户访问 FTP 站点;在“权限”中选择“读取”和“写

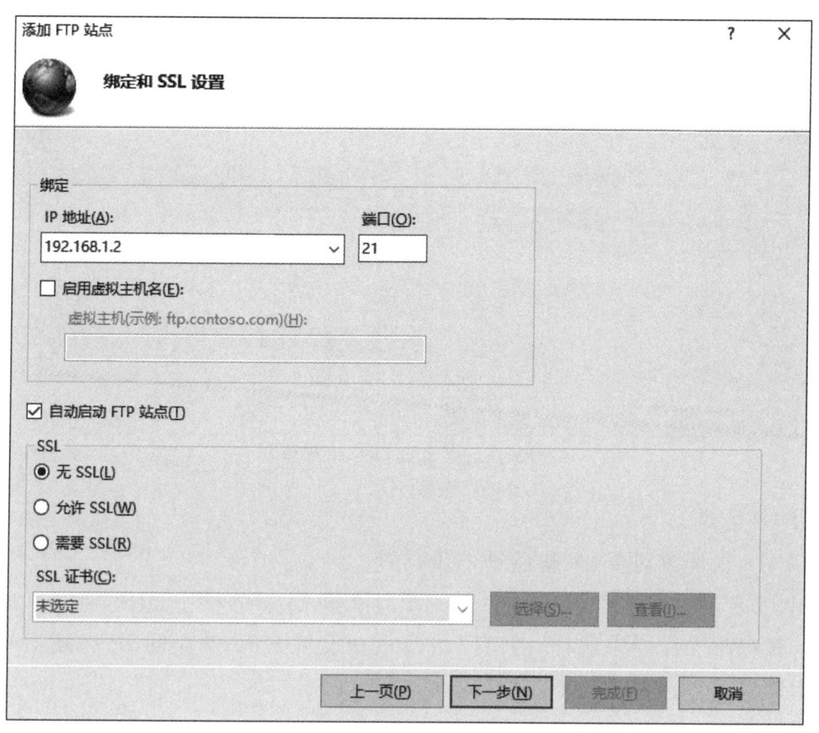

图 17-7 “绑定和 SSL 设置”对话框

入”,设置基本 FTP 用户读取和写入的权限。单击“完成”按钮,完成 FTP 站点的添加。

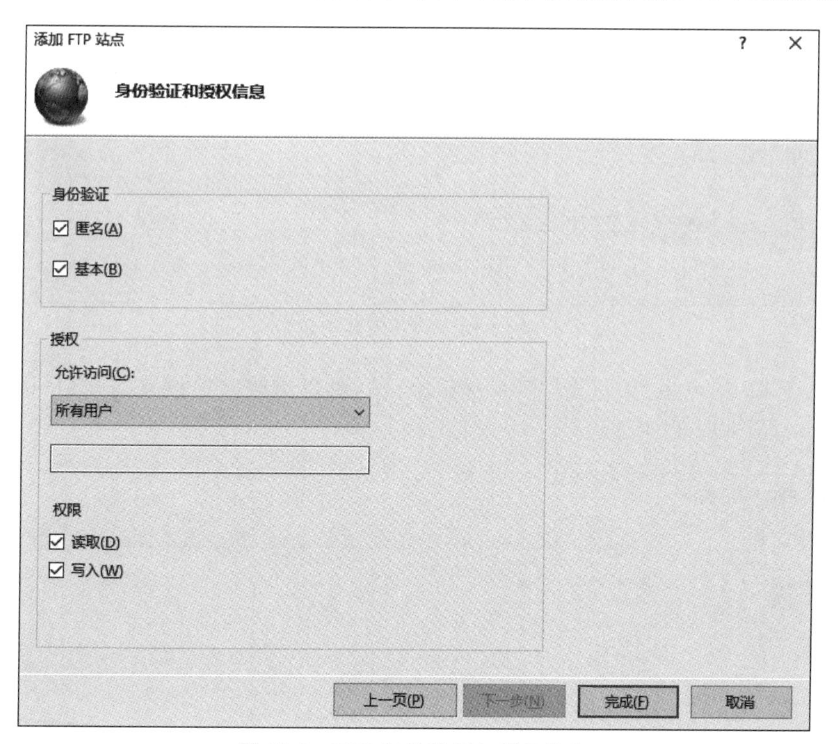

图 17-8 FTP 身份验证与授权信息

(5) 配置成功后,单击“网站”,可以看到除了默认的 Web 服务器之外,新配置的 FTP 服务器，如图 17-9 所示。

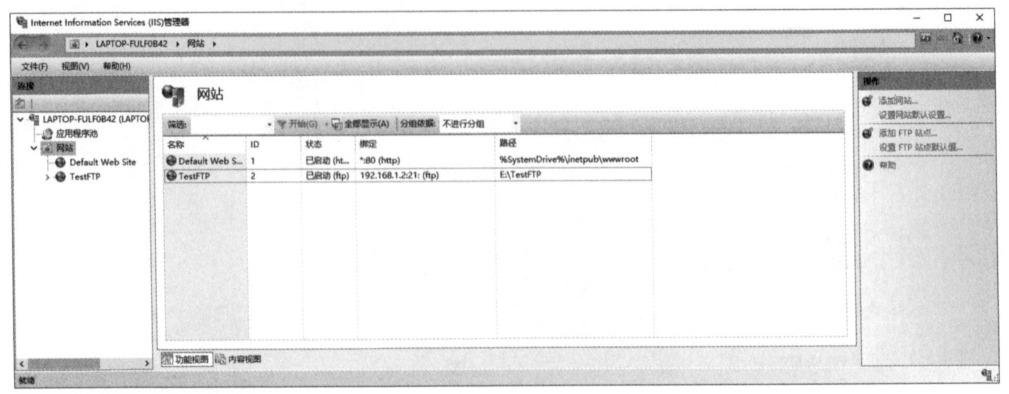

图 17-9 查看已有服务器

3. 设置 FTP 站点

可以使用 IIS 管理器对 FTP 站点进一步设置。

(1) 在图 17-9 网站列表中右击“TestFTP”，在弹出菜单栏中选择“绑定”，或者先单击“Test FTP”，在右侧操作栏中选择“绑定”，可以重新设置 FTP 站点的 IP 和端口号，完成 FTP 网络绑定，如图 17-10 所示。

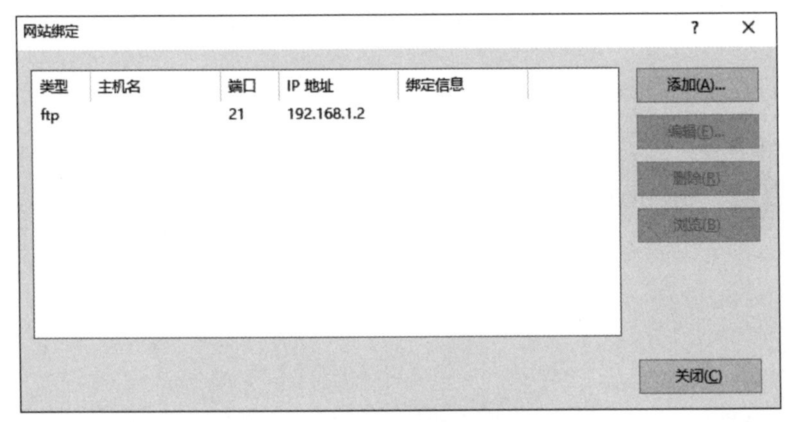

图 17-10 FTP 网站绑定

(2) 进入 FTP 站点主页，双击“FTP 身份验证”，可以更改之前设置的 FTP 身份验证规则(启用或禁止)，如图 17-11 所示。

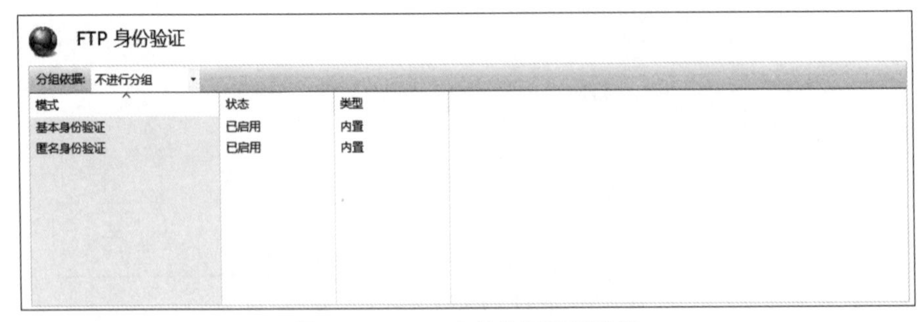

图 17-11 FTP 身份验证规则设置

(3) 进入 FTP 站点主页,双击 FTP 授权规则,可以修改之前配置的用户访问规则以及读写权限等,如图 17-12 所示。

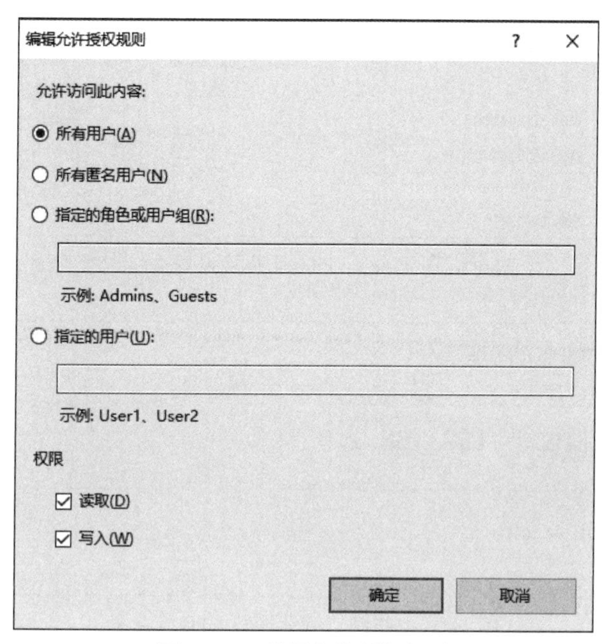

图 17-12 编辑允许授权规则

(4) 进入 FTP 站点主页,单击"FTP SSL 设置",可以更改之前设置的 SSL 策略,或者选定 SSL 证书,如图 17-13 所示。

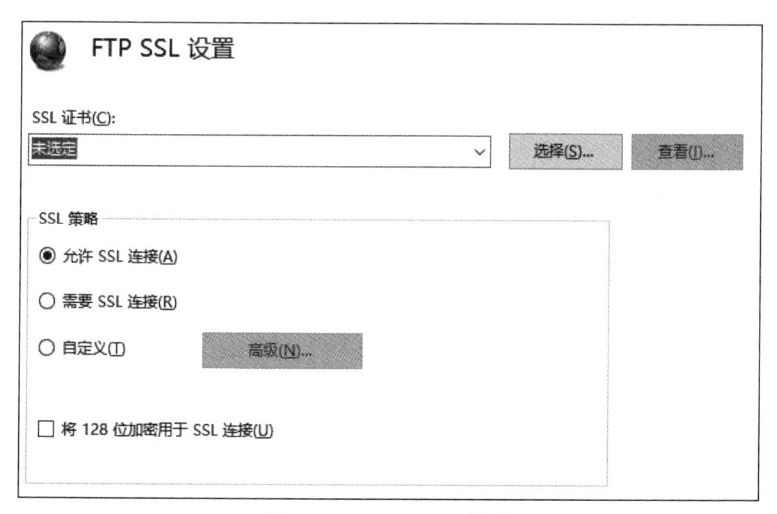

图 17-13 FTP SSL 设置

(5) 为了保护 FTP 服务器的安全性,可以接入外部防火墙。进入 FTP 站点主页,单击"FTP 防火墙支持",可以配置外部防火墙的 IP 地址,如图 17-14 所示。

4. 连接 FTP

(1) 用浏览器连接 FTP 服务器。

使用运行 Windows 10 的计算机,打开浏览器 IE,在地址栏中输入 ftp://192.168.1.2,按回车键后即连接到 FTP 服务器,如图 17-15 所示。

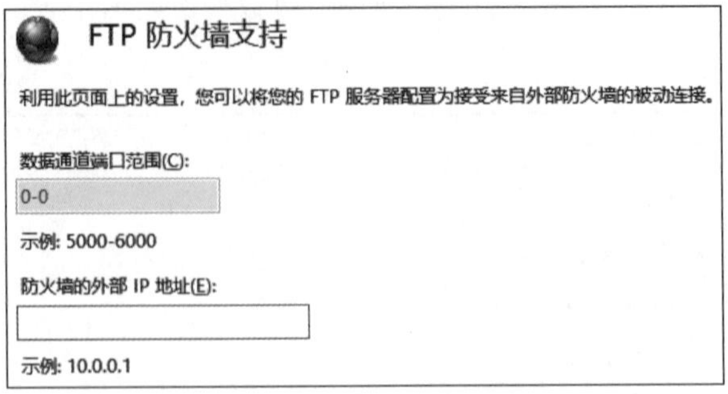

FTP 防火墙支持

利用此页面上的设置，您可以将您的 FTP 服务器配置为接受来自外部防火墙的被动连接。

数据通道端口范围(C):

0-0

示例: 5000-6000

防火墙的外部 IP 地址(E):

示例: 10.0.0.1

图 17-14　FTP 防火墙设置

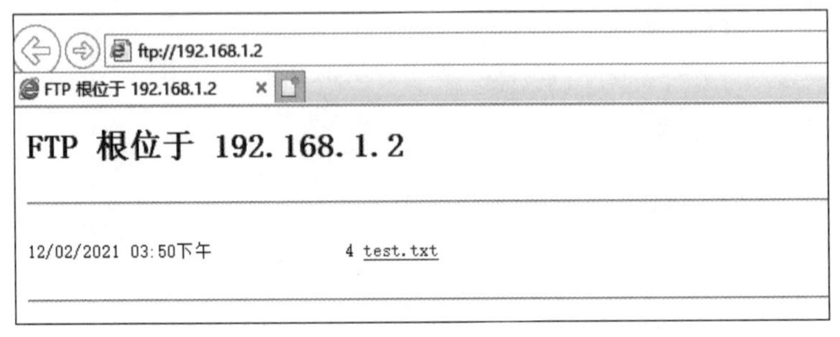

图 17-15　用浏览器连接到 FTP 服务器

(2) 使用“此电脑”连接 FTP 服务器。

打开“此电脑”，在地址栏中输入 ftp://192.168.1.2，按回车键后即连接到 FTP 服务器，如图 17-16 所示。

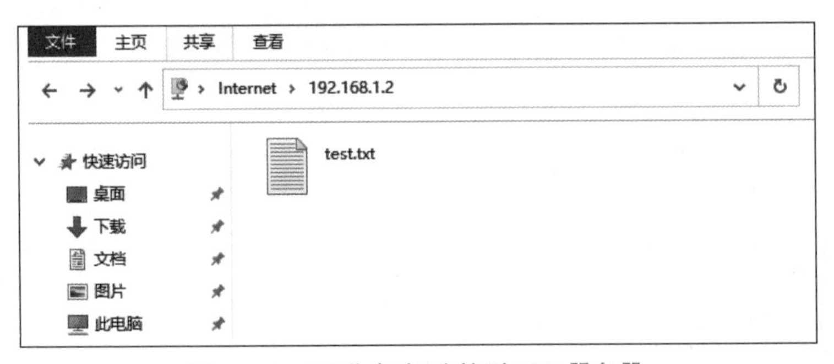

图 17-16　用“此电脑”连接到 FTP 服务器

在本地硬盘找到并选中要上传的文件(如 test.txt)，选择“文件”→“复制”操作，在如图 17-16 所示的连接到 FTP 服务器页面中，选择“文件”→“编辑”→“粘贴”，可将选中的文件上传到 FTP 服务器指定的目录中。

选中 FTP 服务器上的文件复制，在本地硬盘上执行粘贴操作，可将 FTP 服务器上的文件下载到本地硬盘。

(3) 使用命令行连接到 FTP 服务器。

① 在运行 Windows 10 的计算机上选择“开始”→“运行”，在随后打开的“运行”对话框中输入命令 cmd 后，按回车键。

② 然后输入：ftp 192.168.1.2。

③ 输入用户名：anonymous。

④ 密码为任意电子信箱。

⑤ 输入命令 dir，显示 FTP 目录下的文件与文件夹。

⑥ 输入命令 get test.txt，下载测试文件到本地目录。

结果如图 17-17 所示。

```
Microsoft Windows [版本 10.0.18363.1916]
(c) 2019 Microsoft Corporation。保留所有权利。

C:\Users\lenovo>ftp 192.168.1.2
连接到 192.168.1.2
220 Microsoft FTP Service
200 OPTS UTF8 command successful - UTF8 encoding now ON.
用户(10.201.153.111:(none)): anonymous
331 Anonymous access allowed, send identity (e-mail name) as password.
密码:
230 User logged in.
ftp> dir
200 PORT command successful.
125 Data connection already open; Transfer starting.
12-02-21  03:50PM                    4 test.txt
226 Transfer complete.
ftp: 收到 52 字节，用时 0.00秒 52.00千字节/秒。
ftp> get test.txt
200 PORT command successful.
125 Data connection already open; Transfer starting.
226 Transfer complete.
ftp: 收到 4 字节，用时 0.00秒 4000.00千字节/秒。
ftp> _
```

图 17-17　用命令行连接到 FTP 服务器

5. 用 Serv-U 建立 FTP 服务器

Serv-U 是 Windows 平台和 Linux 平台的安全 FTP 服务器，提供安全的文件管理、文件传输和文件共享解决方案。同时，Serv-U 也是应用最广泛的 FTP 服务器软件。

（1）下载软件。

通过搜索找到 Serv-U 安装包，并进行下载：

```
SolarWinds-SERVU-MFT-Server-v15.2.5.5023-Windows.exe
```

（2）安装 Serv-U 软件。

双击安装文件；出现“安装向导-Serv-U”，如图 17-18 所示。选择“我接受协议”，单击“下一步”按钮开始安装，如图 17-18 所示。

图 17-18　Serv-U 安装

默认情况下，安装完成后自动在桌面上创建 Serv-U 快捷方式。

(3) 运行 Serv-U。

双击桌面上建立的 Serv-U 快捷方式，启动 Serv-U，按照提示新建一个 FTP 服务器，按照之前的设置或使用默认选项，最后打开如图 17-19 所示的 Serv-U 管理窗口。

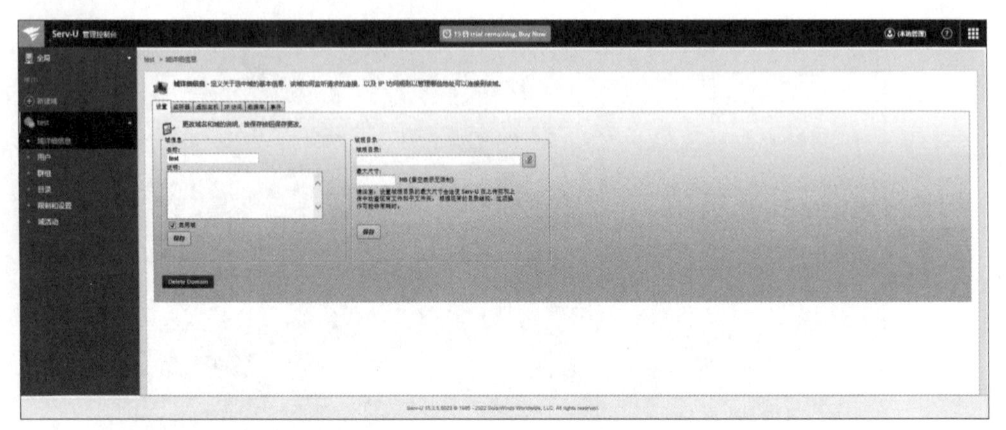

图 17-19　Serv-U 管理窗口

注意，在运行 Serv-U 前，要关闭先前运行的 FTP 服务器。

(4) 设置 Serv-U。

在如图 17-19 所示的 Serv-U 管理窗口中，可以设置用户、群组、目录及其他一些配置。请读者自己参考 Serv-U 帮助文档完成相应的设置。

17.5　实验思考题

1. 请设置 FTP 服务器的不同权限，采用不同的用户登录，了解 FTP 安全设置的作用。
2. 学习 Serv-U 服务器的设置。
3. 上网查询是否有其他安全 FTP 服务器软件，如果有，试用并描述它们的使用方法。
4. 下载一个 FTP 客户端软件，安装并练习使用。
5. 尝试在 Linux 环境下配置 FTP 服务器，熟悉命令行操作。

实验 18　邮件服务器的安装与配置

18.1　实验目的和内容

1. 实验目的

(1) 进一步理解邮件服务器系统的工作原理。

(2) 掌握 POP3 邮件接收服务器与 SMTP 邮件发送服务器的基本配置。

(3) 熟悉 Cisco Packet Tracer 自带的邮件服务器模块的配置和使用。

2. 实验内容

(1) 按照指定的实验拓扑图,正确连接网络设备。

(2) 配置 DNS 域名解析服务器。

(3) 配置 POP3 邮件接收服务器。

(4) 配置 SMTP 邮件发送服务器。

(5) 使用邮件客户端软件进行邮件收发,验证邮件服务器。

18.2　实验原理

电子邮件服务系统采用客户机/服务器(Client/Server,C/S)工作模式,由邮件接收服务器、邮件发送服务器以及邮件客户端三部分组成,采用的协议有邮件协议(POP3)、IMAP 协议和简单邮件传输协议(SMTP)。其中,POP3 协议和 IMAP 协议用来接收邮件,为用户提供邮件下载服务,而 SMTP 协议则用于发送邮件以及邮件在服务器之间的传递。

邮件发送需要一个邮件发送服务器——SMTP 服务器。发送方将已经撰写好的邮件发送给 SMTP 服务器,然后该 SMTP 服务器接收邮件,并将该邮件根据收件人地址发送到目标邮件服务器中。SMTP 服务器的作用是将邮件传递到接收方的邮件服务器,以确保邮件能够被成功送达。

邮件接收需要一个邮件接收服务器,可以是 POP3 服务器,也可以是 IMAP 服务器。而接收方通常拥有自己的电子邮箱。接收方的 POP3 或 IMAP 服务器接收其他邮件服务器发送来的邮件,并将该邮件分发到相应的邮箱中。接收方可以随时在任何地方访问自己的邮箱,查看、管理和处理电子邮件,进行电子邮件通信和信息管理。

注意,邮件发送服务器和邮件接收服务器在物理上可以是同一台服务器。

电子邮件客户端软件是用户读取、撰写以及管理电子邮件的软件。常用的邮件客户端软件有 Outlook Express、Foxmail、Xmail、The Bat、Dreammail 等。

电子邮件的使用已有多年,电子邮件服务器端软件非常丰富。目前,市场上第三方邮件服务器软件的种类很多。基于 UNIX/Linux 系统的优秀邮件服务器软件有 Sendmail、Qmail 和 Postfix 等,这些服务器软件功能强大,需要有专业的 UNIX/Linux 系统维护人员进行系统维护。此外,Lotus Note、微软的 Exchange Server 以及 GroupWise 等也是非常优秀的企业级邮件服务器软件,但价格不菲。IMail Server 是 IPSWITCH 公司生产的基于 Windows 操作系统的邮件服务器软件,易于使用。IMail Server 为共享软件,有 30 天的试用期。

国内著名的邮件服务器软件有 Winmail Server、MuseMail Server、CMailServer 等。

另外,Cisco Packet Tracer 服务器主机自带有一个完整的邮件服务器组件,支持电子邮件的收发功能;PC 主机自带邮件客户端。本实验以 Cisco Packet Tracer 服务器主机自带的邮件服务器软件为例,介绍邮件服务器系统的功能实现。

18.3 实验环境与设备

每组实验设备:Cisco4331 系列路由器一台,Cisco2960 以太网交换机一台,PC 两台,服务器一台,使用 Cisco Packet Tracer 构建实验网络拓扑。

本实验拓扑如图 18-1 所示。

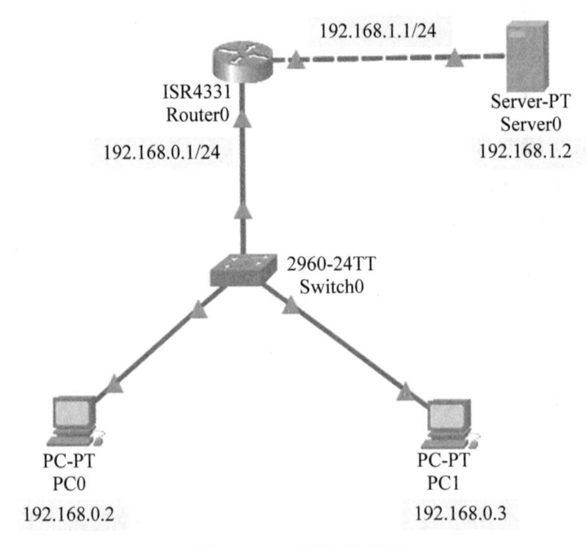

图 18-1 实验拓扑图

IP 地址设置如下:

```
Router 的 E0/0/0 =192.168.0.1/24; E0/0/1 =192.168.1.1/24
PC0 IP =192.168.0.2/24        网关 =192.168.0.1; DNS server =192.168.1.2
PC1 IP =192.168.0.3/24        网关 =192.168.0.1; DNS server =192.168.1.2
Server0 IP =192.168.1.2/24    网关 =192.168.1.1
```

实验要求如下:

(1) 搭建 DNS 服务器,并在其上配置 POP3 和 SMTP,作为邮件收发的服务器。

(2) 实现一台 PC 能够发送邮件给另一台 PC,并且另一台 PC 能够成功收到邮件。

18.4 实验步骤

1. 搭建实验环境

(1) 按照实验拓扑图连接路由器、交换机、PC 和服务器。注意连接时的接口类型、线缆类型,尽量避免带电插拔电缆。

（2）分别设置服务器和两台主机的 IP 地址、子网掩码和网关。

（3）设置两台主机的 DNS server。

（4）配置路由器的以太网接口 ethernet 0/0/0 和 ethernet 0/0/1 的 IP 地址和子网掩码。

```
1. Router(config)#interface GigabitEthernet0/0/0
2. Router(config-if)#ip address 192.168.0.1 255.255.255.0
3. Router(config)#interface GigabitEthernet0/0/1
4. Router(config-if)#ip address 192.168.1.1 255.255.255.0
```

2. 配置 DNS 服务器

（1）双击 Server0 进入 Services，选择 DNS。

（2）打开 DNS Service，添加三条 DNS 记录：pop3.test.com、smtp.test.com、test.com。IP 地址均设置成 192.168.1.2，如图 18-2 所示。

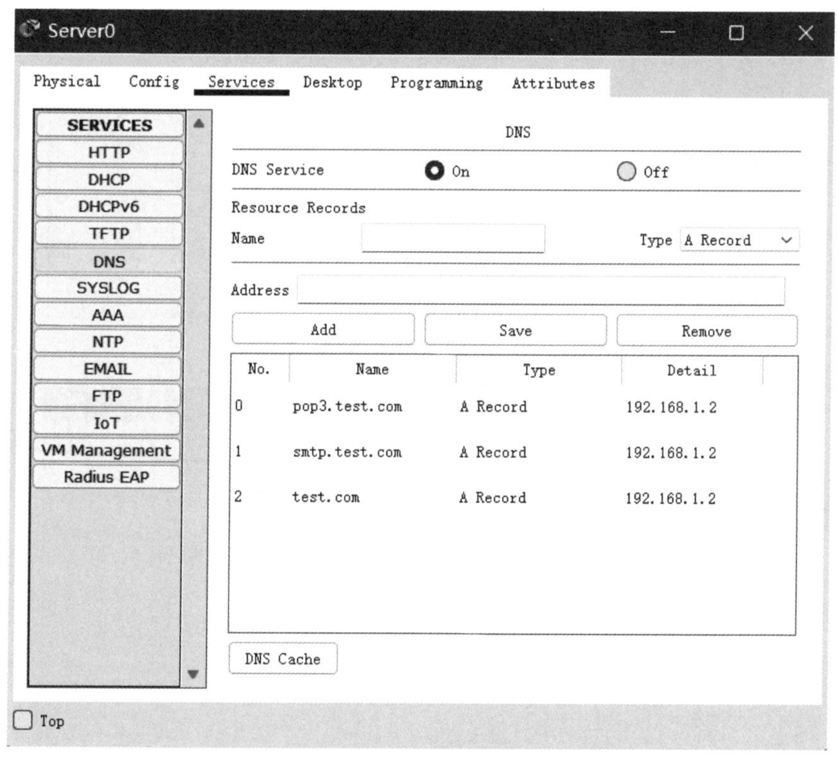

图 18-2　DNS 配置

3. 配置邮件服务器

对邮件服务器的配置主要包括设置 POP3 和 SMTP 服务，以及添加、删除邮件账户。

（1）设置 POP3 和 SMTP 服务，如图 18-3 所示。

① 双击 Server0 进入 Services，选择 EMAIL。

② 打开 SMTP Service 和 POP3 Service。

③ 设置域名为 test.com。

（2）添加邮箱账户和删除邮箱账户，如图 18-4 所示。

① 双击 Server0 进入 Services，选择 EMAIL。

② 填写 User 和 Password 后单击“＋”按钮，即可添加邮箱账户。例如，分别添加 usera 和 userb。

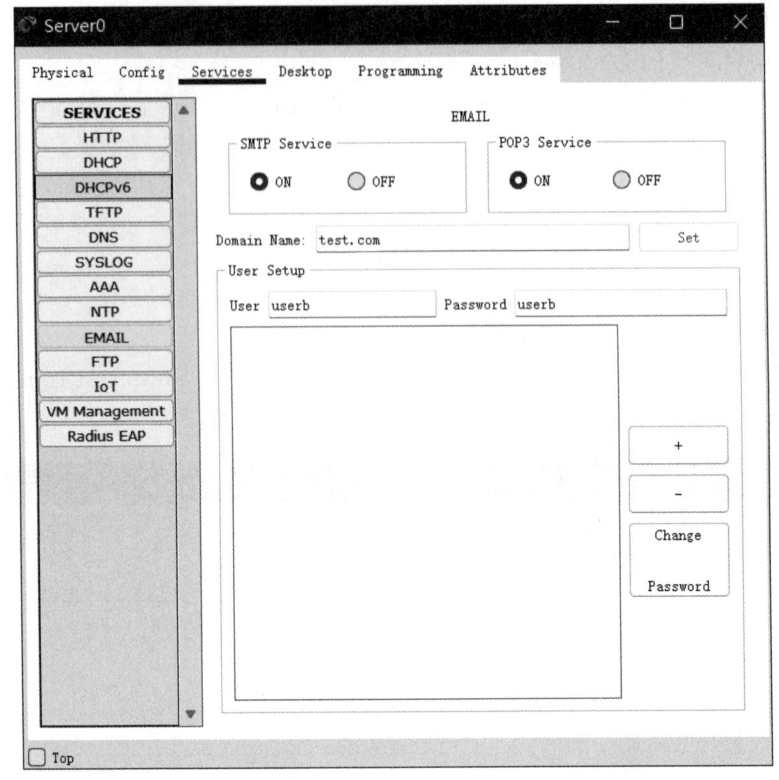

图 18-3　设置 SMTP 和 POP3 服务

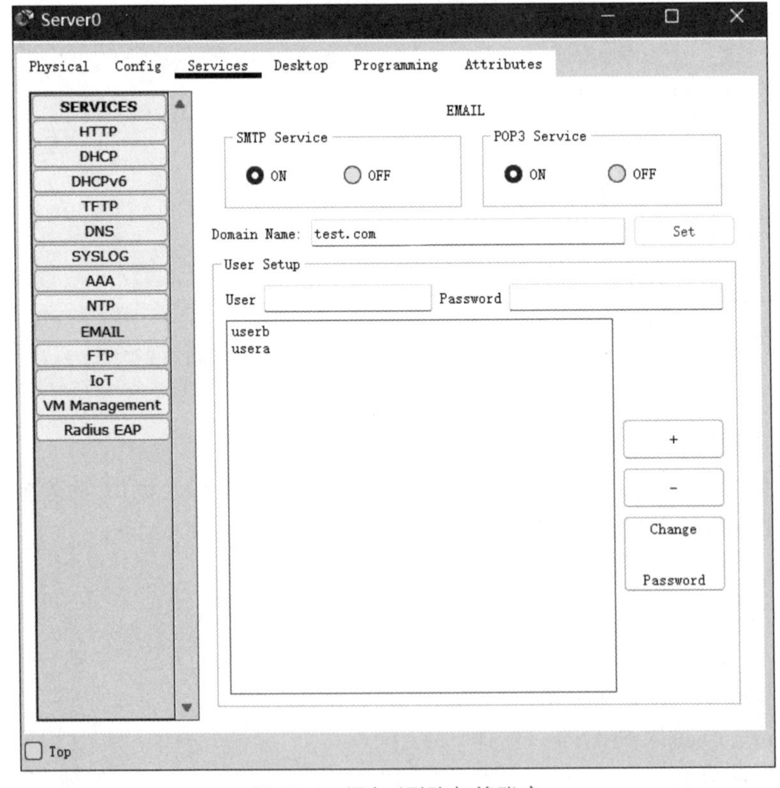

图 18-4　添加/删除邮箱账户

③ 单击“-”按钮，即可删除邮箱账户。

4. 使用PC主机邮件客户端软件收发邮件，验证邮件服务器系统

经过以上三步操作后，一个功能简单的邮件服务器就搭建好了。

下面使用PC主机自带的邮件客户端连接此邮件服务器，进行邮件收发应用。

① 双击PC0进入Desktop，选择Email，配置Email。

② 如图18-5所示，填写邮件服务器信息和用户a(usera)信息，配置用户a邮件客户端。

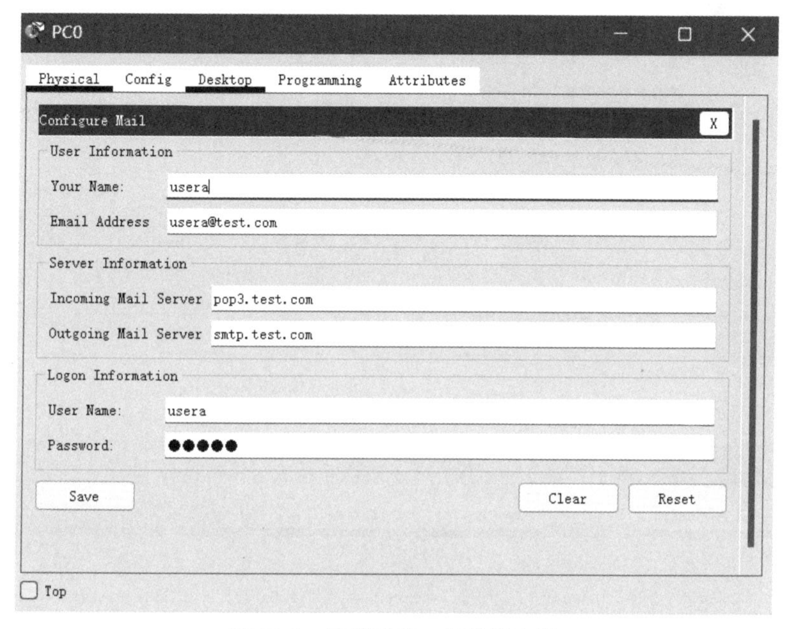

图18-5 配置用户a邮件客户端

③ 双击PC1进入Desktop，选择Email，配置Email。

④ 如图18-6所示，填写邮件服务器信息和用户b(userb)信息，配置用户b邮件客户端。

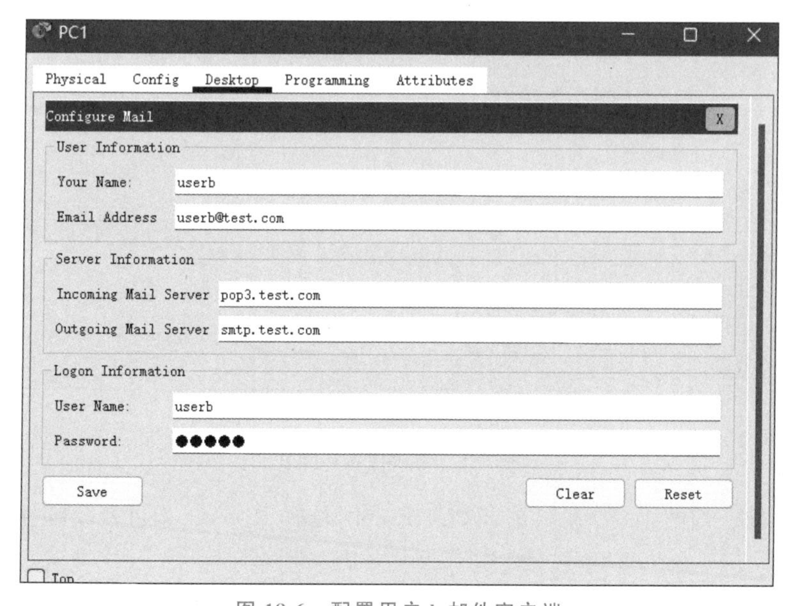

图18-6 配置用户b邮件客户端

⑤ 发送邮件。如图 18-7(a)所示,进入 PC0 Email,选择 Compose Mail 写邮件,用户填写邮件寄送地址 userb@test.com,填写邮件主题 test,并在下面的文本框中填写邮件内容,单击 Send 按钮即可发送邮件。邮件发送后结果如图 18-7(b)所示。

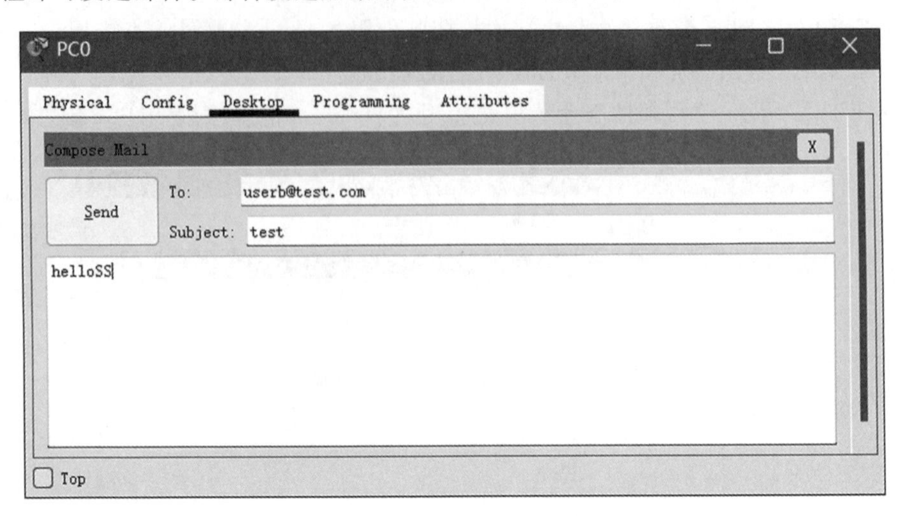

(a)

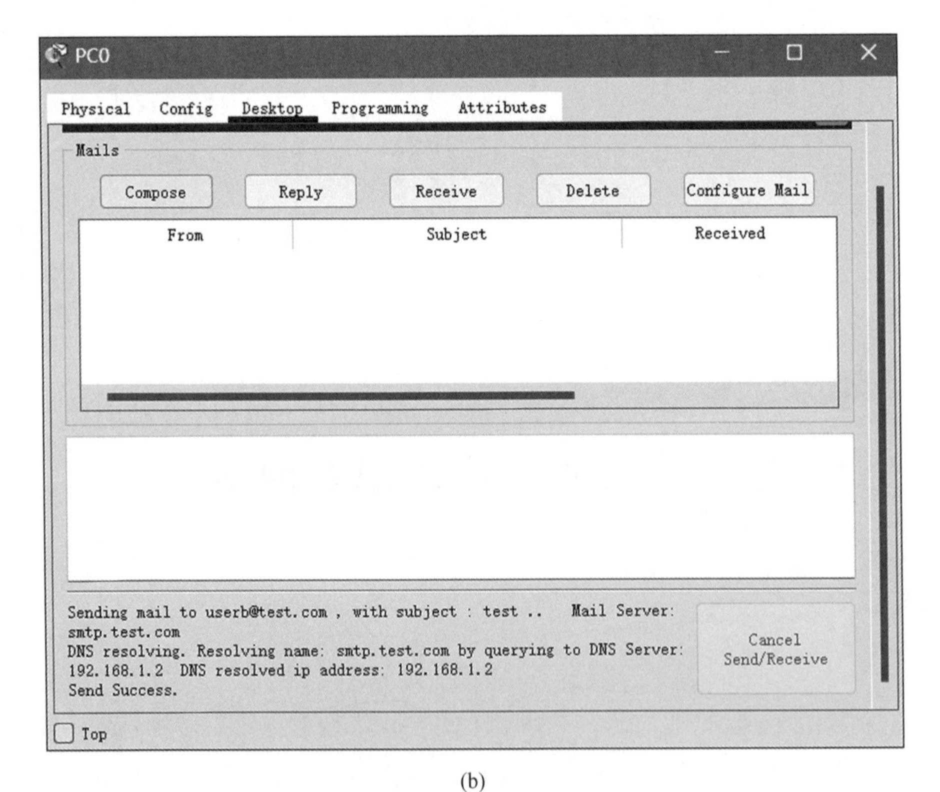

(b)

图 18-7 构建和发送邮件

⑥ 接收邮件。如图 18-8 所示,进入 PC1 Email,选择 Receive 即可接收邮件。

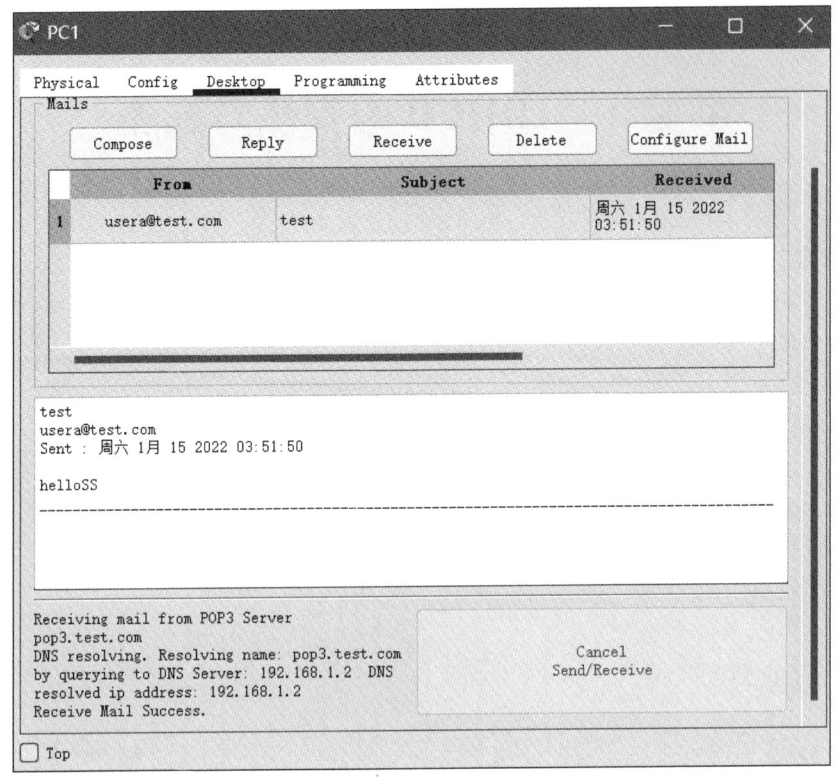

图 18-8 接收邮件

18.5 实验思考题

1. 简述电子邮件服务系统的工作原理。

2. 尝试在多个邮件服务器之间进行电子邮件的收发。

3. 尝试使用第三方邮件服务器软件 Imail Server 或 Winmail Server 实现一个邮件服务器系统,也可以根据自身环境选择其他的邮件服务器软件。

4. 本实验仅实现了邮件服务系统的邮件收发基本功能,请上网查阅资料,了解邮件服务系统的其他设置和功能。

实验 19　DHCP 的安装与配置

19.1　实验目的和内容

1. 实验目的

(1) 了解 DHCP 服务的相关知识。

(2) 熟悉 DHCP 服务的配置方式。

(3) 熟悉 Cisco Packet Tracer 的使用。

2. 实验内容

(1) 安装 DHCP 服务器。

(2) 设置 DHCP 客户端,实现联网操作。

19.2　实验原理

19.2.1　什么是 DHCP

DHCP 即动态主机配置协议,是一种简化主机 IP 配置管理的 TCP/IP 标准,管理 IP 地址的动态分配以及网络上启用 DHCP 客户机的其他相关配置信息。DHCP 实现网络客户机自动配置地址,简化了 IP 地址配置的管理,让管理人员能够集中管理 IP 地址发放的问题,减少了手动设定 IP 地址可能遇到的困扰。例如,连上网络时没有使用正确的 IP 地址、因网络调整需要重新分配 IP 地址、两台客户机使用同一个 IP 地址而发生冲突等问题。DHCP 协议规定了 DHCP 服务器和 DHCP 客户机之间的交互过程,DHCP 服务器给网络上启用 DHCP 的客户机自动分配 IP 地址和相关的 TCP/IP 配置参数。

TCP/IP 网络上的每一台计算机都需要拥有一个 IP 地址,这个地址用于从计算机上获取用户需要的信息,或者向计算机传送信息。IP 地址能够被静态或动态地分配给每一台计算机。所谓静态分配 IP 地址,就是网络中的每一台计算机被分配一个固定的地址,该地址不能和其他计算机使用的地址重复。如果网络中的一台计算机已经被转移到其他网络中,就必须重新更改它的固定地址。动态地址分配是计算机向特定服务器临时申请一个地址,并且在一段时期内租用该地址,这就大大地减少了在管理上所耗费的时间。用于管理 IP 地址的服务器称为 DHCP 服务器,申请地址的工作站被称为 DHCP 客户端。

DHCP 提供了安全、可靠且简单的 TCP/IP 网络配置,确保不会发生地址冲突,并且可以通过地址分配的集中管理预留 IP 地址。DHCP 提供了计算机 IP 地址的动态配置,系统管理员通过限定租用时间来控制 IP 地址的分配,该租用时间限定了一台计算机可以使用一个已分配给它的 IP 地址的单次租期时间。例如,对于一台 DHCP 客户机要从一个子网中移走,则原来分配给它的 IP 地址将重新被租用给其他的计算机,而当该客户机被连到另一个子网时,新的子网将自动地给它分配一个新的 IP 地址。这一特性对于终端流动性强的网络环境来说是非常重要的。

19.2.2 DHCP 的工作原理

DHCP 使用客户机/服务器模式，客户端首先发起 DHCP 探索(DHCP DISCOVER)报文。DHCP 服务器收到 DHCP 探索报文时，采用 DHCP 提供(DHCP OFFER)报文向客户端做出响应，该报文信息携带服务器提供可租约的 IP 地址、子网掩码、默认网关、DNS 服务器以及 IP 地址租用期等。客户端收到一个或多个服务器的 DHCP 提供报文后，从中选择一个服务器，并向选中的服务器发送 DHCP 请求(DHCP REQUEST)报文进行响应，回显配置的参数。最后，服务端用 DHCP 响应(DHCP ACK)报文对 DHCP 请求报文进行确认，应答所要求的参数。一旦客户端收到 DHCP ACK 报文后，交互便完成了，并且客户端能够在租用期内使用 DHCP 服务器分配的 IP 地址。如果租约的 DHCP IP 地址快到期，则客户端会向服务器发送 DHCP 请求报文，服务器如果同意继续租用，则用 DHCP ACK 报文进行应答，客户端就会延长租期；服务器如果不同意继续租用，则用 DHCP NACK 报文进行应答，客户端就要停止使用租约的 IP 地址。

19.3 实验环境与设备

19.3.1 实验环境

本实验可以使用 Cisco Packet Trace 或 CII 云教学领航中心配套设备和实验平台。下面使用 Cisco Packet Tracer 进行实验。实验中，使用一台路由器，一台交换机和 4 台 PC 搭建实验用网络，最终实现 4 台 PC 可以自动获取 IP 且互相连通，同时 4 台 PC 与路由器之间可互相连通。

DHCP 实验拓扑结构如图 19-1 所示。

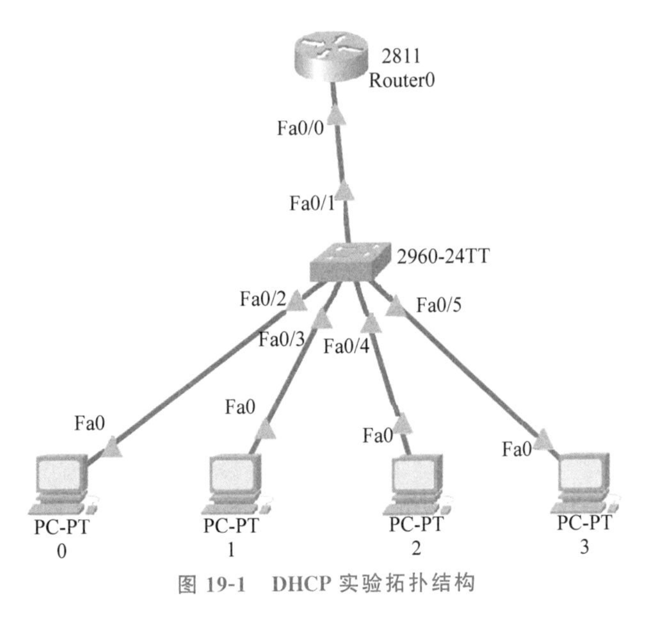

图 19-1 DHCP 实验拓扑结构

IP 地址设置如下：

Router0 的 Fa0/0 = 192.168.1.1/24。

DNS Server IP = 114.114.114.114。

供租用地址的网络号为192.168.1.0，对应掩码为255.255.255.0。

默认网关为192.168.1.1。

DHCP实验所用设备如表19-1所示。

表19-1 DHCP实验所用设备

设备类型	设备型号	数量	备注
路由器	ISR2811	1	
计算机	PC-PT	4	
交换机	2960-24TT	1	

实验要求如下：

(1) 在路由器上配置DHCP服务。

(2) 在PC上启动DHCP服务，能够自动分配到IP地址。

19.3.2 相关配置命令

下面给出实验所涉及的Cisco Packet Tracer中相关命令。

1. 配置DHCP分配的地址池

格式：

```
Router(config)#ip dhcp pool [pool name]
```

功能：创建一个名字为pool name的地址池。

2. 配置地址池的网络号和掩码

格式：

```
Router(dhcp-config)#network [ip address] [mask]
```

功能：指定DHCP地址池中的子网号和子网掩码。

3. 设置默认路由

格式：

```
Router(dhcp-config)#default-router [address1, address2, ...]
```

功能：为DHCP客户指定默认路由器，即默认网关。

4. 设置默认DNS服务器

格式：

```
Router(dhcp-config)#dns-server [address]
```

功能：为DHCP客户指定DNS服务器IP地址，最多设置8个地址。

5. 设置排除的IP地址

格式：

```
Router(config)#ip dhcp excluded-address [ip-address]
```

功能：移除地址区间不予分配的IP地址。

6. 设置租期

格式：

```
Router(dhcp-config)#lease days [hours] [minutes]
```

功能：指定租用的持续时间，默认租期为一天。

7. DHCP 信息查看命令

格式 1：

```
Router#show ip dhcp conflict
```

功能 1：显示地址冲突情况。

格式 2：

```
Router#show ip dhcp binding
```

功能 2：显示 DHCP 分配情况。

格式 3：

```
Router#show ip dhcp pool
```

功能 3：显示 DHCP 地址池基本信息。

19.4 实验步骤

(1) 按照图 19-1 的 DHCP 实验拓扑图搭建好实验环境，配置路由器的 IP 地址。在 Router0 的 CLI 中输入如下命令：

```
1. Router0>enable
2. Router0#configure terminal
3. Router0(config)#interface f0/0 --进入接口
4. Router0(config-if)#ip address 192.168.1.1 255.255.255.0 --配置路由器 IP
5. Router0(config-if)#no shutdown --开启接口
6. Router0(config-if)#exit
```

由于此时既没有配置 DHCP，又没有给网络中的 PC 指定 IP 地址，故在测试连通性时，PC 与路由器之间是不可能 ping 通的，此时 PC 与路由器连通测试结果如图 19-2 所示。

```
Packet Tracer PC Command Line 1.0
C:\>ping 192.168.1.1

Pinging 192.168.1.1 with 32 bytes of data:

Request timed out.
Request timed out.
Request timed out.
Request timed out.

Ping statistics for 192.168.1.1:
    Packets: Sent = 4, Received = 0, Lost = 4 (100% loss),
```

图 19-2 未配置 DHCP 时，PC 与路由器连通测试图

(2) 配置 DHCP 协议。对 Router0 进行如下配置：

```
1. Router0(config)#ip dhcp pool ip_pool--定义 DHCP 地址池
2. Router0(dhcp-config)#network 192.168.1.0 255.255.255.0 --宣告下放的网络号
```

```
3. Router0(dhcp-config)#default-router 192.168.1.1 --定义默认网关
4. Router0(dhcp-config)#dns-server 114.114.114.114 --定义 DNS 服务器
5. Router0(dhcp-config)#exit
6. Router0(config)#ip dhcp excluded-address 192.168.1.2 192.168.1.3--设置排除 ip
```

(3) 完成上述配置后,DHCP 的功能就可以使用了,但此时 PC 端并未开启 DHCP 功能,故当我们查看 PC 端的网络配置情况时,发现 PC 并没有得到分配的 IP 地址,如图 19-3 所示。在 Desktop 单击 Command Prompt 图标,如图 19-4 所示,在 Command Prompt 中查看 IP 地址情况,如图 19-5 所示。

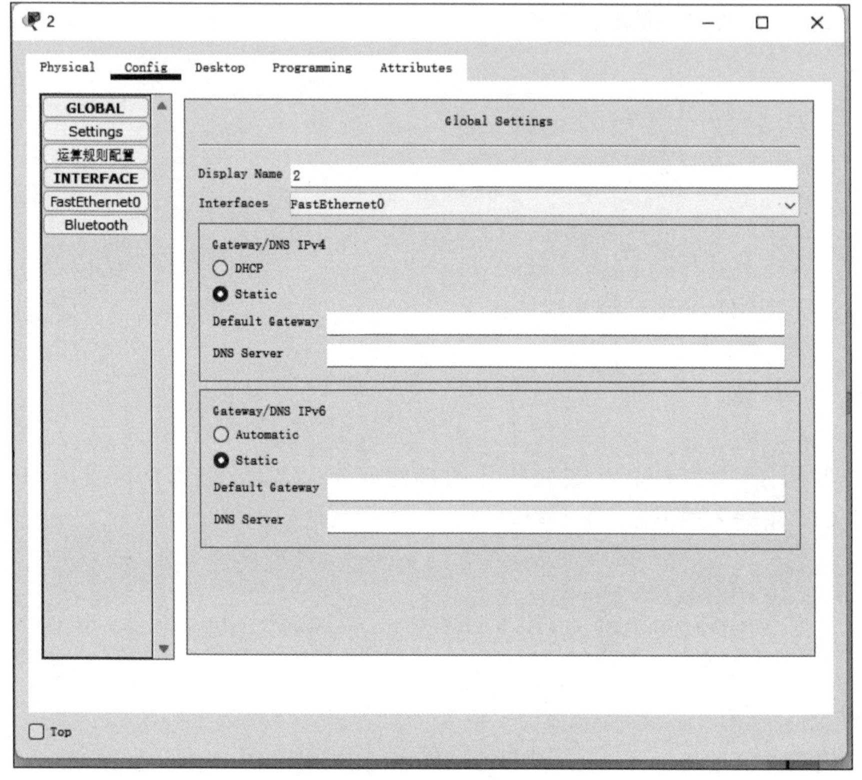

图 19-3　PC 未配置 DHCP

为了让各 PC 可以通过 DHCP 向 Router0 获取 IP 地址,我们需要开启各 PC 的 DHCP 功能,如图 19-6 所示,这样在 PC 中即可实现 DHCP 动态配置 IP 地址,避免手动配置 IP 地址,如图 19-7 所示。

由此,DHCP 的配置便完成了。接下来我们查看 Router0 的 DHCP 配置信息,以及对此小型网络的连通性进行测试。

从图 19-8 可以看出,在配置好网络所有设备的 DHCP 后,各设备已经从 Router0 处得到分配的 IP 地址。我们搭建的网络共有 4 台 PC,从 Router0 的分配表中可以看出,其下放了 4 个 IP 地址,类型为自动分配。由于我们在配置 DHCP 时,约定了 192.168.1.2,192.168.1.3 为地址池排除的地址,故租用地址是从 192.168.1.4 开始的。

从图 19-9 和图 19-10 可以看出,在完成网络的 DHCP 配置后,各 PC 获得自己的 IP 后,全网的连通性便建立起来了。逻辑上连通的设备之间,可以互相 ping 通。

图 19-4　在 Desktop 中单击 Command Prompt 图标

```
C:\>ipconfig

FastEthernet0 Connection:(default port)

   Connection-specific DNS Suffix..:
   Link-local IPv6 Address.........: FE80::2D0:BCFF:FE28:CB31
   IPv6 Address....................: ::
   IPv4 Address....................: 0.0.0.0
   Subnet Mask.....................: 0.0.0.0
   Default Gateway.................: ::
                                     0.0.0.0

Bluetooth Connection:

   Connection-specific DNS Suffix..:
   Link-local IPv6 Address.........: ::
   IPv6 Address....................: ::
   IPv4 Address....................: 0.0.0.0
   Subnet Mask.....................: 0.0.0.0
   Default Gateway.................: ::
                                     0.0.0.0
```

图 19-5　在 Command Prompt 中查看 IP 地址情况

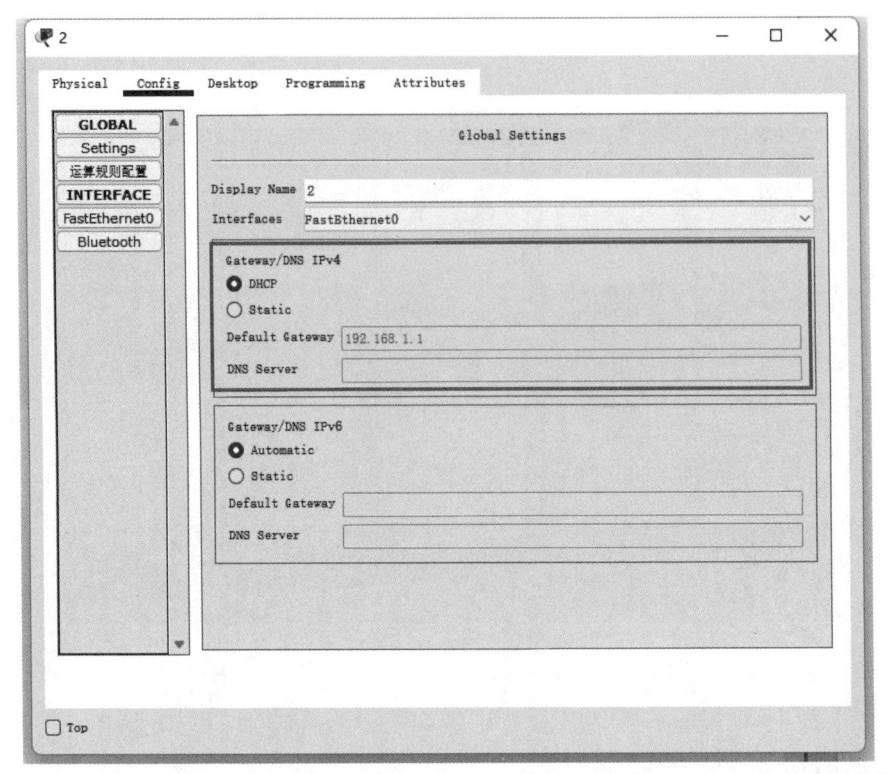

图 19-6　在 PC 中开启 DHCP 功能

```
C:\>ipconfig

FastEthernet0 Connection:(default port)

   Connection-specific DNS Suffix..:
   Link-local IPv6 Address.........: FE80::2D0:BCFF:FE28:CB31
   IPv6 Address....................: ::
   IPv4 Address....................: 192.168.1.4
   Subnet Mask.....................: 255.255.255.0
   Default Gateway.................: ::
                                     192.168.1.1

Bluetooth Connection:

   Connection-specific DNS Suffix..:
   Link-local IPv6 Address.........: ::
   IPv6 Address....................: ::
   IPv4 Address....................: 0.0.0.0
   Subnet Mask.....................: 0.0.0.0
   Default Gateway.................: ::
                                     0.0.0.0
```

图 19-7　在 PC 中 DHCP 分配 IP 信息

```
Router#show ip dhcp binding
IP address       Client-ID/              Lease expiration        Type
                 Hardware address
192.168.1.4      00D0.BC28.CB31           --                     Automatic
192.168.1.5      000A.F338.CB7D           --                     Automatic
192.168.1.6      00E0.A3E3.CA18           --                     Automatic
192.168.1.7      00E0.A38E.905C           --                     Automatic
```

图 19-8　在 Router0 中查看 DHCP 分配情况

```
C:\>ping 192.168.1.1

Pinging 192.168.1.1 with 32 bytes of data:

Reply from 192.168.1.1: bytes=32 time<1ms TTL=255
Reply from 192.168.1.1: bytes=32 time<1ms TTL=255
Reply from 192.168.1.1: bytes=32 time<1ms TTL=255
Reply from 192.168.1.1: bytes=32 time<1ms TTL=255

Ping statistics for 192.168.1.1:
    Packets: Sent = 4, Received = 4, Lost = 0 (0% loss),
Approximate round trip times in milli-seconds:
    Minimum = 0ms, Maximum = 0ms, Average = 0ms
```

图 19-9 测试 PC 到 Router0 的连通性

```
C:\>ping 192.168.1.5

Pinging 192.168.1.5 with 32 bytes of data:

Reply from 192.168.1.5: bytes=32 time<1ms TTL=128
Reply from 192.168.1.5: bytes=32 time=1ms TTL=128
Reply from 192.168.1.5: bytes=32 time<1ms TTL=128
Reply from 192.168.1.5: bytes=32 time<1ms TTL=128

Ping statistics for 192.168.1.5:
    Packets: Sent = 4, Received = 4, Lost = 0 (0% loss),
Approximate round trip times in milli-seconds:
    Minimum = 0ms, Maximum = 1ms, Average = 0ms
```

图 19-10 测试 PC1 到 PC2 的连通性

19.5 实验思考题

1. 请搭建网络拓扑图如图 19-11 的网络，并在路由器处配置两个子网的 DHCP，并进行验证测试，形成实验报告。

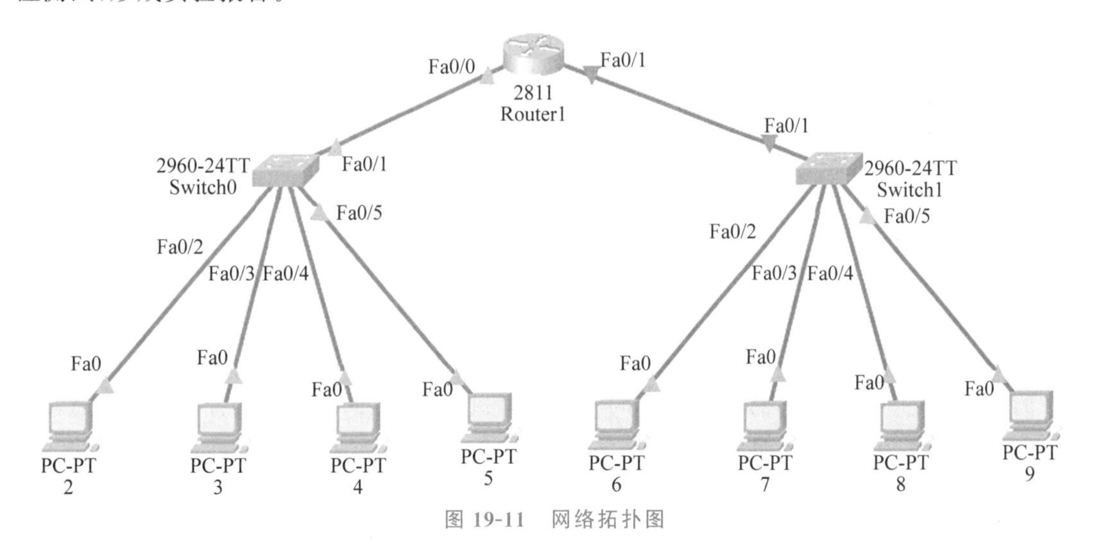

图 19-11 网络拓扑图

2. 上网查询是否还有其他 DHCP 服务器软件，若有，请尝试如何配置。

3. 请总结在实验的配置过程中遇到的问题及其解决方法。

实验 20　网络通信编程实验

20.1　实验目的和内容

1. 实验目的

(1) 了解 Socket 编程原理。

(2) 掌握 Socket 通信交互过程。

(3) 掌握用 C/C++ 实现 Socket 通信。

(4) 掌握用 Python 实现基础网络编程。

2. 实验内容

(1) 练习在 Linux 环境实现 Socket 编程。

(2) 练习服务器端和客户端的通信过程和实现方法。

(3) 练习 Windows 环境下用 C/C++ 语言实现 Socket 编程。

(4) 练习用 Python 语言实现 Socket 编程。

20.2　实验原理

20.2.1　网间进程通信

1. 网络地址

网络中通信的两个进程通常位于两台不同的计算机上，这两台计算机可能连接到不同的网络，而这些网络之间通过网络互连设备(如网关、三层交换机、路由器等)进行连接。

在网络通信中，确保数据正确到达目标进程至关重要，特别是当通信涉及不同计算机、不同网络时。为了实现这一目标，需要采用以下的三级寻址。

(1) 特定网络寻址：每台计算机应可以连接到多个不同的网络，因此需要指定一个特定的网络地址，以明确数据应该发送到哪个网络。该网络地址通常被称为网络 ID 或子网 ID。其充当了网络内部的定位标识，帮助路由器和网络设备将数据包引导到正确的网络。

(2) 主机唯一标识：网络中每台计算机都应具有唯一的主机地址，以确保在该网络上能够唯一标识每台计算机。该主机地址通常包括网络 ID 和主机 ID。网络 ID 用于标识计算机所在的网络，而主机 ID 用于标识网络中的特定计算机。在 TCP/IP 协议中，这些地址通常以 32 位整数值的形式表示，例如 IPv4 地址。

(3) 进程唯一标识：每台计算机上的不同进程也需要具有唯一的标识，以便确定要与哪个进程进行通信。这一层次的唯一标识通常是端口号。TCP 和 UDP 协议使用 16 位端口号来标识主机上的不同用户进程。进程唯一标识确保了数据包在目标主机上可以正确到达目标进程。

2. 网络字节顺序

不同计算机体系结构(如 x86、ARM、SPARC 等)具有不同的字节顺序。在某些体系结构中,高位字节存储在低地址处(大端字节序);而在其他体系结构中,低位字节存储在低地址处(小端字节序)。这种差异可能导致网络通信的数据解释错误。为了解决字节顺序的问题,网络协议和通信标准通常要求使用网络字节顺序作为数据表示方式,这意味着在网络上传输的数据应该采用大端字节序来表示。

3. 连接

连接是两个计算机或设备之间建立的通信通道,允许它们在一定时间内相互传输数据。

4. 半相关

在网络中可以使用一个三元组来全局唯一标识一个进程,包括协议、本地地址和本地端口号,这种三元组被称为"半相关"(half-association),它用于明确指定连接的某一端的信息。

5. 全相关

一个完整的网间进程通信需要由两个进程组成,并且两个进程使用相同的高层协议。两个协议相同的半相关能组合成一个全相关,包含通信所需的所有信息,采用一个五元组来唯一标识这个通信连接:(协议、本地地址、本地端口号、远程地址、远程端口号),这样的五元组被称为一个全相关(association)。

20.2.2 Socket 的服务模式

在 TCP/IP 网络应用中,两个进程之间的主要通信模式是客户/服务器(C/S)模式。这种模式的建立基于以下两个主要因素。

(1) 资源不均等。网络中的各个主机拥有不同的软硬件资源、计算能力和信息。有些主机可能拥有丰富的资源,而其他主机可能资源有限。客户/服务器模式,使得资源丰富的主机能够提供服务,而资源有限的客户端可以向服务器请求服务。这种非对等的资源分布促成了客户/服务器模式的需求。

(2) 异步通信。网络中的进程通信是完全异步的,这意味着通信的两个进程之间既没有父子关系,也不共享内存缓冲区。因此,为了使这些进程能够协调一致并进行数据交换,需要一种机制来建立联系并提供同步。客户/服务器模式提供了这种同步机制,其中客户端向服务器发起请求,服务器响应并提供服务。

在客户/服务器模式中,服务器需要事先启动,并在特定的端口上监听客户端的请求。当接收到客户端的请求时,服务器会处理该请求并向客户端提供相应的服务。通常,服务器为多个客户端提供服务,每个客户端请求会创建一个新的进程或线程来处理。而客户端需要连接到服务器所在主机的特定端口,并向服务器发送服务请求。客户端等待服务器的响应,并可以连续提出多个请求。客户端请求完成后,客户端关闭连接。

20.2.3 C/C++ 语言的 Socket 系统调用

下面介绍 C/C++ 语言中常见的 Socket 系统调用命令。

1. 创建套接字——socket()

应用程序通过系统调用 socket()创建套接字,其调用格式如下:

```
SOCKET WSAAPI socket(int af, int type, int protocol);
```

该函数接收三个参数:af、type、protocol。其中,af 是地址系列规范,当前支持的值是 AF_INET 或 AF_INET6,它们是 IPv4 和 IPv6 的 Internet 地址系列格式,用于 NetBIOS 的地址系列(AF_NETBIOS的其他选项,如果安装了地址系列的Windows套接字服务提供商,则支持);type表示套接字的类型规范;protocol表明该套接字使用的协议。

2. 地址绑定——bind()

bind()将套接字地址(主机地址和端口地址)与所创建的套接字联系起来,以指定半相关。其调用格式如下:

```
int bind(SOCKET s, const sockaddr * addr, int namelen);
```

其中,s表示socket()调用返回的未进行绑定的套接字;addr指向要分配给绑定套接字本地地址的sockaddr结构的指针;namelen表明addr指向的值的长度(以字节为单位)。如果没有错误发生,则bind()返回0;否则,返回SOCKET_ERROR。

3. 建立套接字连接——connect()与accept()

这两个系统调用将完成一个完整相关的建立,其中connect()用于建立连接,accept()用于使服务器等待来自某客户进程的连接。

(1) connect()的调用格式如下:

```
int WSAAPI connect(SOCKET s, const sockaddr * name, int namelen);
```

其中,s表示未连接的套接字的描述符;name指向应建立连接的sockaddr结构的指针;namelen表示name参数指向的sockaddr结构的长度(以字节为单位)。如果没有错误发生,则connect()返回0;否则,返回SOCKET_ERROR。

(2) accept()的调用格式如下:

```
SOCKET WSAAPI accept(SOCKET s, sockaddr * addr, int * addrlen);
```

其中,s表示已使用listen函数置于侦听状态的套接字,连接实际上是使用accept返回的套接字建立的;addr指向指向接收连接实体地址的缓冲区的可选指针,称为通信层,addr参数的确切格式由创建sockaddr结构中的套接字时建立的地址系列确定;addrlen指向存有addr地址长度的整型数。如果没有错误发生,则accept()返回一个SOCKET类型的值,表示接收到套接字的描述符;否则,返回值INVALID_SOCKET。

4. 监听连接——listen()

listen()函数用于面向连接的服务器,表示它开始监听连接。listen()必须在accept()之前调用,其调用格式如下:

```
int WSAAPI listen(SOCKET s, int backlog);
```

其中,s表示绑定的未连接的套接字的描述符;backlog表示挂起的连接队列的最大长度,用于限制排队请求的个数。如果没有错误发生,则函数返回0;否则,返回SOCKET_ERROR。

listen()在被调用时可为没有调用过bind()的套接字s完成必要的连接,并建立长度为backlog的请求连接队列。

5. 数据传输——send()与recv()

建立好连接后就可以正常传输数据。数据传输常用的系统调用有send()和recv()。

(1) send()函数用于在连接的套接字上发送数据,其调用格式如下:

```
int WSAAPI send(SOCKET s, const char * buf, int len, int flags);
```

其中,s表示连接的套接字的描述符;buf指向包含要传输的数据的缓冲区的指针;len指向buf缓冲区中的数据的长度(以字节为单位);flags指定调用方式的标志。如果没有错误发生,则

send()返回总共发送的字节数；否则，它返回 SOCKET_ERROR。

(2) recv()函数从连接的套接字或绑定的无连接套接字接收数据，其调用格式如下：

```
int recv(SOCKET s, char * buf, int len, int flags);
```

其中，s 表示连接的套接字的描述符；buf 指向用于接收传入数据的缓冲区的指针；len 表示 buf 参数指向的缓冲区的长度(以字节为单位)；flags 影响此函数行为的一组标志。如果连接正常，没有错误发生，则 recv()返回总共接收的字节数；如果连接被关闭，则返回 0，否则将返回 SOCKET_ERROR。

6. 关闭套接字——closesocket()

closesocket()关闭现有套接字 s，释放分配给该套接字的资源；如果 s 涉及一个打开的 TCP 连接，则该连接被释放。closesocket()的调用格式如下：

```
int PASCAL closesocket(SOCKET s);
```

其中，s 表示待关闭的套接字描述符。如果没有错误发生，则 closesocket()返回 0；否则，返回 SOCKET_ERROR。

20.2.4 Python 网络编程基础

Python 语言中网络编程的相关调用与前述介绍的 C/C++ 语言相似，但调用所需的参数及调用方式略有不同。

在 Python 语言中，通过 socket()来创建套接字，其调用格式如下：

```
socket.socket(family=AF_INET, type=SOCK_STREAM, proto=0, fileno=None)
```

其中，family 表示套接字家族；type 表示套接字的类型，即面向连接(SOCK_STREAM)还是无连接(SOCK_DGRAM)；proto 一般默认填 0；fileno 默认为 None。

在创建套接字 s = socket.socket(socket.AF_INET, socket.SOCK_STREAM)后，可以使用一些常用的方法实现网络编程，服务端和客户端常用的网络编程方法分别如表 20-1、表 20-2 和表 20-3 所示。

表 20-1　服务端常用的网络编程方法

方法名	描述
s.bind(address)	向套接字绑定地址，在 AF_INET 下以元组的形式表示地址
s.listen([backlog])	TCP 开始监听，同时指定操作系统最大可挂起的连接数，默认值由操作系统决定
s.accept()	以阻塞的方式，被动接收 TCP 客户端的连接。返回值为(conn, addr)的形式。其中，conn 为一个新的套接字，用于后续对连接进行收发；addr 为连接对端的地址

表 20-2　TCP 客户端常用的网络编程方法

方法名	描述
s.connect(address)	主动初始化 TCP 连接，连接到 address 处
s.connect_ex(address)	功能同 connect，但在调用出现错误时并不抛出异常，而是返回错误码

表 20-3　一般功能性的网络编程方法

方法名	描述
s.recv(bufsize[,flags])	从套接字处接收数据,返回接收的数据字节数。其中,bufsize 指定单次接收的最大数据量。 一般为 TCP 连接调用的方法
s.send(bytes[,flags])	在 Socket 上发送数据,套接字必须已经连接到远程端。其中,bytes 为要发送的编码后内容。返回值为发送的数据大小。 一般为 TCP 连接调用的方法
s.recvfrom(bufsize[,flags])	用于接收 UDP 数据,与 recv()相似。其返回值为(data, address)
s.sendto(bytes,flags,address)	用于发送 UDP 数据。本方法的调用对象不需要连接到远程套接字,而是由 address 指定套接字目标。返回值为发送的字节数
s.gethostname()	获得主机名称
s.close()	关闭套接字

20.3　实验环境与设备

实验包含两组设备：PC 或虚拟机一台(Linux 操作系统);PC 或虚拟机一台(Windows 操作系统)。

实验要求：

(1) 理解 Socket 编程基本理论知识。

(2) 能独立实现 Linux 和 Windows 下 C/C++ 语言的 Socket 简单编程实例。

(3) 能独立实现 Python 对 TCP 和 UDP 协议的 Socket 编程实例。

20.4　实验步骤

20.4.1　C/C++ 语言的 Socket 编程实验

1. Linux 操作系统下的 Socket 编程

下面通过一个实例说明 Linux 操作系统(64 位)中 Socket 编程的实现方法。该实例实现的功能是：服务器通过 Socket 连接向客户端发送字符串“Hello, Welcome to You!”。只要在服务器上运行该 Server 程序,在客户端运行 Client 程序,连接成功建立后,客户端就会收到该字符串。

(1) 服务端程序 server.c 如下：

```
#include <stdio.h>
#include <stdlib.h>
#include <stddef.h>
#include <errno.h>
#include <string.h>
#include <sys/types.h>
#include <netinet/in.h>
#include <sys/socket.h>
```

```
#include <sys/wait.h>
#define SERVPORT 3333                        /* 服务器监听端口号 */
#define BACKLOG 10                           /* 最大同时连接请求数 */
main()
{
    int sockfd,client_fd;                    /* sock_fd: 监听 Socket;client_fd: 数据传输 Socket */
    struct sockaddr_in my_addr;              /* 本机地址信息 */
    struct sockaddr_in remote_addr;          /* 客户端地址信息 */
    int sin_size;
    if ((sockfd=socket(AF_INET, SOCK_STREAM, 0)) ==-1)
    {
        perror("socket 创建出错!"); exit(1);
    }
    my_addr.sin_family=AF_INET;
    my_addr.sin_port=htons(SERVPORT);
    my_addr.sin_addr.s_addr=INADDR_ANY;
    bzero(&(my_addr.sin_zero),8);
    if (bind(sockfd, (struct sockaddr *)&my_addr, sizeof(struct sockaddr))==-1)
    {
        perror("bind 出错!");
        exit(1);
    }
    if (listen(sockfd, BACKLOG) ==-1)
    {
        perror("listen 出错!");
        exit(1);
    }
    while(1)
    {
        sin_size=sizeof(struct sockaddr_in);
        if ((client_fd=accept(sockfd, (struct sockaddr *)&remote_addr, &sin_size)) ==-1)
        {
            perror("accept 出错");
            continue;
        }
        printf("received a connection from %s\n", inet_ntop(remote_addr.sin_addr));
        if (!fork())
        { /* 子进程代码段 */
            if (send(client_fd, "Hello, Welcome to You!\n", 26, 0) ==-1)
            {
                perror("send 出错!");
                close(client_fd);
                exit(0);
            }
        }
        close(client_fd);
    }
}
```

服务器的工作流程如下：首先调用 socket()函数创建一个 Socket，然后调用 bind()函数将其与本机地址以及一个本地端口号绑定，然后调用 listen()函数在相应的 Socket 上监听，当 accept 接收到一个连接服务请求时，将生成一个新的 Socket。服务器显示该客户机的 IP 地址，并通过新的 Socket 向客户端发送字符串"Hello，you are connected!"。最后，关闭该 Socket。

代码实例中的 fork()函数生成一个子进程来处理数据传输部分，fork()函数对子进程返回的值为 0。所以，包含 fork()函数的 if 语句是子进程代码段，它与 if 语句后面的父进程代码段是并发执行的。

(2) 客户端程序 client.c 如下：

```
#include<stdio.h>
#include <stdlib.h>
#include <errno.h>
#include <string.h>
#include <netdb.h>
#include <sys/types.h>
#include <netinet/in.h>
#include <sys/socket.h>
#define SERVPORT 3333
#define MAXDATASIZE 100                /*每次最大数据传输量*/
main(int argc, char *argv[])
{
    int sockfd, recvbytes;
    char buf[MAXDATASIZE];
    struct hostent *host;
    struct sockaddr_in serv_addr;
    if (argc<2)
    {
        fprintf(stderr,"Please enter the server's hostname!\n");
        exit(1);
    }
    if((host=gethostbyname(argv[1]))==NULL)
    {
        herror("gethostbyname 出错!");
        exit(1);
    }
    if ((sockfd =socket(AF_INET, SOCK_STREAM, 0)) ==-1)
    {
        perror("socket 创建出错!");
        exit(1);
    }
    serv_addr.sin_family=AF_INET;
    serv_addr.sin_port=htons(SERVPORT);
    serv_addr.sin_addr =*((struct in_addr *)host->h_addr);
    bzero(&(serv_addr.sin_zero),8);
    if (connect(sockfd, (struct sockaddr *)&serv_addr, sizeof(struct sockaddr)) ==-1)
    {
        perror("connect 出错!");
        exit(1);
    }
    if ((recvbytes=recv(sockfd, buf, MAXDATASIZE, 0)) ==-1)
    {
        perror("recv 出错!");
        exit(1);
    }
    buf[recvbytes] ='\0';
    printf("Received: %s",buf);
    close(sockfd);
}
```

客户端程序首先通过服务器域名获得服务器的 IP 地址，然后创建一个 Socket，调用 connect()函数与服务器建立连接，连接成功后接收从服务器发送来的数据，最后关闭 Socket。

函数 gethostbyname()完成域名转换。由于 IP 地址难以记忆和读写，所以为了方便，人们常常用域名来表示主机，这就需要进行域名和 IP 地址的转换。无连接的客户/服务器程序在原理上和连接的客户/服务器是一样的，两者的区别在于无连接的客户/服务器中的客户一般不需要建立连接，而且在发送接收数据时需要指定远端机的地址。

假设编译之后的可执行程序分别被命名为 server 和 client，那么运行方式是：首先在 Linux 系统中运行命令“./server”，启动服务端程序，这时计算机开放了 3333 端口，等待客户端的连接；在另外一个计算机的命令行终端（或同一台计算机的另外一个命令行终端）中输入“./client 服务端计算机名”或“./client 服务端 IP”，就可以在服务端看到输出信息“received a connection from IP”，在客户端看到输出信息“Received：Hello，Welcome to You!”。

2. Windows 操作系统下的 Socket 编程

（1）服务端程序 Server.c 如下：

```
#define WIN32_LEAN_AND_MEAN
#include <winsock2.h>
#include <stdlib.h>
#include <stdio.h>
#include <string.h>
//vscode 中运行可能需要加上这一行
#pragma comment(lib, "ws2_32.lib")

#define DEFAULT_PORT 5001
#define DEFAULT_PROTO SOCK_STREAM                              //采用 TCP 方式
#define INFO "Socket 测试--Server"
#define maxsize 6000
char * strup(char * str)
{
    unsigned i;
    for(i=0;i<=strlen(str);i++)
        str[i]=toupper(str[i]);
    return str;
}
int main() {
    char Buffer[256], * proto_name="tcp";
    char * interface=NULL;
    unsigned short port=DEFAULT_PORT,wversion=0x202;
    int retval;
    int fromlen;
    WSADATA wsaData;
    int socket_type =DEFAULT_PROTO;
    struct sockaddr_in local, from;
    SOCKET listen_socket, msgsock;
    if (WSAStartup(wversion,&wsaData) ==SOCKET_ERROR) {
        fprintf(stderr,"WSAStartup failed with error %d\n",WSAGetLastError());
        WSACleanup();
        return -1;
    }
    local.sin_family =AF_INET;
    local.sin_addr.s_addr =(!interface)?INADDR_ANY:inet_addr(interface);
    if (port==0){printf("your port is invalid!");fgetc(stdin);exit(-1);}
    local.sin_port =htons(port);
    listen_socket =socket(AF_INET,socket_type,0);   // create a socket
    if (listen_socket ==INVALID_SOCKET){            // socket wrong note: INVALID_SOCKET=-1
        fprintf(stderr,"socket() failed with error %d\n",WSAGetLastError());
        WSACleanup();
        return -1;
    }
    if (bind(listen_socket,(struct sockaddr *)&local,sizeof(local))==SOCKET_ERROR) {
        fprintf(stderr,"bind() failed with error %d\n",WSAGetLastError());
        WSACleanup();
        return -1;
```

```
    }
    puts(INFO);
    printf("Now Server is starting....\n");
    while(1){
        if(socket_type==SOCK_STREAM)
        {
            if (listen(listen_socket,5) ==SOCKET_ERROR) {
                fprintf(stderr,"listen() failed with error %d\n",WSAGetLastError());
                WSACleanup();
                return -1;
            }
        }
        printf("Listening on port %d, using protocol %s\n",port,proto_name);
        fromlen=sizeof(from);
        if(socket_type==SOCK_STREAM)
        {
            msgsock =accept(listen_socket,(struct sockaddr *)&from, &fromlen);
            if (msgsock ==INVALID_SOCKET)
            {
                fprintf(stderr,"accept() error %d\n",WSAGetLastError());
                WSACleanup();
                return -1;
            }

            printf("accepted connection from %s, port %d\n",inet_ntoa(from.sin_addr),ntohs
            (from.sin_port)) ;
        }
        else msgsock=listen_socket; //udp方式
      while(1) {
            if(socket_type==SOCK_STREAM)
                retval =recv(msgsock,Buffer,sizeof (Buffer),0);
            else
                retval = recvfrom (msgsock, Buffer, sizeof (Buffer), 0, (struct sockaddr * )
                &from,&fromlen);
            if(retval==SOCKET_ERROR)
            {
                printf("can't receive data from remotehost program shutdown");
                exit(-1);
            }
            if(strcmp(strup(Buffer),"/Q")==0)
            {
                printf("one client disconnect!\n");
                if(socket_type==SOCK_STREAM) closesocket(msgsock);
                break;
            }
            printf("Receive data [%s] from client :%s\n",Buffer,inet_ntoa(from.sin_addr));
            if(socket_type==SOCK_STREAM)
                retval=send(msgsock,Buffer,sizeof(Buffer),0);
            else
                retval=sendto(msgsock, Buffer, sizeof (Buffer), 0, (struct sockaddr * ) &from,
                fromlen);
            if(retval!=SOCKET_ERROR) printf("send data:%s\n",Buffer);
            else {printf("something wrong with this server");exit(-1);}
        }
    }
}
```

(2) 客户端程序 Client.c 如下：

```
#define WIN32_LEAN_AND_MEAN
#include <winsock2.h>
#include <stdlib.h>
#include <stdio.h>
#include <string.h>
#define DEFAULT_SERVER "localhost"
#define DEFAULT_PORT 5001
#define DEFAULT_PROTO SOCK_STREAM                                    //TCP 方式
#define INFO "SOCKET 测试--Client"
char * strup(char * string)                                          //将字符串转换为大字
{
    unsigned i;
    for(i=0;i<=strlen(string);i++)
        string[i]=toupper(string[i]);
    return string;
}
int main() {
    char Buffer[128],input[128];
    char * server_name=DEFAULT_SERVER, * proto_name="TCP";
    unsigned short port =DEFAULT_PORT,wversion=0x202;
    int retval, loopflag=0;
    unsigned int addr;
    int socket_type =DEFAULT_PROTO;
    struct sockaddr_in server;
    struct hostent * hp;
    SOCKET conn_socket;
    WSADATA wsaData;
    //每个 Windows Socket 应用程序必须在调用其他 Windows Socket API 前执行 WSAStartup()函数进行初
    //始化
    if (WSAStartup(wversion,&wsaData) ==SOCKET_ERROR) {
        fprintf(stderr,"WSAStartup failed with error %d\n",WSAGetLastError());
        WSACleanup();
        return -1;
        }
    if(port==0) {printf("端口错误!");fgetc(stdin);exit(0);}
    if (isalpha(server_name[0])) {
        hp =gethostbyname(server_name);
        }
    else {
        addr =inet_addr(server_name);
        hp =gethostbyaddr((char * )&addr,4,AF_INET);
        }
    if (hp ==NULL ) {
        printf("Client: Cannot resolve address [%s]: Error %d\n",
            server_name,WSAGetLastError());
        WSACleanup();
        exit(1);
        }
    memset(&server,0,sizeof(server));
    memcpy(&(server.sin_addr),hp->h_addr,hp->h_length);
    server.sin_family =hp->h_addrtype;
    server.sin_port =htons(port);                                    //must be conver
    conn_socket =socket(AF_INET,socket_type,0); /* create a socket */
    if (conn_socket <0 ) { /* fail socket */
        fprintf(stderr,"Client: Error Opening socket: Error %d\n",
        WSAGetLastError());
        WSACleanup();
```

```
            return -1;
            }
        puts(INFO);
        printf("Client is connecting to: %s using protocol %s\n",hp->h_name,proto_name);
        if (connect(conn_socket,(struct sockaddr *)&server,sizeof(server))
            ==SOCKET_ERROR) {
            fprintf(stderr,"connect() failed: %d\n",WSAGetLastError());
            WSACleanup();
            return -1;
        }
        while(1) {
            fprintf(stdout,"key word:\\>");
            scanf("%s",&input);
            retval =send(conn_socket,input,sizeof(input),0);//发送消息
            if (retval ==SOCKET_ERROR)
                {
                    fprintf(stderr,"send() failed: error %d\n",WSAGetLastError());
                    WSACleanup();
                    return -1;
                }
         if(socket_type==SOCK_STREAM)
         {
                while(1)
                 {
                    retval =recv(conn_socket,Buffer,sizeof (Buffer),0 );//接收消息
                    if (retval ==SOCKET_ERROR) {
                           fprintf(stderr,"recv() failed: error %d\n",WSAGetLastError());
                           closesocket(conn_socket);
                           WSACleanup();
                           return -1;
                    }
                    if (retval ==0) {
                           printf("Server closed connection\n");
                           closesocket(conn_socket);
                           WSACleanup();
                           return -1;
                    }
                    printf("%s\n",Buffer);
                    if(Buffer[retval-1]=='\0') break;
                }
            }
        }
}
```

20.4.2 Python 语言的 Socket 编程实验

用 Python 语言进行 Socket 编程，其逻辑流程与前述的 C/C++ 相似，下面是 TCP 和 UDP 的网络编程实例。

1. Python 语言的 TCP 网络编程

(1) TCP 服务器的构建程序如下：

```
#TCP 服务器构建
import socket

if __name__ =='__main__':
    #创建 TCP 套接字,AF_INET 表示 IPv4, AF_INET6 表示 IPv6
```

```
    server =socket.socket(socket.AF_INET, socket.SOCK_STREAM)
    #获得本机名
    host =socket.gethostname()
    port =12345
    print(host)
    #套接字的端口号和 IP 地址
    server.bind((host, port))
    #设置最大连接个数
    server.listen(5)
    while True:
        #等待客户端的连接请求,之后的收发操作在 conn_socket 上进行
        conn_socket, conn_addr =server.accept()
        print("uest %s has connected!" %str(conn_addr))
        #接收客户端数据
        recv_data =conn_socket.recv(1024)
        print("%s said:%s" %(str(conn_addr), recv_data.decode("utf-8")))
        #向客户端发送数据
        send_data ="Hello world!"
        conn_socket.send(send_data.encode("utf-8"))
        #关闭与客户端的套接字
        conn_socket.close()
```

（2）TCP 客户端的构建程序如下：

下面是与 TCP 服务器通信的一个简单的 TCP 客户端代码。

```
#TCP 客户端构建
import socket

if __name__ =='__main__':
    #创建客户端套接字
    client =socket.socket(socket.AF_INET, socket.SOCK_STREAM)
    #绑定端口(不强制要求)
    client.bind((socket.gethostname(), 23456))
    #与服务器端建立连接,需要知道服务器端的 IP 地址及服务器端监听的端口号
    client.connect(("服务器名字/IP", 12345))
    #发送信息,信息都是需要进行编码的
    send_data ="Hello Server!".encode("utf-8")
    client.send(send_data)
    #接收服务器端的数据
    recv_data =client.recv(1024)
    #显示服务器发回的信息
    print("Recv from Server: %s" %recv_data.decode("utf-8"))
    #关闭套接字
    client.close()
```

2. Python 语言的 UDP 网络编程

（1）UDP 服务器的构建程序如下：

```
#UDP 服务器构建
import socket

if __name__ =='__main__':
    #创建服务端的 UDP 套接字,其 type 为 SOCK_DGRAM
    server =socket.socket(socket.AF_INET, socket.SOCK_DGRAM)
    #绑定地址和端口
    server.bind((socket.gethostname(), 11223))
    #接收客户端的数据
```

```
    data, addr =server.recvfrom(1024)
    print("%s said %s!" % (str(addr), data.decode("utf-8")))
    #向客户端发送 UDP 数据
    server.sendto("Get it!".encode("utf -8"), addr)
    #关闭服务端套接字
    server.close()
```

(2) UDP 客户端的构建程序如下：

下面为与 UDP 服务器通信的一个简单 UDP 客户端代码。

```
#UDP 服务器构建
#UDP 客户端构建
import socket

if __name__=='__main__':
    #创建客户端的套接字
    client =socket.socket(socket.AF_INET, socket.SOCK_DGRAM)
    #向服务端发送数据
    client.sendto("Good day!".encode("utf -8"), ("服务器 IP", 11223))
    #接收服务器发送的数据
    print(client.recvfrom(1024)[0].decode("utf -8"))
    #关闭套接字
    client.close()
```

20.5　实验思考题

1. 如果采用 UDP 协议实现服务器端与客户端通信，应该如何实现？

2. 什么是网络字节序？什么是主机字节序？

3. 什么是流式套接字？什么是原始套接字？

4. 尝试使用 Python 语言完成一个多任务的 TCP 服务端程序。要求编写一个 TCP 服务端程序，循环等待接收客户端的连接请求；当连接建立后，创建子线程，用子线程专门处理客户端的请求，避免主线程阻塞。

参考文献

［1］ 张选波，王东，张国清.设备调试与网络优化实验指南［M］.北京：科学出版社，2009.

［2］ 锐捷网络有限公司.RCNP 实验指南［M］.北京：电子工业出版社，2008.

［3］ 王岩.校园实训楼以太网设计中的交换环路研究［J］.电脑知识与技术，2011，7(23)：5622-5624.

［4］ DAVID H，STEVE M Q，ANDREW W. Cisco 路由器配置手册［M］.付强，张人元，译. 北京：人民邮电出版社，2012.

［5］ STEVE M，DAVID J，DAVID H. Cisco 局域网交换机配置手册［M］.付强，张昊，孙玲，译.北京：人民邮电出版社，2015.

［6］ 吕雪峰，张春芳.Wireshark 网络协议解析原理与新协议添加方法［J］.软件导刊，2011，10(12)：105-107.

［7］ 吴黎兵，郝自勉，杨鳌丞.网页设计与 Web 编程［M］.北京：人民邮电出版社，2009.

［8］ 蒋东兴，林鄂华，陈绮德，等.Windows sockets 网络程序设计大全［M］.北京：清华大学出版社，1999.

［9］ 谢希仁. 计算机网络［M］. 8 版. 北京：电子工业出版社，2021.

［10］ ANDREW S T，NICK F，DAVID W. 计算机网络［M］. 潘爱民，译.6 版. 北京：清华大学出版社，2022.

［11］ 张文库. 企业网络搭建及应用(锐捷版)［M］. 3 版. 北京：电子工业出版社，2013.

［12］ 刘彩凤. Packet Tacer. 经典案例之路由交换入门篇［M］. 北京：电子工业出版社，2017.

［13］ 陈潮，黄安安. 计算机网络实验教程［M］. 成都：西南交通大学出版社，2023.

［14］ 谢钧，缪志敏. 计算机网络实验教程［M］. 北京：人民邮电出版社，2023.